"人类智能与人工智能"书系（第一辑）

游旭群　郭秀艳　苏彦捷　主编

人与AI
智能时代的人机关系

HUMAN AND ARTIFICIAL INTELLIGENCE
THE SYNERGY OF HUMAN AND AI IN THE ERA OF INTELLIGENCE

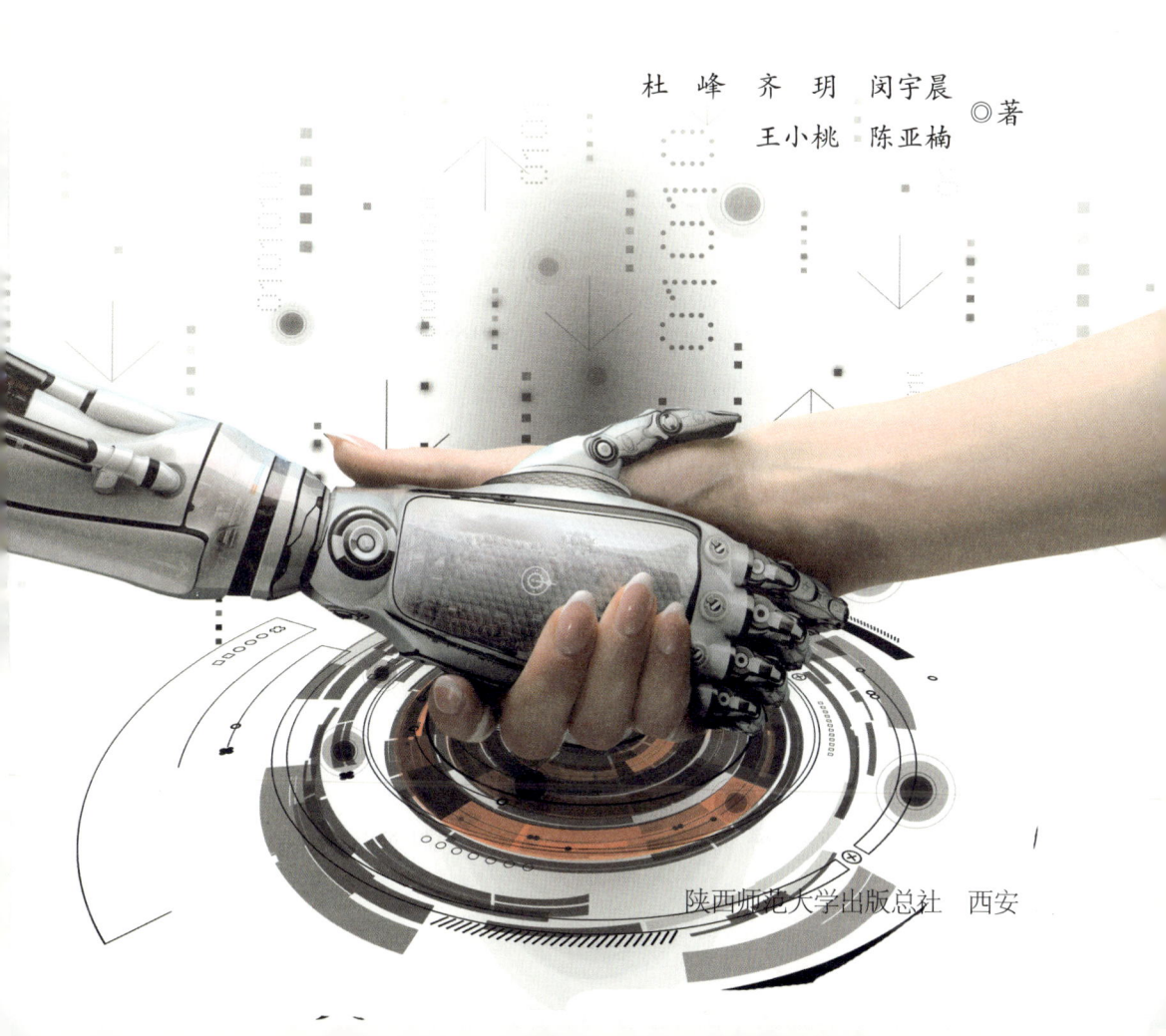

杜　峰　齐　玥　闵宇晨
王小桃　陈亚楠　◎著

陕西师范大学出版总社　西安

图书代号　ZZ24N2548

图书在版编目（CIP）数据

人与AI：智能时代的人机关系 / 杜峰等著．
西安：陕西师范大学出版总社有限公司，2024.11.
ISBN 978-7-5695-4919-5

Ⅰ．TB18

中国国家版本馆 CIP 数据核字第 202472MS34 号

人与AI：智能时代的人机关系
REN YU AI: ZHINENG SHIDAI DE REN JI GUANXI

杜　峰　齐　玥　闵宇晨　王小桃　陈亚楠　著

出 版 人	刘东风
出版统筹	雷永利　古　洁
责任编辑	王东升　孙瑜鑫
责任校对	曹端慧
出版发行	陕西师范大学出版总社
	（西安市长安南路 199 号　邮编 710062）
网　　址	http://www.snupg.com
印　　刷	中煤地西安地图制印有限公司
开　　本	720 mm × 1020 mm　1/16
印　　张	19.5
字　　数	272 千
版　　次	2024 年 11 月第 1 版
印　　次	2024 年 11 月第 1 次印刷
书　　号	ISBN 978-7-5695-4919-5
定　　价	88.00 元

读者购书、书店添货或发现印刷装订问题，请与本社营销部联系。
电话：（029）85307864　85303629　　传真：（029）85303879

总序

General introduction

探索心智奥秘，助力类脑智能

自1961年从北京大学心理系毕业到华东师范大学工作以来，我已经专注于心理学教学和研究凡六十余载。心理学于我，早已超越个人的专业兴趣，而成为毕生求索的事业；我也有幸在这六十多年里，见证心理学发生翻天覆地的变化和中国心理学的蓬勃发展。

记得我刚参加工作时，国内设立心理学系或专业的院校较少，开展心理学研究工作的学者也较少，在研究方法上主要采用较为简单的行为学测量方法。此后，科学技术的发展一日千里，随着脑功能成像技术和认知模型等在心理学研究中的应用，越来越多的心理学研究者开始结合行为、认知模型、脑活动、神经计算模型等多元视角，对心理过程进行探析。世纪之交以来，我国的心理学研究主题渐呈百花齐放之态，研究涉及注意、情绪、思维、学习、记忆、社会认知等与现实生活密切相关的众多方面，高水平研究成果不断涌现。国家也出台了一系列文件，强调要完善社会心理服务体系建设。特别是在2016年，国家卫生计生委、中宣部、教育部等多个部委联合出台的《关于加强心理健康服务的指导意见》提出：2030

年我国心理健康服务的基本目标为"全民心理健康素养普遍提升""符合国情的心理健康服务体系基本健全"。这些文件和意见均反映了国家对于心理学学科发展和实际应用的重视。目前，心理学已成为一门热点学科，国内众多院校设立了心理学院、心理学系或心理学专业，学生数量和从事心理学行业的专业人员数量均与日俱增，心理学学者逐渐在社会服务和重大现实问题解决中崭露头角。

心理学的蓬勃发展，还表现在心理学与经济、管理、工程、人工智能等诸多学科进行交叉互补，形成了一系列新的学科发展方向。目前，人类正在迎接第四次工业革命的到来，其核心内容就是人工智能。近几年的政府工作报告中均提到了人工智能，可以看出我国政府对人工智能发展的重视，可以说，发展人工智能是我国现阶段的一个战略性任务。心理学与人工智能之间的关系十分密切。在人工智能发展的各个阶段，心理学都起着至关重要的作用。人工智能的主要目的是模拟、延伸和扩展人的智能，并建造出像人类一样可以胜任多种任务的人工智能系统。心理学旨在研究人类的心理活动和行为规律，对人类智能进行挖掘和探索。心理学对人的认知、意志和情感所进行的研究和构建的理论模型，系统地揭示了人类智能的本质，为人工智能研究提供了模板。历数近年来人工智能领域新算法的提出和发展，其中有很多是直接借鉴和模拟了心理学研究中有关人类智能的成果。目前，人工智能已经应用到生产和生活的诸多方面，给人们带来了许多便利。然而，当前的人工智能仍属于弱人工智能，在很大程度上还只是高级的自动化而并非真正的智能；人工智能若想要更接近人类智能以达到强人工智能，就需在很多方面更加"拟人化"。人工智能在从弱人工智能向强人工智能发展的过程中，势必需要更紧密地与心理学结合，更多地借鉴人类智能的实现过程，这可能是一个解决人工智能面临发展瓶颈或者困境的有效途径。从另一个方面看，心理学的研究也可以借鉴人工智能的一些研究思路和研究模型，这对心理学来说也是一个

总序：探索心智奥秘，助力类脑智能

很好的发展机会。一些心理学工作者正在开展关于人工智能的研究，并取得了傲人的成绩，但是整体看来这些研究相对分散，缺乏探索人类智能与人工智能之间关系以及如何用来解决实际问题的著作，这在一定程度上阻碍了心理学学科和人工智能学科的发展及相关人才的培养。在这样的背景下，中国心理学会出版工作委员会召集北京大学、浙江大学、复旦大学、中国科学院大学、中国科学技术大学、南开大学、陕西师范大学、华中师范大学、西南大学、南京师范大学、华南师范大学、宁波大学等单位近二十余位心理学和人工智能领域的专家学者编写"人类智能与人工智能"书系，可以说是恰逢其时且具前瞻性的。本丛书展现出心理学工作者具体的思考和研究成果，借由人工智能将成果应用转化到实际生活中，有助于解决当前教育、医疗、军事、国防等领域的现实问题，对于推动心理学和人工智能领域的深度交叉、彼此借鉴具有重要意义。

我很荣幸受邀为"人类智能与人工智能"书系撰写总序。我浏览丛书后，首先发现丛书作者均是各自研究领域内的翘楚，在研究工作和理论视域方面均拔群出萃。其次发现丛书的内容丰富，体系完整：参与撰写的近二十位作者中，既有心理学领域的专家，又有人工智能领域的学者，这种具有不同学科领域背景作者的相互紧密配合，能够从心理学视角和人工智能视角梳理人类智能和人工智能的关系，较为全面地对心理学领域和人工智能领域的研究成果进行整合。总体看来，丛书体系可分为三个模块：第一个模块主要论述人类智能与人工智能的发展史，在该模块中领域内专家学者系统梳理了人类智能和人工智能的发展历史及二者的相互联系；第二个模块主要涉及人类智能与人工智能的理论模型及算法，包括心理学研究者在注意、感知觉、学习、记忆、决策、群体心理等领域的研究成果，创建的与人类智能相关的理论模型及这些理论模型与人工智能的关系；第三个模块主要探讨人类智能与人工智能的实际应用，包括人类智能与人工智能在航空航天、教育、医疗卫生、社会生活等方面的应用，这对于解答现实重大问题是至关重要的。

"人类智能与人工智能"书系首次系统梳理了人类智能和人工智能的相关知识体系，适合作为国内高等院校心理学、人工智能等专业本科生和研究生的教学用书，可以对心理学、人工智能等专业人才的培养提供帮助；也能够为心理学、人工智能等领域研究人员的科研工作提供借鉴和启发，引导科学研究工作的进一步提升；还可以成为所有对心理学、人工智能感兴趣者的宝贵读物，帮助心理学、人工智能领域科学知识的普及。"人类智能与人工智能"书系的出版将引领和拓展心理学与人工智能学科的交叉，进一步推动人类智能与人工智能的交叉融合，使心理学与人工智能学科更好地服务国家建设和社会治理。

杨治良

2023 年 7 月于上海

前言

Introduction

人工智能正以惊人的速度发展，以前所未有的方式重塑着世界的每一个角落，推动着社会生活的全面变革。从清晨唤醒我们的智能语音助手，到为出行规划最优路线的智能导航；从辅助医生精准诊断疾病的智能医疗系统，到全自动生产的"黑灯工厂"，AI（人工智能）的身影无处不在，已然成为我们生产和生活中不可或缺的一部分。感谢游旭群教授、郭秀艳教授、苏彦捷教授，他们以其深远的洞察力指出了心理学对于人工智能发展的重要作用。受三位老师的启发，我开始构思撰写《人与AI：智能时代的人机关系》一书，旨在阐述智能时代人机交互和人机协作的新内涵及其研究新进展。然而，撰写本书的过程比我预想的要困难得多。尽管人机关系是工程心理学的核心问题，心理学家也已经深入研究了机械和自动化时代的人机关系，但人与AI形成的新型人机关系却仍然处于一种混沌未明的状态。这主要是因为工程心理学在人与AI交互与协作关系方面的研究还远远落后于人工智能技术的快速发展，因此本书写作过程也激励我在崭新的智能时代不断学习和探索人机关系这一经典问题。

本书共分为七章。第一、二章主要是从人工智能的快速发展及其在医疗、公共安全、交通、教育等多个领域的广泛应用所带来的巨大变革入手。通过对比人类与AI在感知、注意、记忆、决策、语言、学习及情绪等方面的功能差异，我们提出了按照"以人为中心"和"优势互补"原则来进行人与AI功能分配的观点，为优化人机协作提供了思路。第三章从自然语言交互、姿势交互，到结合触、嗅、味觉通道的多模态融合交互，再到前沿的脑机交互（脑机接口技术）等方面，系统阐述了交互方式的基本原理、最新进展及实际应用。第四章提出过去的人对机的单向理解正在变为人与智能体的双向理解，并深入探讨了人与AI的相互理解方面面临的挑战。第五章则聚焦于人与AI的信任问题，深入讨论了人与AI之间信任的定义、影响因素及理论模型，并提出了人与AI的双向动态信任模型。第六章通过对人与智能体关系发展进程的回顾，分类讨论了人与智能体的不同关系类型，并重点介绍了人机组队这一新型人机关系概念、要素和理论框架。第七章重点关注了人与AI的伦理和法律关系。在享受AI带来的便利的同时，我们也必须面对其可能带来的风险与挑战。要保障AI的健康发展与人类的根本福祉，需要规划构建以伦理为导向的社会规范体系和以法律为保障的风险防控体系，这也需要心理学工作者作出贡献。

在本书完稿付梓之际，作为作者，我和齐玥、闵宇晨、王小桃、陈亚楠谨向游旭群教授、郭秀艳教授、苏彦捷教授、杨玉芳教授等"人类智能和人工智能"书系编委会老师的悉心指导表示诚挚的谢意，也衷心感谢姜啸威、朱小章、曾萱萱、秦邵天、王可昕、阮舒怡、陈俊廷、刘文琦、孙一飞、朱揽月等在资料收集和整理方面的帮助，感谢参考文献中引用的所有作者，还要特别感谢陕西师范大学出版总社的大力支持！

本书梳理了人与AI交互和协作的知识框架，并为读者提供了丰富的案例、前沿的研究成果及未来发展趋势的展望。它不仅可以作为心理学、人工智能领域教学科研的参考用书，用于系统了解人与AI交互与协作的研究进展和理论解释，也可以作为对心理学、人工智能领域感兴趣的朋友的科普读物。然而，内容难免有疏漏之处，恳请读者在阅读过程中，如发现任何问题或有宝贵意见，不吝赐教，可通过联系编辑部与我们沟通。我们期待与各位读者共同探讨、完善这一领域的知识体系，携手推动人与 AI 关系研究的深入发展。希望本书能够作为一个起点，对相关领域的研究者、从业者和其他读者有所启发与参考，激发更深入的探索与交流。

杜峰

2024 年 9 月

目录
Contents

第一章　智能时代下的人工智能与人机关系 ············ 001

第一节　人工智能的定义及类型 ············ 002
一、定义 ············ 002
二、发展历程 ············ 004
三、类型 ············ 005

第二节　人工智能向人类生活的全面渗透 ············ 010
一、AI 在医疗中的应用 ············ 010
二、AI 在公共安全中的应用 ············ 014
三、AI 在交通中的应用 ············ 017
四、AI 在教育中的应用 ············ 019
五、AI 在军事中的应用 ············ 021
六、AI 在金融中的应用 ············ 024
七、AI 在工业中的应用 ············ 025
八、AI 的其他应用 ············ 026

第三节　智能时代下的人机关系 ············ 029
一、人机协作的定义 ············ 030
二、人机协作的类型 ············ 031
三、人机团队协作的原则 ············ 032

结语 ………………………………………………………… 034
第二章　人与 AI 的功能差异 ………………………………… 035
　　第一节　感知 ……………………………………………… 036
　　　　一、人类与 AI 的感知觉机制 ………………………… 037
　　　　二、人与 AI 在感知功能上的对比 …………………… 040
　　第二节　注意 ……………………………………………… 044
　　　　一、人的注意机制 ……………………………………… 044
　　　　二、AI 的注意机制 …………………………………… 045
　　　　三、人与 AI 在注意功能上的对比 …………………… 046
　　第三节　记忆 ……………………………………………… 048
　　　　一、人的记忆机制 ……………………………………… 049
　　　　二、AI 的记忆机制 …………………………………… 050
　　　　三、人与 AI 在记忆功能上的对比 …………………… 051
　　第四节　决策 ……………………………………………… 054
　　　　一、人的决策机制 ……………………………………… 054
　　　　二、AI 的决策机制 …………………………………… 055
　　　　三、人与 AI 在决策功能上的对比 …………………… 056
　　第五节　语言 ……………………………………………… 059
　　　　一、人类的语言机制 …………………………………… 059
　　　　二、AI 的语言机制 …………………………………… 061
　　　　三、人与 AI 在语言功能上的对比 …………………… 061
　　第六节　学习 ……………………………………………… 063
　　　　一、人的学习机制 ……………………………………… 063
　　　　二、AI 的学习机制 …………………………………… 064
　　　　三、人与 AI 在学习功能上的对比 …………………… 066

第七节　情绪与情感 068
一、人的情绪机制 069
二、AI 的情绪机制 070
三、人与 AI 在情绪功能上的对比 072

第八节　人机协作中的功能分配 074

结语 076

第三章　人与 AI 的交互方式 077

第一节　自然语言交互 078
一、自然语言交互简介 078
二、自然语言交互的新进展——大语言模型（LLMs） 084
三、自然语言交互的应用 086

第二节　手势、体感与动作等姿势交互 088
一、姿势交互的定义 088
二、姿势交互的应用 092

第三节　结合触觉、嗅觉、味觉等多模态多通道信息的交互方式 094
一、多模态多通道交互的定义 094
二、多模态多通道交互的应用 095

第四节　脑机接口 096
一、脑机接口的定义 097
二、脑机接口的实现 098
三、脑机接口的类型 102
四、脑机接口系统的应用 109

第五节　人机交互的应用与未来 113
一、人与 AI 的交互与传统人机交互的区别 113

二、人机交互的研究展望 …………………………………………… 115

结语 ………………………………………………………………………… 116

第四章　人与 AI 的相互理解 …………………………………… 117

第一节　相互理解失败 ……………………………………………… 119

第二节　行动识别 …………………………………………………… 121
　　一、行动识别概述 …………………………………………………… 121
　　二、行动识别的研究现状 …………………………………………… 121
　　三、行动识别的方法 ………………………………………………… 122
　　四、行动识别的应用 ………………………………………………… 123
　　五、行动识别面临的挑战 …………………………………………… 127

第三节　意图识别 …………………………………………………… 128
　　一、意图识别概述 …………………………………………………… 128
　　二、意图识别研究现状 ……………………………………………… 129
　　三、意图识别的方法 ………………………………………………… 130
　　四、意图识别的应用 ………………………………………………… 134
　　五、意图识别面临的挑战 …………………………………………… 136

第四节　计划识别 …………………………………………………… 137
　　一、计划识别概述 …………………………………………………… 137
　　二、计划识别的方法 ………………………………………………… 138
　　三、计划识别的应用 ………………………………………………… 140
　　四、计划识别面临的挑战 …………………………………………… 142

第五节　人对 AI 的理解及其影响因素 …………………………… 143
　　一、人对 AI 的理解受哪些因素影响 ……………………………… 144
　　二、AI 系统的可解释性和透明性 ………………………………… 146
　　三、理解 AI 在 AI 应用中的意义 ………………………………… 149

结语 ………………………………………………………………………… 152

第五章　人与 AI 的信任 ················· 153

第一节　人与 AI 信任的定义、分类和模型 ············ 155
一、人与 AI 信任的定义 ················· 155
二、人与 AI 信任的分类 ················· 158
三、人与 AI 信任的认知模型 ·············· 165

第二节　人与 AI 信任的影响因素 ················ 176
一、个体因素对信任的影响················ 177
二、人工智能方面的因素················· 182
三、环境对信任的影响·················· 193

第三节　信任的校准过程：过度信任和信任不足 ······ 196
一、过度信任······················ 198
二、信任不足······················ 203

第四节　未来研究展望 ···················· 208
一、AI 对人的信任 ··················· 209
二、人与 AI 互信的量化模型 ·············· 209
三、多智能体互动中的人与 AI 互信 ··········· 211

结语 ···························· 212

第六章　人与 AI 的新型伙伴关系 ············· 213

第一节　人与 AI 关系的发展进程 ················ 214

第二节　人与智能体关系的分类 ················· 215
一、根据智能体的自主化程度进行分类··········· 215
二、根据人与智能体在协作中的主导控制权进行分类····· 218

第三节　人与 AI 的新型人机关系——人机组队 ········ 221
一、人机组队的概念··················· 222
二、人机组队的模型架构················· 223

三、人机组队与人机交互的区别 ………………………… 225
　　四、人机组队对智能体的要求 …………………………… 226
 第四节　人与 AI 关系的发展展望 …………………………… 228
　　一、未来人与 AI 的关系 ………………………………… 228
　　二、人机共生 ……………………………………………… 230
 结语 ……………………………………………………………… 233

第七章　人与 AI 的伦理和法律关系 …………………………… 235
 第一节　人与 AI 伦理和法律关系概述 ……………………… 236
 第二节　AI 发展过程中的伦理和法律问题 ………………… 238
　　一、大数据阴影下的隐私保护问题 ……………………… 238
　　二、算法黑箱产生的歧视问题 …………………………… 240
　　三、人工智能系统的应用带来的其他问题 ……………… 243
 第三节　AI 的伦理和法律政策 ……………………………… 246
　　一、以伦理为导向的社会规范体系 ……………………… 246
　　二、以法律为保障的风险防控体系 ……………………… 250
 第四节　AI 伦理和法律的未来研究方向 …………………… 255
　　一、AI 的可解释性 ……………………………………… 255
　　二、以人为中心的 AI 的设计 …………………………… 257
 结语 ……………………………………………………………… 260

参考文献 ………………………………………………………… 261

第一章 智能时代下的人工智能与人机关系

我们正在进入一个崭新的时代——智能时代。新一代人工智能技术迅猛发展，并向社会各个领域加速渗透，作为新一轮科技革命和产业变革的重要驱动力量，人工智能（AI）给人类的生产生活带来了深刻变化。提到人工智能，很多人觉得不陌生但也不甚了解，甚至部分人还会产生人工智能无所不能或者会毁灭人类的极端想法。事实上，人工智能已广泛应用于我们的生活之中，本章我们会介绍人工智能的含义、发展脉络、现状及人机关系。

第一节 人工智能的定义及类型

一、定义

1956年达特茅斯会议上，John McCarthy等科学家围绕"机器模仿人类的学习以及在其他方面变得智能"展开讨论，并明确提出了"人工智能"一词。人工智能自被提出后，在60余年里经历了多次理论和技术上的跃迁，并由计算机科学、控制论、信息论、神经科学、心理学、语言学等多种学科交叉融合而发展起来，目前已成为一个庞大的学科体系并衍生出众多分支。关于人工智能的内涵，目前尚未形成一致的定义，学者们的观点主要为两种：第一种观点倾向于将人工智能对标人类智能（李德毅，2017；梁志国 等，2021；郑南宁，2019；Council，2019；Turing，1950），即认为人工智能本质上是对人的思维过程或者说人类智能的模拟（梁志国 等，2021；Council，2019），人工智能的发展目标是无限接近人类智能，能够像人一样学习、思考、理解等（郑南宁，2019）。因此，人工智能的提出和技术迭代始终围绕着如何从人类的表现中获得启发并模拟人的智能行为。例如机器视觉模拟人的眼睛并在部分场景中代替人眼进行工作，自然语言处理参考的是人类的语言机制并用以提高语言处理的效率。第二种观点在定义人工智能时摆脱了人类智能的框架（Korteling et al.,

2021），认为人工智能是独立于人类智能、具有自主性、表现出智能行为、实现复杂任务目标的主体（Korteling et al.，2021），人工智能甚至可以超过人类的智能，成为更强的智能体。本书从心理学的主流观点出发，主要讨论第一种观点，即人工智能是对人类智能的模拟，大多数智能产品是基于人类智能的框架，通过研究人类智能的机制和过程，逐步改进和提升人工智能的性能，使其更有效地协助人类完成任务。但是应该注意到，随着通用人工智能的快速发展，出现超越人类智能的智能体成为一种可能。

不同于概念上的莫衷一是，人工智能在实验操作上的定义则比较清晰，即图灵测试。20世纪40年代末至50年代初，第一台计算机的出现引发了一场公开辩论，辩论主题为这一科学奇迹的潜力如何。图灵为了反驳那些认为"机器不能思考"的人，提出了图灵测试。其灵感来自维多利亚时代的一种"模仿游戏"。"模仿游戏"通过对一个人提问，从回答判断对方是男是女。图灵将此种规则迁移至测试中，即人类通过键盘与屏幕彼端的"生物"以文本的形式进行交互聊天，最终确定对方是人还是计算机程序。如果人类询问者不能将机器和人的行为区分开来，则认为机器拥有了智能（Turing，1950），原理如图1-1所示（Hughes et al.，2019）。图灵测试巧妙地避开了智能的内涵式定义和判定难题，将研究智能的重点放在智能的外在功能性表现上。

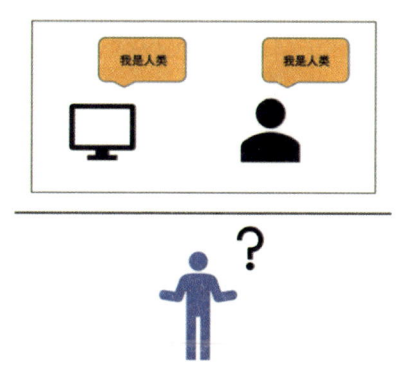

图 1-1　图灵测试原理图

以图灵的"无法分辨"为原则，图灵测试出现了许多变式。如著名的威诺格拉德模式挑战，通过测试理解力测试人工智能是否具备人类的理解力。下面举例说明：

句子 a：奖杯不能放进棕色手提箱里，因为它太大了。

句子 b：奖杯不能放进棕色手提箱里，因为它太小了。

问题：什么东西太大 / 太小？

显然，在句子 a 中是奖杯太大，句子 b 中是手提箱太小。大多数稍有常识的成年人都能轻易判断出两个句子的区别。聊天机器人如果想要给出正确答案，则需要真正理解这些句子，理解手提箱和奖杯之间的关系。当然，ChatGPT 给出了正确回答："句子 a 中提到的东西太大的是奖杯。句子 b 中提到的东西太小的是棕色手提箱。"。但这样的测试对于目前大部分聊天软件来说仍然具有极大挑战性。

二、发展历程

人工智能的发展过程并非一帆风顺，而是经历了多次热潮和寒冬。比较典型的三次热潮分别对应于：20 世纪 50～70 年代；20 世纪 80～90 年代；2006 年至今的智能时代。其阶段特征见表 1-1（许为，2019），此外，我们也列举出发展历程中比较重要的事件节点（陈信，2018）：

1956 年，在达特茅斯会议上，"人工智能"一词被提出；

1966 年，世界上第一个聊天机器人 ELIZA 诞生；

1968 年，计算机鼠标出现，使人机交互模式上升到一个新高度；

1997 年，深蓝 IBM 电脑击败国际象棋冠军卡斯帕罗夫；

2011 年，Waston 计算机赢得桥牌游戏；

2014 年，计算机首次通过图灵测试；

2016 年，AlphaGo 击败原世界围棋冠军；

2022 年，ChatGPT 上线一个月用户超亿。

表 1-1　AI 的三次热潮和发展的阶段特征（许为，2019）

时间节点	主要技术和方法	用户需求	工作重点	阶段特征
第一次（20 世纪 50～70 年代）	早期"符号主义和联结主义"学派，产生式系统，知识推理，专家系统	无法满足	技术探索	学术主导
第二次（20 世纪 80～90 年代）	统计模型在语音识别、机器翻译的研究，神经网络的初步应用，专家系统	无法满足	技术提升	学术主导
第三次（2006 年至今）	深度学习技术在语音识别、数据挖掘、自然语言处理、模式识别等方面的突破，大数据，计算力等	开始提供有用的、解决实际问题的 AI 应用解决方案	技术提升，应用落地场景，伦理化设计，前端应用，人机交互技术等	技术提升＋应用＋以人为中心

三、类型

人工智能作为一个交叉学科，发展至今已经成为一个庞大的学科体系并拥有众多分支。下面我们分别依据智能水平、实现方式、应用分支介绍三种分类方式，方便读者对人工智能有更深入细致的了解。

1. 专用人工智能 vs 通用人工智能

依据智能水平的高低，人工智能可以分为专用人工智能（artificial narrow intelligence，ANI）和通用人工智能（artificial general intelligence，AGI）（Fjelland，2020；Goertzel et al.，2007），两者之间的区别可见表 1-2（中国人工智能学会等，2017）。专用人工智能又被称为弱人工智能，其只能在某一个特定领域应用，完成固定的任务，并不能像人类智能一样适应复杂的新环境并不断创造出新功能。通用人工智能则被称为强人工智能，其具备一定的自主控制能力，可以应对复杂环境，快速学习，充分利用已掌握的技能解决新问题，最终可达到人类智能水平（Fjelland，2020）。目前大部分人工智能的通用性只体现在某单一模态下的通用性，即在某一模态下具备一定的泛化性。例如，语音识别系统虽然只能完成听觉模态的识别任务，但可以识别不同的语言，可识别语言种类的增加体现了模态内的泛化性。未来人工智能正朝着实现更高层次的通用发展，即实现多种模态的统一，完成多种任务。例如，现在热门的GPT-4已经初步具备多模态功能，在语言理解、逻辑推理、数学计算、代码编写等方面均具有很强的能力，可以完成律师资格考试、医学诊断、创意写作、学业水平测试（SAT、GRE等）。相信在可见的未来，具有更高层次通用性的人工智能是有望实现的。

表1-2 专用人工智能与通用人工智能的区别

类型	理解特定领域知识	实现特定领域应用	跨领域推理能力	常识的认识与掌握	抽象能力的掌握
专用人工智能	√	√	×	×	×
通用人工智能	√	√	√	√	√

2. 符号人工智能 vs 神经网络人工智能（张钹 等，2020；Garnelo et al.，2019）

关于如何能够让计算机产生人类水准的智能行为，目前主要有两种实现方式。一种是建立思维模型，即建立有意识的推理、认知、解决问题的过程，这种方式被称为符号人工智能，因为它使用各种符号来代表各种事物，并对此进行推理、认知等行为。例如，机器控制系统中的符号"room 451"可能是机器人用来指代你卧室的符号，而cleanroom则是用来定义"房间清洁"这一活动的符号，当机器人确定要做什么的时候，它会明确使用这些符号。例如，当机器人决定执行"cleanroom（room 451）"操作时，就意味着机器人要对你的卧室进行清洁，符号意味着机器人语言中的对象及行为。符号人工智能的优势在于，其过程是透明的，并且贴合了我们的思维过程，人类本身"思考"的方式就是用符号或者文字流程化。符号具有可组合性，可从简单的原子符号组合成复杂的符号串，可组合性是推理的基础，因此符号 AI 与人类理性智能一样具有可解释性和容易理解。不过符号 AI 也存在明显的局限性，目前已有的方法只能解决完全信息和结构化环境下的确定性问题。其中，最具代表性的成果是 IBM"深蓝"国际象棋程序，它只是在完全信息博弈（决策）中战胜人类，这是博弈中最简单的情况。而人类的认知行为，如决策等，都是在信息不完全和非结构化环境下完成的，符号 AI 距离解决这类问题还很远（张钹 等，2020）。

20 世纪 80 年代以来，人工智能领域兴起的另一种实现方式是模拟大脑，即人工神经网络。它从信息处理角度对人脑神经元网络进行抽象而建立的简单模型，按不同的连接方式组成不同的网络。在工程与学术界也常简称为神经网络或类神经网络。神经网络是一种运算模型，由大量的节点（或称神经元）之间相互连接构成。每个节点代表一种特定的输出函数，称为激励函数。每两个节点间的连接代表一个对于通过该连接信号的加权值，称之为权重——相当于人工神经网络的记忆。网络的输出则依网络的连接方式，权重值和激励函数的不同而不同。神经网络最近已经取得了不少突破性的成果，但这种方法也存在问题，由于大脑是一个极其复杂的器官，包含大概 1 000 亿个相连的神经元，我们对它们的成分、结构和运作原理的了解还达不到完美复制大脑结构的程度，所以这不是一个能够很快实现的目标。符号人工智能和神经网络人工智能是两条截然不同的技术路径，所使用的方法也完全不同，但最后目标都是为了实现人类水准的智慧。

3. 人工智能的四大应用分支

按人工智能的应用场景，目前其典型分支主要有机器视觉、自然语言处理、语音识别、机器人（梁治国 等，2021；Liu et al.，2018）。当然，随着 AI 技术的快速发展和迭代，其分支也会不断更新。

机器视觉（machine vision）是运用计算机及相关设备对生物视觉的一种模拟，主要是对采集的图像或视频进行处理以获得图像或视频中的信息，使机器能同人类一样观察世界，理解世界，并拥有自主适应环境的能力。机器视觉的主要研究内容包括物体检测、物体分类、三维视觉、视频分析与监控等。机器视觉理论的奠基者Marr（1983）认为，机器视觉要解决的问题是"何物在何处"。而物体检测就是找出图像中的物体，并且给出这些物体的位置（通常以矩形框表示）。物体检测在视频监控、身份识别、自动驾驶等实际应用中有非常重要的作用，是机器视觉的基础。物体分类识别是指判断一幅图像中是否存在某类别的物体。三维视觉主要研究内容包括视觉特征匹配，即将不同图像中的同一视觉特征（例如，同一把椅子的某个角）对应起来；还有三维重建（从二维图像恢复三维场景）等。视频分析与监控则主要包括目标追踪和行为识别。

自然语言处理（natural language processing）旨在研究如何使用计算机来理解和处理自然语言以做有用的事情（Chowdhary，2020）。自然语言处理主要分两个流程：自然语言理解（natural language understanding）和自然语言生成（natural language generation）（Chopra et al.，2013；Khurana et al.，2017）。NLU用于理解文本的含义，具体到每个单词和结构；NLG用于生成文本，分三个阶段：确定目标，通过评估情况和可用的交际资源来计划如何实现目标，并将计划形成为文本。自然语言处理又可以分为很多小的领域，如词性标注、句法分析等（奚雪峰，2016）。例如，词性标注是指确定句子中每个词的词性，如形容词、动词、名词等，又称词类标注或者简称标注。句法分析主要是自动识别句子中包含的句法单位以及这些句法单位相互之间的关系，即句子的结构（如主谓宾结构）。通常的做法是：给定一个句子作为输入，基于短语结构文法得到句子结构的树状表示，即短语结构树，结构树中只有叶子节点与输入句子中的词语相关联，其他中间节点都是标记短语成分。

语音识别（speech recognition）最初的研究源于 1930 年，当时的研究点主要集中在说话人识别。随着技术的发展，识别内容从对说话人识别已经扩充到对说话内容的识别。语音识别是机器通过识别理解将语音信号转变成相应的文本或命令的技术。语音识别技术的发展使得机器能够"听到"人类的语言。语音识别系统由四部分组成：信号处理和特征提取、声学模型、语言模型、假设搜索（Yu et al., 2016）。信号处理和特征提取组件以音频信号作为输入，通过消除噪声和信道失真增强语音，将信号从时域转换为频域并提取了适合于以下声学模型的显著特征向量；声学模型整合有关声学的知识，以特征提取组件生成的特征作为输入，并为可变长度的特征序列生成一个声学模型分数；随后语言模型通过训练语料学习词之间的相互关系，以此估计假设词序列的可能性，可能性的高低即为对应的语言模型分数；最终，假设搜索组件整合声学模型和语言模型的得分，输出得分最高的单词序列作为识别结果。

机器人是具有感知、思维和行动功能的机器（中国人工智能学会，2015）。智能机器人一般包含多种应用场景（机器视觉、自然语言处理、语音识别），相当于一个集成平台。此外，智能机器人还具备独特的特性，如操作性和移动性等（Bostelman et al., 2016）。目前关于对机器人行为的描述中，以科幻小说家以撒·艾西莫夫在小说《我，机器人》中所订立的"机器人三定律"最为著名：机器人不得伤害人类，且确保人类不受伤害；在不违背第一法则的前提下，机器人必须服从人类的命令；在不违背第一及第二法则的前提下，机器人必须保护自己。

机器视觉、自然语言处理、语音识别、机器人作为人工智能的四个典型分支，每个分支下又有着形形色色的产品，这些产品早已渗透人们的生活，使得人们的生活大为改观，正如国务院印发的《新一代人工智能发展规划》中所提到的，人工智能带来社会建设的新机遇，将极大提高公共服务精准化水平，全面提升人民的生活品质。接下来，我们将分领域具体展开人工智能在人类生活中的应用现状。

第二节　人工智能向人类生活的全面渗透

当今社会的医疗、教育、交通、军事等各个领域中，人工智能作为一种革命性的技术，开始发挥巨大的引领作用，深刻地影响和改变着世界。

一、AI在医疗中的应用

《麻省理工科技评论》发布的《AI医疗：亚洲的发展空间、能力和主动健康的未来》中提到：根据世界卫生组织的估计，2030年亚洲地区需要超过1200万名新的医疗保健专业人员，比当前增长70%以上；而人口超过22.5亿的南亚和东南亚地区，平均每10 000人拥有的医生不到7人。《中国医师执业状况白皮书》中提到：85.87%的医生每周工作时长在40个小时以上，长时间的超压工作负荷、紧张的工作环境，日复一日地消磨了医生们的"职业荣誉感"，致使71.76%的医生疲于医患关系的处理。以上数据暴露出当前医疗领域中存在的巨大缺口，"AI+医疗"的新型模式及时给医疗领域注入了新的力量，填补了部分缺口。从基础的辅助问诊、辅助诊断、医嘱质控，到参与度较高的手术机器人、康复外骨骼机器人、智能假肢，AI于医疗行业而言无疑是雪中送炭。

1. 辅助问诊

对于许多医疗条件不发达、缺少医生的偏远地区，智能辅助问诊系统能够代替医生向用户提供基础医疗评估和咨询服务，很大程度上减轻了医生的工作负荷。例如，百度灵医智惠推出的"临床辅助决策系统"（CDSS），目前已经覆盖了中国18个省市自治区的1000多家医疗机构,辅助医生进行临床诊断决策。沃森系统（Zheng et al., 2017）能够通过记忆文献、病例和规则，将大量医生对疾病的诊断转化为系统能力，沃森系统能够理解自然语言，回答问题，系统地挖掘患者数据和其他可用数据。另外，应用机器视觉技术可以识别医疗图像，帮助影像医生减少读片时间，提升工作效率，降低误诊的概率。

2. 手术机器人

手术机器人相较于人类医生，有着高精度视觉系统，可以帮助医生更加准确地确定手术位置。此外，灵活的机械手能够避免手术医生双手的生理性震颤，实现精准切除，减少患者出血量，确保在最佳手术姿态下完成对患者的治疗。作为手术机器人操作者的外科医生，对于未知的复杂情况具有更优秀的决策能力，能够可靠地处置手术中各种突发情况。"手术机器人＋医生"的合作模式大大提高了手术的安全、稳定、精准性（程洪 等，2020）。

首次在医疗外科手术中应用机器人技术是在 1985 年，研究人员借助 PUMA 560 工业机器人完成了机器人辅助定位的神经外科活检手术（Kwoh et al.，1988）。经过近二十年的发展，以 20 世纪末出现的达芬奇手术机器人系统为标志，诞生了第一代完整的手术机器人系统。达芬奇手术机器人系统包含三部分：外科医生控制台；机械臂、摄像臂和手术器械组成的手术台车；三维高清视频影像平台（戚仕涛 等，2011）。自此，手术机器人逐渐作为一套正式的手术器械进入医疗应用领域，并被广泛应用在泌尿外科、普外科、胸外科、妇产科等许多领域的手术中。还有一些具体的机器人。例如，神经外科手术机器人、腰椎椎弓根钉微创手术引导机器人、脊柱手术机器人、鼻内镜手术机器人、欠驱动型软体手术机器人等。

手术机器人可以按照自主性的高低分成两大类。

一类是主从操作式手术机器人，其主要目的是成为提升医生操作能力的辅助工具。此类系统的主要功能是忠实医生操作，主要利用机器人的动作精确性及稳定性。在此基础上，通过机械结构及控制算法消除不正常的肌肉抖动、通过内窥镜系统提供精确术区视野等功能，使得医生可以精准执行其想要进行的手术操作。从整个手术过程中所起到的作用看，该类手术机器人不参与手术决策及承担任何监督任务，以还原医生的操作为第一要务。

另一类手术机器人，即自主动作式手术机器人，其系统还处于发展中。与主从操作式手术机器人系统的最大不同在于，使用自主动作式手术机器人系统，主要利用的是机器人可编程、可执行重复动作的特性。通过离线编程，可以为机器人指定一些预定的动作。并且，通过其他系统获取的相关信息（如空间位姿获取系统获得的术区位姿信息）为机器人动作提供指导，如可实现从目前位姿到术区位置的机器人运动的自动规划等功能，该类机器人的主要作用为代替医生进行手术动作，并承担部分决策任务（如自主决定手术路径）。医生的职责是对整个方案进行规划、调整与监督。相较于达芬奇系列手术机器人，自主动作式机器人的智能化水平更高，在医疗中的作用也更加多元化，不过这两类机器人均无法离开人类医生的参与。鉴于安全性、透明性等因素的考量和患者对机器的信任问题，人类医疗中尚未出现完全独立的手术机器人。最近，约翰霍普金斯大学的研究人员设计的机器人（STAR）在没有人类帮助的情况下对猪进行了极其复杂的手术，这是世界首个手术机器人执行的自主腹腔镜手术，可能是腹腔镜手术的未来（Saeidi et al., 2022）。

3. 康复外骨骼机器人

康复外骨骼机器人是一种可穿戴的机械装置，它将人机工程学、仿生学等相关知识应用于机器人领域，将人的智力和机器人的体力完美地结合在了一起。康复外骨骼系统可以应用于脑卒及脊髓损伤康复训练、军事应急救援、建筑施工等方面。在医疗康复实践中，患者分为可康复和不可康复两大类。在可康复的情况下，康复外骨骼机器人可通过识别患者意图、步态训练、增加负重等方式帮助患者在康复训练中复现运动。例如，当手部外骨骼系统感知到穿戴者有想要抓握的意图时，会控制执行器实现抓握动作，在反复的肌肉运动与人体控制神经刺激下，帮助穿戴者搭建起肌肉运动的神经回路，从而恢复手部运动能力。

康复外骨骼机器人还能够使下肢偏瘫或截瘫患者在直立的状态下进行步态康复训练，这样不但可以提高患者康复训练的积极性，加速患者功能恢复，同时对患者的消化系统、循环系统以及心理状态的恢复也都起着显著作用。在不可康复的情况下，康复外骨骼系统可以提供物理支持，帮助他们在直立状态下保持舒适性，有助于减轻长时间坐卧导致的并发症和不适感。有研究评估了康复外骨骼系统 ReWalk 在脊髓损伤患者中的安全性和耐受性，结果显示发现 ReWalk 康复外骨骼套装的安全性和耐受性适用于完全脊髓损伤的人行走，使用后没有疼痛增加和中度疲劳，研究中的志愿者普遍对 ReWalk 康复外骨骼系统的使用持积极态度（Zeilig et al., 2012）。

有了人工智能技术的加持，康复外骨骼系统也更加智能。以负重为例，人对负重的感受与外骨骼对负重的感受互相影响，假使人做出了意料之外的举动导致自身受到的负重变小，那么外骨骼一方的负重就会加大，外骨骼作为一个智能体，会作出应对这种负载变化的决策；例如，改变自身姿态、增大关节力矩等。此外，还可以根据人体数据优化机械机构，使机械更加贴合人体生物曲线，提升使用体验，并且允许用户与系统进行实时通信。

近年来，康复外骨骼机器人的研发技术愈发成熟，产品也日益增多。如美国的 Ekso 康复外骨骼机器人、中国的大艾康复外骨骼机器人 AiLegs 和电子科技大学机器人研究中心研制的"AIDER"系列康复外骨骼机器人等。

4. 智能假肢

传统的假肢只能够代替佩戴者缺失肢体的部分功能，动作协调性较差且使用范围受到限制。智能假肢则可以根据佩戴者的意念执行较为复杂的动作，具有更好的仿生性。目前各大公司已研发出了多种智能假肢，如德国 OTTO BOCK 公司推出了肌电手假肢系统，当截肢者佩戴上该智能假肢并通过大脑想象自己想完成的动作时，大脑产生的运动神经信号会使患肢部位肌肉收缩，智能假肢通过获取佩戴患者的肌电信号控制其屈伸、手指关节的开闭以及关节的旋转等动作，使用户在工作、日常生活以及休闲活动中恢复更多的自由活动能力；英国 Touch Bionocs 公司推出的 i-Limb 智能上臂假肢能够根据佩戴者的肌电信号控制，还可以通过手机应用软件切换 24 种不同的手势模式，使机器手实现不同的持握动作；美国国防部先进项目研究局 DARPA 推出的 LUKE ARM 的智能上臂假肢，可以通过肌电传感器获取假肢佩戴者的肌电信号并快速做出相应动作响应，同时假肢末端的传感器将动态触觉信息通过末端肌肉神经刺激传达给佩戴者，使其准确感知到假肢手的抓握强度，这种助力反馈功能使该智能手臂表现出多达数十种不同力度的抓握动作，使佩戴者可以执行更加精细的操作，表现出更优秀的人机系统协同控制效果。

国内比较有代表性的成果是哈尔滨工业大学的智能假肢手 DLR-HIT，其创新采用两条传感反馈通路，不仅将假肢末端传感信号转化为神经电刺激传递给佩戴者进行协同控制，同时将传感信号引入智能假肢控制器中进行闭环控制，大幅提高了假肢的控制稳定性和精确度。

二、AI 在公共安全中的应用

人工智能在公共安全中的应用主要有治安管控和自然灾害监测两大类。

1. 治安管控

在治安管控方面，从静态的人脸识别、图片对比到动态的智能监控分析，再到语音信息的分析，人工智能大幅提升了分析和管控的效率，大大助力了社会的安全性建设。人脸识别是 AI 在静态视觉信息处理中的一种典型应用，我们在机场、车站和出入境签注等场景中可能都接触过。人脸识别在公安实战中发挥着重要作用，如确认人员身份、无名尸身份确认、寻人寻亲、发现漂白身份、实施抓捕在逃人员、发现特定对象的活动轨迹、拓展嫌疑人的清晰人脸身份、发现同行人、利用同行人反推目标对象身份等（郭琴 等，2020）。

随着监控摄像头的海量铺设，智能视频监控技术可以根据全市治安摄像头的大数据实时分析辖区内的治安状况，一旦发现异常事件，系统可以第一时间预警，并自动调配警力前往事发地点。智能监控分析可帮助实现物体追踪、人群聚集、打架、奔跑等异常事件检测等，这些功能会协助安全部门提高公共环境的安全防护，并防患于未然。

语音识别技术更是应用广泛。第一，传统情况下，公共安全领域有大量语音数据被简单使用后即丢弃，几乎未进行任何深度加工，通过人工智能深度学习及大数据技术可以从这些数据中挖掘出更多有用信息。例如，通过时间序列分析可以检测事件、行为或情况的演变，通过关联分析可以识别不同个体之间的社交关系，识别潜在的犯罪组织或其他犯罪活动中的关联性，进而为案件侦破、惠民服务提供数据支持。第二，在出警过程中，人工智能系统可以发挥其大数据分析的优势，在瞬间访问和分析大量的数据，包括警员分布、案件历史、地理信息等，进而及时调出警力分布情况、警员繁忙程度以及报警地点等相应的数据给接警人员进行参考，从而提高指挥调度效率，缩短应急响应时间。第三，人工智能政务服务咨询机器人可以识别居民的语音输入，然后根据他们的提问和需求提供相关的服务，如办理户口、身份证、护照、驾照、违章信息查询等。

声纹鉴定常出现在公安、司法领域中，和人脸侦查一样，也是用于鉴定人员身份。声纹鉴定是通过对一种或多种语音信号的特征分析以辨别未知声音，简单地说就是辨别某一句话是否是一个人说的技术。由于可以通过电话和网络信道等方式采集声音信息，因此其在远程身份确认上极具优势。声纹鉴定的理论基础是每一个声音都具有独特的特征，通过该特征能将不同人的声音进行有效区分。这种独特的特征主要由两个因素决定，第一个是声腔的尺寸，咽喉、鼻腔等这些器官的形状、尺寸和位置决定了声带张力的大小和声音频率的范围，第二个是发声器官被操纵的方式，唇、齿、软腭、腭肌肉等器官之间的协作方式是人通过后天与周围人的交流中学习到的。因此理论上，声纹就像指纹一样，基本不会有两个人具有相同的声纹特征。最早进行声纹识别研究的是Kersta（1962），他针对123名健康美国人的"I，You，It"等声样的25000个声纹图进行了50000多项分析，实验准确率为97%~99.65%。在我国，早在20世纪80年代末，中国刑警学院文检系和公安部物证鉴定中心就已先后引进相关仪器设备并分别建立了声纹鉴定实验室。声纹鉴定目前已经是公安部的标准，可以作为证据进行使用。

2. 天气预报和自然灾害监测

AI大模型的快速进步为预报天气、预测风暴、泥石流、洪水等自然灾害提供了可能性。例如，华为公司于2023年7月在*Nature*发表论文，展示了可以准确预报全球天气的盘古大模型（Bi et al., 2023），它是首个精度超过传统数值预报方法的AI模型，相比传统数值预报提速10000倍以上。这一气象模型的提出让人们重新审视气象预报模型的未来。在风暴灾害方面，IBM为美国安大略Hydro One电力公司开发的风暴智能预测工具，可以通过分析气象实时数据，预测风暴灾害的严重程度和严重区域，从而帮助该电力公司提前布置电工，以帮助受灾城市快速恢复供电；在泥石流灾害方面，日本大阪大学的研究人员针对日本全国50多万处的泥石流侵害点的现实情况，开发出一款能够预测泥石流发生的AI系统，该系统主要利用天气预报信息，分析降水量和降水时间，再结合安置在山体、河流中的传感器数据，从而计算出泥石流发生的概率并预警，相比传统的监测预警方式，这种AI系统能将泥石流灾害的预报时间从提前几分钟提升到提前几个小时；在洪水灾害方面，英国邓迪大学的研究人员利用自然语言理解等人工智能技术，在Twitter中提取的社交数据判断洪水灾害侵袭的重点区域和受灾程度，为政府救灾部门提供有效支持。

三、AI 在交通中的应用

交通中的大量信息早已超过了人脑的负荷，而批量处理信息恰恰是 AI 的强项。不管是陆地交通还是空中交通，AI 都在其中承担着重要的角色。

1. 陆地交通

AI 在陆地交通中主要应用于交通监测和管控、车辆驾驶、智能化地图。目前道路上都会安装监控摄像头，可识别并记录车辆信息。如遇违章行为，会自动作出相应惩罚，可减少交警的任务量。此外，利用图像监测与识别技术可对城市各个区域的道路交通状况进行实时分析，以确保交通警察能够实时掌握道路的畅通和交通信号灯等情况，从而对交通信号灯的配时进行智能化调节，以此减轻道路交通堵塞的状况（毛宇琦，2019）。

人机协同驾驶或无人驾驶现在是全球各个汽车制造企业都必争的产业高地。由于人类的驾驶行为容易受到其生理和心理因素、光线和天气等环境因素的影响（Sharp et al., 2001），AI 辅助驾驶系统可以利用多种传感器实现对驾驶场景的高精度连续监测，为驾驶员提供更多的驾驶信息，弥补由疲劳、分心等引发的问题（Zheng et al., 2017）。相较于人机协同驾驶，无人驾驶对自主性的要求更高，对应于美国汽车工程师学会对自动驾驶水平分级中的 L3 级及以上，具体分级见表 1-3：

表 1-3　汽车自动驾驶水平分级（L0-L5）

等级	名称	描述	动态驾驶任务		动态驾驶任务支持
			持续纵向横向车辆运动控制	周边监控	
L0	无自动驾驶	即使有主动安全系统辅助，仍由驾驶员执行全部的动态驾驶任务	驾驶员	驾驶员	驾驶员

续表

等级	名称	描述	动态驾驶任务 持续纵向横向车辆运动控制	动态驾驶任务 周边监控	动态驾驶任务支持
L1	驾驶辅助	车辆持续执行横向（方向）或纵向（速度）中的一项车辆运动控制，驾驶员执行其他动态驾驶任务	驾驶员与系统	驾驶员	驾驶员
L2	部分驾驶自动化	车辆执行横向和纵向的多项车辆运动控制，驾驶员执行其他动态驾驶任务	系统	驾驶员	驾驶员
L3	条件自动驾驶	车辆执行完整的动态驾驶任务，驾驶员需保持注意及时接管	系统	系统	驾驶员
L4	高度自动驾驶	车辆执行所有驾驶操作，驾驶员不需保持注意，但仅限于特定道路环境条件	系统	系统	系统
L5	全自动驾驶	车辆完成所有操作，驾驶员不需介入	系统	系统	系统

另一个已被广泛使用的 AI 应用是智能化地图。例如，智能化地图可以实时提供道路交通的拥堵情况，为大众出行提供方便。此外，不少智能化地图服务信息平台正在借助人工智能的技术浪潮实现功能扩增，如百度地图通过单人全景采集、图像识别自动化和多源大数据自动整合等技术为基于地图的功能创新带来更多可能性，除实时公交、实时路况等基础功能外，百度地图还推出高架导航、3D 导航、全景地图、4K 地图、室内外步行导航打通等一系列创新功能，节省了用户的时间，减轻了城市的交通压力。

2. 空中交通管理

AI 在空中交通中也有广泛应用。其中，辅助决策模块渗透到飞行流量管理模块和冲突探测与解脱模块中（刘晓红 等，2007），最终形成两大类应用：

在飞行流量管理中的应用和在飞行冲突探测及解决上的应用。飞行流量管理是指根据气象条件、航路结构、扇区容量等限制条件和资源的统筹规划，使航班流量尽可能达到最优状态，从而在保障安全的前提下，提高运行效率（吴青，2018）。如计算出飞机在具体时间应该到达的位置，以及到达具体位置的准确时间，合理地安排飞行架次。飞行冲突探测与解脱辅助决策系统能够向空管员提供高效的避撞辅助方案，有效弥补决策过程中的不足，对飞行冲突情况进行分析，寻找积极的解脱方案。飞行冲突探测与解脱辅助决策系统推理过程大致包括：空中航空器优先等级评估、冲突类别评定、避撞应对方案、建立避撞路线。

四、AI在教育中的应用

AI的教育应用体现在将人工智能技术融入教育核心业务与场景，促进教学流程的自动化与关键教育场景的智能化，从而大幅度提高教育工作者和学习者的效率。下面我们以AI在教育中的一个典型应用为例，详细阐释AI对教育的三类助益。

AI在教育中应用最为广泛与活跃的是专家系统。此外，自然语言处理和人工神经网络多与专家系统结合，用以提高专家系统的性能。在教育中，专家系统通常表现为计划系统或诊断系统。在计划系统中输入课堂目标和学科内容，它可以制定出一个课堂大纲，写出一份教案，甚至有可能开发一堂示范课。诊断系统则从一个给定系统陈述中查找原因或对其进行分析。例如，一个诊断系统可以输入学生课堂表现资料，分析为什么课堂的某一部分效果不佳。专家系统一般同时具有诊断和计划等功能，其最终任务是根据学生的特点（如知识水平、性格等），以最合适的教案和教学方法对学生进行教学和辅导，其特点为：具有良好的人机界面。目前，已经开发和应用的教学专家系统有MACSYMA符号积分与定理证明系统（Martin et al., 1971）、物理智能计算机辅助教学系统（Karamustafaoglu，2012）等。

第一个益处是人工智能的加入为解决教育资源不均衡问题带来希望，使得教学过程更加智能高效。AI 和教育结合产生的智能教育具备某学科或领域的专门知识，能够分析学生的特征，自动生成教学内容，评价和记录学生的学习情况，诊断学生学习过程中的错误并进行补救，实现了对学生进行远程个性化教学指导。因此，偏远地区的学生可以不再受教育资源限制，在家中便可接触到丰富、完备的教学资源。例如，超星学习系统、慕课等学习平台的受益者早已遍布全国各地。

第二个益处是 AI 还可以协助教师开展教学任务，极大地提高教学效率。依据人机协同中机器智能的强弱，可将教师与 AI 的关系分为：AI 代理、AI 助手、AI 教师和 AI 伙伴（余胜泉 等，2019）。AI 代理可以取代部分低层次、单调重复的教学工作，如批改作业、考试组卷、阅卷评分、成绩统计、备课、家长反馈等，使得教师可以将更多精力投入教学设计、情感交流等更具创造性的工作中。在 AI 助手阶段，AI 作为助手辅助教师处理工作，如收集数据并生成报告，而最终的决策及意义解释将由教师做出。AI 教师则具备了更高的自主性，可以独立开展教学工作。在此阶段，教师作为创新工作规则的设计者和指导者，而 AI 则作为解决问题的主体，指导提升学生成绩，而且在与学习者不断交互的过程中，AI 教师自身的知识也在不断积累和进化。在 AI 伙伴阶段，AI 将拥有和人类教师同等的自主性，并可以与人类教师产生自主的社会性协同，AI 不再依赖于人类教师设计的问题处理规则，而是可以作为具备社会化智能的个体，在与其他人类教师或 AI 教师的沟通协作中习得新的规则，提供新的服务。不过此种 AI 是强人工智能的具体表现，目前尚未成为现实。

最后一个益处是在高效完成教与学的同时，AI 还可以助力因材施教这一教育理念的实施。因材施教始终是教育中的重要理念，而在大范围、不同课堂场景时，实现完全的因材施教是非常困难的，"AI+教育"的模式则可以很好地解决这一矛盾。例如，AI 可以根据学生作业完成情况，生成数据统计，这些数据能直观地反映出学生的优劣势并反馈给教师，进而帮助教师在备课的过程中，有针对性地安排教学目标，帮助学生查缺补漏，更有效地升级教案、组织课堂。此外，AI 的加入也让教育实现了从"教育者中心"到"学习者中心"的转变，即 AI 基于每个学生的过程性数据分析其解题思路、知识点掌握情况、学科能力等，构建学生的高清图谱画像，规划出最适合学生的学习内容和学习路径。总结来说，AI 既是教师的智能助手，也是学生的 AI 教师，使得教与学的过程更加智能和富有针对性。

五、AI 在军事中的应用

现代战争正在由机械化、信息化向智能化方向发展，各军事强国将人工智能作为必争之高地，大力加强人工智能技术的研究和应用。目前，人工智能已经在智能武器、撤离与医疗支援系统、情报搜集、分析与管理、数据分析与辅助军事决策系统中得到广泛应用。

1. 智能武器

智能武器作为未来战争中的重要组成部分，具有指挥高效化、打击精准化、操作自动化等特征，许多国家都将其作为新型作战力量中的技术制高点加以深入研究。智能武器种类繁多，下面举例说明几种具有代表性的智能武器。

一是无人机。无人机是不需要人的驾驶而能够自行完成侦察、干扰、电子对抗、反雷达、轰炸等多种军事任务的无人驾驶飞机。例如，德国的"克尔达"无人机，可以在目标上空连续巡航 1 小时，机体内载有炸药，并安装有信号发射机、应答器等先进设备，既可以实施干扰迫使敌方关闭雷达的任务，又可以诱敌发射导弹，以利于己方飞机实现突防目的；以色列的"侦察兵"和"猛犬"智能飞机，可以模拟喷气式战斗机的电子图像，诱使敌军的雷达开机跟踪，从而快速获得雷达的位置和工作参数。

二是智能导弹。智能导弹是具有自动搜索、识别和攻击目标能力,并能够在找不到攻击目标的情况下自动返航并回收的新型导弹。例如,美国研制的"黄蜂"反坦克导弹,由超低空飞机远距离成批发射后,自动爬升至上千米俯视战场,自动选择目标,互不干扰。若目标已有导弹跟踪,后面的导弹就会自动寻找其他目标,以获得最大的杀伤效果。

三是智能枪。智能枪是一种由计算机控制,能够自动识别主人,具有多种作战能力的新型枪支。使用时,持枪者只需将枪口朝向目标,计算机就能根据敌方情况决定采取何种功能,同时调整方向,并发出射击指令。智能枪上安装有袖珍摄像机和热成像仪,它们与枪口朝向相同,捕捉到的图像能够投射到士兵头盔边缘的小视屏上。为防止敌人特别是恐怖分子盗用智能枪,智能枪的计算机能自动核对使用者的密码或手掌纹,如果与授权使用者不符,智能枪将拒绝"工作"甚至自毁。

2. 撤离与医疗支援系统

与日常创伤救护相比,战争创伤救护环境恶劣、伤类复杂、伤情严重。在战场受伤后,许多伤员还处在作战的危险环境,要提高伤员抢救成功率,挽救危重伤员生命,必须在最短时间内开展最为有效的医学救援。考虑到作战环境的复杂性和危险性,单纯依赖人类救护人员的力量远无法应对该种环境,人工智能的机器则可以突破人的体能限制,取得更佳效果。例如,美国研究出的战场撤离辅助机器人 BEAR 有 2 个手臂驱动器,可以举起 500 磅(大约一个全副武装的士兵的重量),并且以每小时 10 英里的速度移动;医疗支援系统 TAGS CX 包括一个小型的移动机械手和一个更大更快速的车辆,小型的机械手用于近距离将伤员从受伤地点运送到第一急救点,更大的车辆用于将受伤士兵运送到前方医疗设施站,大的车辆中配备了生命支持系统并允许小型机械手驻留其中,这辆车还集成了其他控制技术,其中包括基于 GPS 的自主导航、搜索和救援传感、多机器人协作、障碍检测、车辆安全防护系统、自主车辆对接和远程医疗系统（Gilbert et al., 2010）。

3. 情报搜集、分析与管理

人工智能技术，特别是机器学习的进步实现了数据的实时分析和深度挖掘，赋予了情报平台自主学习和高效处理多源异构数据的能力。同时，人工智能促进了数据规范和标准化体系建设，有利于不同部门间的信息共享，从而对威胁作出预警。概括来说，人工智能的应用使得情报的搜集和管理更加详尽和高效。众多国家均在积极应用人工智能以提高情报搜集效率和质量。如美国国防部于2017年4月成立了算法战跨职能小组以应对情报搜集处理人员严重短缺的问题，通过应用先进的机器视觉技术，辅助情报人员识别无人机拍摄的视频中的目标；这样既减轻了情报工作人员的工作负担，又将海量数据迅速转变为可用情报，实现了"减员增效"的目的。

除了情报搜集，AI在分析与情报管理方面也发挥着重要作用。当前军事情报管理体制主要基于情报流程概念，按照情报流程的六大步骤设立条块化的搜集部门、分析部门和整编部门等，这种"烟囱式"的线性管理和工作模式有利于情报部门按照操作程序完成工作，保证其作为行政机构的工作效率，但由于层级过多和机构分散，导致管理成本增加。同时，由于专业分工过细，情报工作各环节间容易出现隔阂，使得信息流通不畅，决策应对迟缓，难以满足未来战争中军事斗争的情报需求。人工智能的应用则能够推动军事情报工作管理体制由线性管理向更加灵活、高效的管理模式转变，减少中间层，促进信息的传递与沟通，有助于情报体系一体化（王天尧 等，2020）。

4. 数据分析与辅助决策系统

作战活动中往往会产生大量数据，面对海量的、瞬息万变的战场数据和信息，人脑有时无法快速容纳和高效处理，需要处理速度快、不知疲劳的AI机器的协同，才能弥补时空差，使人类突破生理极限和物理极限，确保决策的正确有效。决策时，指挥员可以利用人工智能技术从海量、多元、异构的数据汇总中快速发掘出支撑作战决策的关键信息，识别意图、研判趋势、发现规律、作出决策，极大地提升了战争趋势预测、作战方案评估和作战行动管控等能力。如：美国国防预先研究计划局于2017年启动了深绿项目，利用多模态人机交互、计算机混合仿真等技术，通过对决策各要素的汇聚，基于实时战场态势数据，生成指挥官决策的未来可能结果，并预判敌方的可能行动，协助指挥官做出正确决策；俄军计划在2025年前装配新一代RB-109A勇士赞歌智能自动指挥系统，在没有操作员参与的情况下实时分析战区形势，发现并对目标进行分类，自动连接营和连的指挥所、上级司令部，甚至独立的无线电电子对抗站，并实时共享情报和下达作战指令，司令部军官和系统操作员则只需监控自动指挥系统的工作。

六、AI在金融中的应用

人工智能技术促进了金融投资与服务的标准化、模型化、智能化，大大优化了金融业现有的服务模式，最大限度地保障了消费者的收益要求，减少了金融事件的发生，同时降低了人工投入成本。引入了人工智能的金融系统变得更快，更高效，更安全。接下来我们以人工智能在金融行业中的三类常见应用（安全保障类、效率提升类、个性化服务类）为例，详细阐述AI的具体应用。

人工智能技术拓宽了传统的支付验证方式，允许基于生物特征的支付验证，如指纹验证、人脸验证和虹膜验证等，相较于常见的密码输入验证的方法，生物特征识别技术可以使得支付的安全性大幅提高。除了支付方式上的安全性提升，AI还可以实现反欺诈。如监测相关设备ID在哪些借贷网站上进行过注册，同一设备是否下载多个借贷APP，实时发现多头贷款的征兆。

人工智能技术还极大提升了金融服务的效率。智能客服可以通过语音识别技术、自动问答技术，以实现远程客户服务、业务咨询和业务办理等。例如，在2015年"双十一"期间，蚂蚁金服95%客户服务已经由智能问答机器人完成，并且实现了自动语音识别。此外，在银行网点安放可交互型的机器人替代大堂经理，对客户进行语音交流、业务咨询和办理等。如交通银行推出的机器人"娇娇"、民生银行推出的机器人ONE、农业银行推出的机器人"智慧小达人"等。

另外，智能投资顾问可以根据理财客户的一些指标，如年龄、经济实力、消费行为、理财需求、风险偏好等，通过机器学习算法构建标准化的数据模型，为客户提供个性化的理财顾问服务。如德意志银行推出的机器人投顾AnlageFinder、京东金融推出的智投、小金所的机器人投资顾问等。

七、AI在工业中的应用

随着新一轮的工业革命的不断推进，工业也逐步向数字化、自动化、智能化转型，进入现代化工业新阶段。传统的工业机器人仅是以机器人代替部分烦琐的人工劳动，成为人类体力的延伸，但机器人的智能程度还不够，无法完成一些较精细的工作。AI技术的加入，使得工业机器人能以与人类智能相似的方式做出反应，赋予了机器人新的能力，让它不仅能代替人类大部分的体力劳动，也可以在程序设定的基础上代替部分的脑力劳动，实现缺陷检测、尺寸检测和识别分拣，提高生产效率，降低生产成本。

1. 缺陷和尺寸检测

由于人眼无法看清快速移动的目标，对微小目标的分辨能力弱，而且人眼疲劳后漏检率会提高，这些使得人工检测缺陷或产品尺寸费时费力。智能缺陷检测设备可配合自动化生产线，实现自动检测、自动处理，降低次品率，减少人工成本，使得生产效率显著提升。

2. 识别分拣

对于工厂来说，分拣速度慢意味着生产出的产品会在生产线上积压，造成生产线流转不顺畅，拉低生产效率。目前人工分拣速度慢，尤其是体积小、颜色形状多的产品更是分拣难度大，很容易造成分拣失误。使用智能分拣机器人则可以大大提高分拣速度,智能分拣机器可以通过摄像头对分拣物品进行识别,再通过分析得出该物品应放置的区域,最后通过机械臂或产线配合将产品送至相应的位置,智能分拣机器的在线识别速度高于生产速度,分拣失误率低,不易造成产品在生产线上积压。

八、AI 的其他应用

除了在医疗、交通等刚需的领域中应用广泛外,AI 也满足了用户在日常生活和情感方面的需求,这里以可穿戴设备和情感计算为例。

人工智能在穿戴中的应用逐渐多元和成熟化,如智能手环、智能眼镜、智能服装等。智能手环可以通过传感器采集用户的运动、睡眠等相关的实时数据,然后利用蓝牙无线技术将这些数据发送到用户的手机和电脑上,配套软件利用这些数据对用户的身体状况进行分析,从而指导用户进行健康生活。此外,手环还具备定位、导航、校时、社交等多种功能。智能服装可以通过服装上的传感器节点探测相关区域的用户器官信息,然后将信息返给数据中心,数据中心根据收到的数据分析用户的健康状况。如 2015 年,美国一家医疗生物传感器研发的智能胸衣可基于人工智能的算法检测早期乳腺癌。该智能胸衣已经在美国的部分医疗单位进行了临床试验,试验涉及近 500 名病人,疾病检测准确率达到 87%,高于当时常规的 X 光检测准确率(83%)。

AI 在情感计算中的应用主要有情感识别和情感模拟两方面。情感识别主要通过采集人类的各种表象特征和生理数据,表象特征可包括面部表情、说话的语气等,生理数据可包括心跳、皮肤温度等,如当人体兴奋时,其心跳和体温都会升高。接下来,AI 利用深度学习对采集到的数据进行建模,通过模型来识别人类当前的情感状态。例如"微软小冰"从人类的语言特征信息中学习人类的情感,然后通过人机对话验证收集到的情感。通过不断的迭代使得情感识别模型越来越精准。情感模拟主要用于提高人机交互的舒适度。例如,美国麻省理工学院的 Nexi 机器人能够通过转动眼睛、皱眉、张嘴、打手势等丰富的面部表情和肢体动作表达喜怒哀乐等不同的情感。

总结人工智能在各领域的应用，我们可以发现，随着人工智能技术的不断进步，人类社会正在进入新的智能化时代，各行各业都在经历智能化的转型，AI 发挥着越来越多元和日益重要的作用，具体见表 1-4。

表 1-4　AI 在生活中的应用

应用领域	应用内容	所属分支	专用 vs 通用	人的作用	AI 的作用
医疗	辅助问诊	语音识别、自然语言处理	专用	最终诊断	解答患者问题、初步进行诊断
	手术机器人	机器人	专用	计划、决策、应对突发状况	定位手术位置，精准操作
	外骨骼机器人	机器人	专用	正确穿戴	姿势校正、生理监测、自适应控制
	智能假肢	机器人	专用	产生意图	将神经信号转化为肌电信号、自适应调整运动姿态
公共安全	治安管控	机器视觉、语音识别	专用	指挥调度	犯罪预警、视频和语音数据挖掘
	自然灾害监测	语音识别、机器视觉	专用	向公众预警公布、应急响应与调度	早期预警、优化响应与调度时间
交通	陆地交通	机器视觉	专用	突发情况处理、最终决策权	监测交通流量，提供路线规划
	空中交通	机器视觉	专用	突发情况处理、最终决策权	流量计算、气象监测
教育	AI 代理	自然语言理解、语音识别	专用	创造性工作，如教学设计	分担单调、重复性教学工作，如批改作业
	AI 助手		专用	创造性工作，如教学设计	采集教学数据，生成教学报告

027

续表

应用领域	应用内容	所属分支	专用 vs 通用	人的作用	AI 的作用
教育	AI 教师（未来展望）	自然语言理解、语音识别	专用+通用	创造性工作，如教学设计	作为单独的教学主体指导学生
	AI 伙伴（未来展望）		通用	和 AI 互动，实现相互提升	同人类教师一样，可完成所有教学任务
军事	智能武器	机器视觉	专用	目标输入、武器的投放与召回	目标识别、攻击
	撤离与医疗支援	机器人	专用	状态监测、远程操纵	搜救、运送伤员并提供医疗支持
	情报搜集与管理	机器视觉、语音识别、自然语言处理	专用	情报意义解读	自动收集数据，对数据进行分类和归档
	数据分析与辅助决策	语音识别、自然语言处理	专用	最终决策权	分析数据间的关联与趋势、协助决策
金融	安全保障类	机器视觉	专用	异常情况处理、战略规划、风险管理	生物特征识别，如指纹等
	效率提升类	语音识别、自然语言处理	专用	异常情况处理、综合性决策	语音交流、业务咨询
	个性化服务	语音识别、自然语言处理	专用	异常情况处理、客户关系管理	计算最优理财计划，提供建议
工业	缺陷检测	机器视觉	专用	规则输入、结果验证、监督与调整	自动检测产品的缺陷，如裂纹、划痕、变形等
	识别分拣	机器视觉	专用	规则输入、结果验证、监督与调整	自动分拣
工业	尺寸检测	机器视觉	专用	规则输入、结果验证、监督与调整	自动检测
穿戴	智能手环	机器识别、语音识别	专用	正确佩戴、设置和调整设备功能	采集人体生理数据并做出个性化调整

续表

应用领域	应用内容	所属分支	专用 vs 通用	人的作用	AI 的作用
穿戴	智能眼镜	机器视觉	专用	正确佩戴、设置和调整设备功能	识别人类周围场景并提供个性化服务
	智能服装	语音识别	专用	正确穿戴、设置和调整设备功能	采集人体生理数据并做出个性化调整
情感计算	识别情感	语音识别、机器视觉	专用	提供情感经验和理解、验证结果	采集情感信号、对情感进行分类
	模拟情感	机器人	专用	提供情感经验和理解、验证结果	模拟面部表情、肢体动作等

第三节　智能时代下的人机关系

随着智能化技术的发展，各类智能产品的应用范围不断扩展，人机关系也在逐步演变。从计算机时代的人机交互到智能时代的人机组队（Brandt et al., 2018; Brill et al., 2018; Chen et al., 2014; Shively et al., 2017; Xu, 2021），"机"在人机系统中担任的角色越来越多元化，机器不再像人机交互中只进行信息加工，而是从一种支持人类操作的辅助工具发展为具有一定认知、执行、自适应等能力的自主智能体，并且在一定程度上具备类似人类的适应性行为能力（Rahwan et al., 2019）。但是，不管是计算机时代人机交互，还是智能时代人与智能体间的人机组队，其本质都属于人机协作，见表1-5。在可预见的未来，人机协作将处于一种不断优化的进程中，人工智能无法完全独立于人，需要和人类一起工作，以人机系统的形式共存，这是由人机不同的相对优势和瓶颈所共同决定的。人的优势在于创造性、灵活性、主动性，但受限于疲劳、阈限、情绪等生理和心理因素（Danziger et al., 2011），AI的优势在于速度快、精度高、不受疲劳、情绪等身心状态的影响，但缺乏主动性和灵活性，因此，人与AI在一定程度上可以实现互补。

表1-5 人机交互与人机组队之间的比较（许为 等，2020）

对比项	人机交互	人机组队
主动性	人可主动地启动任务、行动，机器只能被动接受	人机双方均可主动启动任务和行动
方向性	只有人对机器的单向信任、情景意识、决策	人机双向的信任、情景意识、意图，分享的决策控制权（人应拥有最终控制权）
互补性	人与机之间无智能互补	机器智能（模式识别、推理等能力）与人的生物智能（人的信息加工等能力）之间的互补，优化智能系统设计
预测性	只有人类操作员拥有这些特征	人机双方借助行为、情景意识等模型，预测对方行为、环境和系统的状态
自适应性	只有人类操作员拥有这些特征	人机双向适应对方以及操作场景的行为
目标性	只有人类操作员拥有这些特征	人机均可设置或调整目标
替换性	机器借助于自动化等技术主要替换人的体力任务	机器可以替换人的认知、体力任务（人机双向可主动或被动地接管、委派任务）
合作性	有限的人机合作	更大范围的人机合作

接下来我们将依次阐述人机协作的定义、判定、类型及原则，以帮助大家对人机协作有一个更细致的了解。

一、人机协作的定义

2015年Epstein提出协作智能（collaborative intelligence）的概念，即人类分配任务给计算机，或至少与计算机共享任务，协作智能的目的不是代替员工，而是与他人一起从事工作，成功的协作智能可以在人与计算机之间建立协同作用，以实现人类目标（Epstein，2015）。人机协作试图在不同的实体之间引入一种类似人人之间的关系。

两个智能体之间的关系需要满足两个前提条件后才可以判定为是协作状态。首先，两个智能体之间在目标、资源、程序等方面有交互。两个智能体之间交互可以有不同的形式，如先决条件（一个智能体的行为是另一个智能体行为的先决条件）、相互控制（互相纠正彼此的错误）、冗余（在某些情况下可以替代另一个智能体）等。其次，两个智能体之间相互促进以实现共同任务目标（Hoc，2000）。

二、人机协作的类型

1. 依据目标任务的抽象程度和时间跨度

依据目标任务的抽象程度和时间跨度，协作可划分为行动、计划和元协作三个水平（Hoc，2000）：行动水平的协作主要针对短期目标，并且目标任务是具体的（例如，做出某个行动、检测某个物体）；计划水平的协作主要针对中期目标，人与AI共同制定实现中期目标的任务框架，该框架涉及人与AI在中期任务中的共同目标、角色分配、行动监测、评估等；元协作主要针对长期目标，抽象水平更高，如长期战略的制定。

2. 依据整合方式

根据AI技术和人类技能的整合方式，人机协作可分为替代、增强、修改、重塑四个层次（李忆 等，2020）。替代是人与AI协作中的最底层，AI技术被引入任务中直接替代更为传统的人类劳动力或其他工具。增强与替代较为类似，AI技术仍然是传统人类劳动力或其他工具的替代品，协作任务在没有AI技术时也能够完成，但AI技术可以为协作任务过程和结果带来实质性增强。修改则与前两个层次完全不同，替代和增强可以看作是改善协作任务，而修改开始为实际改变协作任务，具体体现在该层次的协作任务在没有AI技术时是不能够完成的，AI技术对协作任务进行了重大的重新设计。重塑是人与AI协作中的最高层，此时的AI技术重新定义协作任务或者创建一个全新的协作任务模式，如果没有 AI 技术，就无法带来这种改变，这时的 AI 已经达到了"强人工智能"或"超人工智能"的层次，达到与人类等同的智能程度。

3. 依据协作主导者

依据人机协作中的主导者，人机协作可以分为三类：人类主导的协作、分工协作、AI 主导的协作。人类主导的协作中 AI 一般被用于智能性弱、创造性弱的、初级任务，人类完成更高层级的核心任务并监管 AI 的运行。例如，自动驾驶中人类驾驶员与自动驾驶系统之间的协作、人类外科医生与手术机器人之间的协作等。分工合作的协作模式与人类占主导的协作模式相比，AI 拥有更多的智能性和创新性，可以独立完成部分工作，分工又可分为完全分工和不完全分工。人与 AI 完全分工时，分别完成各自的工作，互不干扰，这类分工合作的协作模式在工业生产中较为常见，将部分领域和生产线由人进行操作，部分领域和生产线交给机器人进行操作，不完全分工是先让 AI 执行基础性、预测性和重复性任务，人类再进行更深层次的精细的决策工作，即在原有的分工基础上体现出合作性，如军事情报体系中，AI 用于获取信息并进行初步分析，人类指挥员在此基础上进行情报意义的解释。AI 主导的协作中，AI 可以进行任务分配。人有时不够客观，无法正确判断任务的难度，反之，AI 依靠大数据和算法，其判断比人客观、准确（Fügener et al., 2019），因此，AI 占主导地位的协作具有效率优势。不过，AI 主导的协作尚只处于展望之中，目前还未成为现实。

总结来说，随着人工智能技术的迭代和发展，机器的智能化水平不断提高，具备更高的自主性，更贴合人类需要。与之对应，人机协作也呈现出新的特点，智能时代下的人机协作正在朝着以人为中心、更高效智能的方向发展。

三、人机团队协作的原则

人机协作中的一个关键问题是，如何进行人机任务分配以达到系统效能最优化。除了要优化系统效能，我们提出在任务分配时还需要遵循以人为中心、优势互补和可持续发展的三大原则。

以人为中心原则。AI 诞生和发展的根本目的是提升人类的福祉。因此，设计的目标应该是增强人的能力而不是取代人（Li et al., 2018）。人机协作中，不能仅着眼于让技术代替人的工作，而要考虑如何做到让机器帮人，充分发挥人的主观能动性。许为（2019）提出了一必须个扩展的以人为中心的 AI（human-centered AI，HAI）概念模型，模型强调从三个方面构建 HAI：①人因设计：强调从工程心理学的学科理念（人的因素）出发，智能系统的研发要充分满足人的各种需求，为人类提供安全的、高效的、健康的、满意的基于智能技术的工作和生活；②伦理化设计：从人类伦理、道德等角度出发，智能系统应致力于解决人类社会的偏见、维护人类公平和公正等问题；③ 充分反映人类智能的技术：进一步提升 AI 技术以达到反映以人类智能为特征的深度（更像人类的智能）。具体来说，我们可以从多个角度入手：①通过提供良好的用户界面，让人类和 AI 之间的交互更加流畅自然，确保 AI 可以明确用户的需求，同时让用户明确 AI 的优势和短板；②监督和纠正 AI 的决策，例如，如果数据集中存在歧视性别或种族的数据，AI 可能会偏向某些人群，而人类可以识别并更正这些问题，从而使 AI 决策更加公正和准确；③大力发展 AI 的多模态（如视觉、听觉、触觉）整合能力，以便更好地理解和响应人类的多样化需求和多模态输入；④为 AI 引入自我意识元素，使其能够监测和理解自身状态和性能水平，也能更好地理解和服务用户。

优势互补原则。人和机各有优劣势，因此可以将活动或任务分解成基本处理过程，并将每个处理过程分配给能以最佳效率完成该过程的智能体（人或机器）。人工智能在某些认知加工能力上表现良好甚至超过人类，在高级认知方面则整体表现较差。例如，在 Moravec 提出的人类能力地形图中，地势越高的领域人类智能越擅长，海平面代表人工智能与人类智能相持平的领域，海平面以下代表人工智能超过人类智能的领域，海平面以上代表人类智能尚未被超越的领域。目前科学、写书、艺术仍处于海平面之上，人工智能在这些领域被完全替代的可能性较小；投资、翻译、语音识别、定理验证已经与海平面持平，人工智能已在这些领域实现了对人类的部分替代；益智问答、棋类、算数等已经处于海平面以下。人机团队协同应该依据人类智能和人工智能各自的相对优势分配任务。关于人机各自的优势功能，我们也会在第二章展开描述。

可持续发展原则。人机协作应该关注其对社会的长远影响，应确保 AI 的普及性和可及性，以实现普惠性和包容性。人工智能的发展如果完全由资本掌控，人工智能则可能只被社会中的少数精英群体所享有和使用，各个社会群体之间的差距势必会更大，更加难以逾越，这种可能性应该引起全社会和政府的特别关注并加以避免。因此，在 AI 发展的过程中，应确保 AI 技术和数据的所有权不被垄断，鼓励竞争和创新。此外，应建立独立的监管机构和有效的监管机制，监督 AI 技术的应用，以防止滥用和不当行为。人与 AI 之间的可持续发展需要各个利益相关者的共同努力，以确保 AI 技术的发展始终符合人类的价值观和长期利益。

结　语

人工智能正悄然无声地嵌入我们的世界，就像计算机和万维网，人工智能也将改变我们的世界。我们无法列举出人工智能的全部应用，就如同无法列举出所有的电脑软件一样，但本章我们涵盖了人工智能应用的大多数领域，并分享了一些具体的案例，帮助大家对人工智能有一个更加丰富立体的认识。此外，随着人工智能的发展和智能产品的嵌入，当前的人机关系演变成一种更高效智能的人机协作，人、机两类智能体各有优劣，充分结合两者的长处才能将人机协作的效能发挥到最大，因此我们在下一章系统梳理人、机在不同认知功能上的差异，以此作为人、机功能分配的参考依据。

第二章 人与 AI 的功能差异

第一章已经简要介绍了当前飞速发展的人工智能技术和不断演变的人机关系。人机协作自人机系统产生以来一直存在且处于不断进化演变中，经历了以机器为中心到以人为中心的转变。由于人类和人工智能在认知功能上各有优势，因此一个高效、和谐的人机协作过程应遵循优势互补原则。优势互补的前提是明确人类和 AI 各自的优势，这正是本章要讨论解决的问题。本章将以感知、注意、记忆、决策、语言、学习、情感七个功能为框架，对比人类和 AI 的差异，并讨论如何依据人与 AI 的认知特点优化人机功能分配，从而使得人机协作的效率最优化。当然，我们需要意识到，人与 AI 的功能分配与协作关系不可能固定不变，人与 AI 的功能分配必然是随着技术的进步而不断变化演进的。

第一节　感知

对于人类来说，感知觉看似简单，却是不可或缺的关键认知功能，是一切复杂认知活动（如记忆、逻辑推理、创造性思维）的基础。感觉是对事物个别属性的反映。知觉是客观事物直接作用于感官而在头脑中产生的对事物整体的认识（彭聃龄，2001），反映了事物的整体属性。人类的感知觉依赖于多种信息通道的输入，例如视觉、听觉、嗅觉、味觉等，依赖不同感觉通道接受外部世界的刺激；运动觉、平衡觉是接受机体内部的刺激感知机体自身的运动与状态，因而又叫机体觉。

对于智能系统来说，感知环境和自身状态也是必须的功能，但执行不同任务的智能系统会因任务需求决定所需的感知功能。例如，运动觉、平衡觉等内部感觉只在机器人中存在，在机器视觉系统、自然语言处理系统等智能系统中，运动觉和平衡觉等内部感觉既不存在也不需要。接下来我们以视、听这两个在人与 AI 中均较为常见且重要的感知功能为代表，进行人与 AI 的感知机制总结与差异比较。

一、人类与 AI 的感知觉机制

1. 人类与 AI 的视觉感知

在人类获得的外界信息中，约 80% 来自视觉，这既体现了视觉的信息量巨大，也表明了人类对视觉信息有较高的利用率，体现了人类视觉功能的重要性。外界物体发出的光线经过晶状体和角膜聚焦，投射到视网膜上，视网膜位于眼睛的后表面，布满了视觉感光细胞，感光细胞将光转化为生物电信号经双极细胞传导到神经节细胞，大多数神经节细胞的轴突都传到了丘脑中的外侧膝状体（lateral geniculate nucleus, LGN），神经冲动由丘脑外侧膝状体中介后大多数传送到大脑枕叶的初级视觉皮层（primary visual cortex），又称为 V1 区，初级视觉皮层将信息传送到次级视觉皮层（V2 区）和其他皮层区域，实现对物体的识别。

在感觉信息的基础上，人类对视觉信息形成整体的知觉，但大脑的不同部分会分析不同的方面。例如，通向颞叶皮层的视觉通路被称为腹侧通路（what 通路），它负责辨认和识别物体；顶叶皮层的通路被称为背侧通路（where 或 how 通路），它负责帮助运动系统发现和使用物体（Andersen，1997）。因此，腹侧通路受损的病人虽然可以去抓物体或绕着物体走，但不能完整地描述出他们看见的东西。与之相反，背侧通路受损的病人虽然能命名物体或者描述出物体的大小、形状和颜色，但是不能伸手准确地抓住物体。

机器视觉是运用计算机及相关图像采集和处理系统对生物视觉功能的一种模拟，其主要目的是使机器能同人类一样能够在自主适应环境条件下观察和理解世界。可以将其认为是一个能自动获取一幅或多幅目标物体图像，对所获图像的各种特征量进行处理、分析和测量，并对测量结果做出定性分析和定量解释，从而得到有关目标物体的某种认识并做出相应决策的系统。依据 Marr 的机器视觉理论框架，机器视觉系统的研究分为三个层次，即硬件实现层次、表达与算法层次、计算理论层次。从硬件实现层次看，机器视觉系统采用以计算机为中心的图像采集与分析系统，主要由视觉传感器、高速图像采集系统以及专用图像处理系统等模块构成。视觉传感器用于捕获图像数据，将环境中的视觉信息转化为数字信号，高速图像采集系统用于有效地传输和存储这些数据，最后，专用图像处理系统接收来自采集系统的数据，处理和分析图像，从中提取有用的信息。从表达与算法层次来看，AI与人类也是完全不同的。AI使用各种统计算法实现计算视觉任务和目标识别，人类则是通过不同的神经传导通路和脑区激活模式完成相应的视觉任务，其神经计算的算法并没有被完全研究清楚。尽管机器视觉系统与人类的视觉系统在硬件实现和算法层次上完全不同，但它们可以在计算理论层次上完成相同的功能，即建立光输入和物体信息输出之间的关系和约束。

2. 人类与AI的听觉感知

声波由物体振动产生，是听觉的适宜刺激。声波在物理学的两个维度是振幅和频率。振幅是声波的强度，频率是声波每秒钟压缩的次数。声波通过耳朵转化成动作电位，耳朵分为外耳、中耳和内耳，外耳的耳廓可以帮助人定位声音的来源，外耳道传递声波至中耳，声波敲击中耳的鼓膜，鼓膜与敲击它的声波以相同的频率振动，鼓膜连接三根小骨，它们把振动传递至内耳的卵圆窗，卵圆窗的振动使得耳蜗中液体产生振动，耳蜗中液体的振动使得听觉感受器，即毛细胞产生位移，随后，毛细胞激活听神经的细胞。信息进入听觉神经后，轴突在中脑的交叉使得端脑的每一个半球获得对侧耳朵的绝大多数输入，信息随后抵达初级听觉皮层。听觉皮层的组织与视觉皮层非常相似，正如视觉系统有what和where通路一样，听觉系统在颞前皮层中有对声音模式敏感的what通路，在颞后皮层和顶叶皮层有对声音位置敏感的where通路

（Ducommun et al., 2004）。

计算机发明之后，让机器能够"听懂"人类的语言，理解语言中的内在含义，并能作出正确的回答即成为人们追求的目标（王海坤 等，2018）。这个过程的第一步便是语音识别，需要机器具备"听觉"，所以语音识别一直是人工智能的重要分支。目前，语音识别技术的应用形态主要以语音云计算平台（如苹果 Siri 系统、Google Voice 系统、Nuance 语音云、微软 Cortana 系统等）和嵌入式语音系统（如汽车电子系统、机器人、随身学习或娱乐系统等）为主（中国人工智能学会，2015）。和机器视觉类似，语音识别也可以分为硬件、算法和计算三个层次。在计算层次上，人与 AI 的目标都是完成对发言人或发言内容的识别，但 AI 在硬件和算法层次上不同于人类。

硬件上，人类通过听觉神经纤维传导，将语音信号转化为神经元电信号，最终到达大脑进行信息处理与整合。语音识别系统的硬件构成主要包括麦克风、模拟-数字转换器（analog-to-digital converter，ADC）、数字信号处理器（digital signal processor，DSP）、神经网络处理器（neural network processing unit，NPU）。麦克风采集外部声音并将声波转化为模拟电信号。ADC 进行模数转化，DSP 和 NPU 进行信号过滤、降噪、优化与特征提取、分析处理等。

在算法层次上，语音识别主要包含预处理、特征提取、模板匹配三个步骤。预处理是对输入的信号做一些简单的处理工作以得到平稳的信号，如端点检测、预加重、分帧加窗等，方便后续操作。在得到包含真实语音部分的短时平稳信号后，就要对语音成分做进一步的特征提取。最常用的两种特征分别是梅尔频率倒谱系数（Mel frequency cepstral coefficients，MFCC）和线性预测倒谱系数（linear prediction cepstrum coefficient，LPCC），其中，LPCC 参数是基于声道的特征参数。因此，通常用于身份检测，用于提取不同的人说话时候基音部分的特征，MFCC 是一种基于听觉的特征参数，被广泛地应用于语音识别领域中。

语音识别的最后一个环节是模板匹配，这个环节需要判断提取的特征参数与模板的特征参数相似性。在匹配的过程中整合声学模型和语言模型的得分，输出得分最高的单词序列作为识别结果。其中，声学模型将声学和发音学的知识进行整合，以特征提取部分生成的特征为输入，并为可变长特征序列生成声学模型分数。而语言模型通过训练语料学习词之间的相互关系，估计假设词序列的可能性，可能性的高低便作为对应的语言模型分数。

二、人与AI在感知功能上的对比

虽然 AI 的感知是基于模仿人类感知的机制，但 AI 不是生物体，和人类有着本质的差别，在感知功能上也各有优劣。我们可从持久性、感知范围、跨通道整合能力、感知偏差来源、适应性五个方面对二者进行对比。

1. 持久性和效率

由于人在工作一段时间后就会疲劳，特别是面对单调重复的简单任务，人类更加容易疲劳，此时需要进行休息或者睡眠，而 AI 不会疲劳，只要系统运转正常，AI 就可做到每天 24 小时全年无休地持续工作，远远强于人类。所以可以把长期持续且单调重复的工作任务尽可能分配给 AI。

AI 对于不断重复的批量数据分析工作的效率远超人类，而且加工一些较难辨别的视听觉特征远快于人类。例如，杨会等人（2020）发现基于 Faster-R-CNN 算法开发的可自动对肾组织病理切片图像中肾小球进行识别的人工智能系统在识别肾小球时，其识别时间显著短于病理科高级医师。此外，由于生理限制，人类无法实时适应明暗环境的转化，如视觉中的明适应和暗适应现象。明适应是指人刚从暗处走到亮处的时候，最初的一瞬间会感到强光耀眼发眩，什么都看不清楚，过几秒钟才能恢复正常。暗适应是指人刚从亮处走进暗处的时候，开始什么也看不见，经过相当长时间，视觉才能恢复。虽然很多智能产品（如手机上的拍照软件）也像人类一样需要进行暗适应和明适应，不过其调整适应的速度要远远快于人类。

2. 感知范围

人只能感知到一定范围内的刺激，即存在感知范围，如大多数成年人只能看到在 390~760 nm 范围内的可见光，只能听到大约在 15~20 000 Hz 的频率范围内的声波。AI 相较于人类的一个重要优势即不受限于生理限制，其感知能力取决于传感器的性能和算力，在传感器性能和算力允许的情况下，AI 的感知范围相较于人类可得到大幅提升。例如，AI 系统可以感知和识别各种非可见光范围内的信号（X 光、紫外、红外、雷达波、各种广播信号等）。因此，可以说 AI 具有远超人类的感知范围。

3. 跨通道整合能力

除了视听两种模态，人类的感知通道还有触、嗅、味等多种。此外，不同的感知通道之间还可以形成联觉，如看到红色会觉得温暖。这种多模态性使得人在感知外部世界的时候更加全面立体。相比之下，AI 在跨通道感知方面就比较落后。虽然部分智能产品如 ChatGPT-4，已经初步具备多模态感知功能，可以整合视听通道信息输入，但目前大部分智能产品只能处理单模态下的信息，更不会产生联觉。

4. 感知偏差来源

在感知的过程中，人不是被动地认识知觉对象的特点，而是以过去的知识经验为依据，对知觉对象作出解释。外部世界经过视觉神经系统的过滤和选择，随后人类根据个体的经验知识对这些信息作出不同的解释。主体的自我意识、思维方式、经验知识、认知结构，甚至个人的兴趣爱好、性格、价值观念等等无不影响着人们对客观世界的知觉（李德毅 等，2004），因而面对同一个感知对象，不同主体的认识与理解也会出现差异。也正是由于人类知觉的这种特点，使得人类知觉带有一定的主观性和不确定性，无法做到完全无偏差。此外，眼睛还会因为光照、角度、色彩、运动、对比等诸多因素的影响而产生错觉，如图 2-1 所示，人们会认为小圆内部的圆比大圆内部的圆要大，而实际上它们一样大，背景的对比容易使人产生错觉。

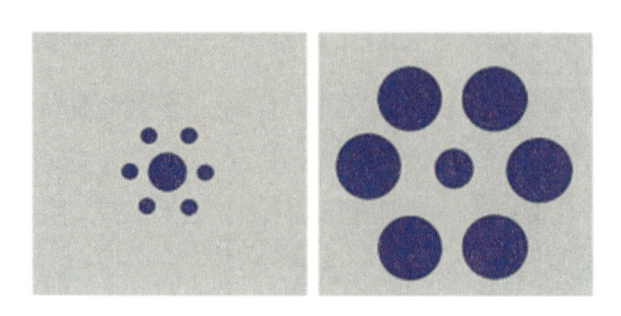

图 2-1 感知的错觉

AI 的感知也会存在偏差，一方面，AI 基于的算法和模型也是由人类设计和编写的，因此无法做到完全无偏差。例如，在人脸识别算法中，训练数据集可能存在偏见，因为数据集中可能缺乏多样性和平衡性，导致算法对某些人群的识别率低下。另一方面，AI 的感知会受到背景噪音的影响，并且由于 AI 基于数据和算法进行工作，其适应性和理解力均弱于人类，因此 AI 对背景噪音更敏感。

5. 适应性

当感知对象发生变化时，人类可以及时调整并适应刺激的变化。例如，人类存在一种特殊的适应，即知觉恒常性。知觉恒常性是指当物理刺激变化时，客体的感知觉仍然保持稳定的特性。例如，一个成人从近处走向远处，他在我们视网膜上的成像虽然相应缩小，但我们仍然把他视为成人而不是儿童。知觉恒常性主要包括颜色恒常性、形状恒常性、大小恒常性等。颜色恒常性是指照明条件在一定范围内变化时，一个表面或目标仍被知觉为同一种颜色的特性。形状恒常性是指当从不同距离和不同角度观察同一个物体导致的视网膜成像的不同，仍然将其知觉为同一个物体的特性。大小恒常性是指当观察物体的距离（视网膜成像）改变时，知觉到的物体大小保持不变的特性。人类的知觉恒常性得益于上下文和经验的影响,在周围环境或目标不断变化的情况下,知觉恒常性可以帮助人类保持对事物的正确知觉,使得人类对变化具备一定的适应性。人工智能系统在理想情况下也具有一定的适应特性,即具有一定的随环境、数据或任务变化而自适应调节参数或更新优化模型的能力。不过,AI 受限于算法和训练数据范围,在适应性上的表现远不如人类广泛和灵活。当面对变化的环境、任务时,AI 的感知准确性往往会大幅下降。

综合上述五个方面的对比,可以看到,AI 在持久性、感知效率、感知范围和感知偏差上的表现均优于人类,但在跨通道整合和适应性上的表现和人类相比尚有差距。后续在感知方面的人与 AI 协作,可考虑让 AI 进行需要持续进行、不断重复的信息获取和整理类任务,人类在此基础上赋予信息意义,进行整合,见表 2-1。

表 2-1 人与 AI 在感知上的对比

对比项	人	AI	功能分配
机制	感受神经元将物理刺激转化为神经元动作电位,冲动沿着神经网络传导,最终产生意识层面上的知觉	传感器将外界物理刺激转化为计算机指令	AI 进行信息获取和整理,人类在此基础上赋予信息意义,进行整合
持久性	受到生理限制,如机体疲劳等	不受生理限制,但受硬件水平制约	
感知范围	存在感知范围	受硬件水平和算力制约	
跨通道整合能力	通道种类丰富,可整合多模态信息	通道种类有限,大部分产品尚不具备跨模态性	
感知偏差来源	基于个体过往知识经验	基于训练数据集	
适应性	适应性强,具有知觉恒常性	自适应调参	

第二节　注意

人类的注意加工是指心理活动或意识对一定对象的指向与集中，其具有指向性与集中性两个特点（彭聃龄，2001）。注意的基本功能是对信息进行选择，是人们获得知识、掌握技能、完成各种智力操作和实际工作任务的重要保障。注意的这种选择机制也被引入人工智能的研究，成为提高人工智能准确率和效率的关键认知机制。

一、人的注意机制

注意的基本功能是帮助人们对超过人类加工极限的信息进行选择，以便更高效地完成任务。心理学研究者主要围绕着选择性注意机制进行了诸多探讨，提出了过滤器模型、反应选择模型、特征整合理论、资源分配模型、双加工理论等一系列注意理论模型。过滤器模型（Broadbent，1958）把注意看成是一个过滤器，这一过滤机制发生在信息加工的早期阶段，只有一部分信息可以通过这个过滤器，并接受进一步的加工，而其他的信息就被完全阻断在它的外面。而反应选择模型（Deutsch et al.，1963）认为信息的选择发生在信息加工后期的反应阶段，所有输入的信息先得到充分的分析，然后才进入过滤或衰减的装置。特征整合理论（Treisman et al.，1980）将信息处理过程分为前注意和注意两个阶段。在前注意阶段，各种特征被以并行的方式提取出来；在注意阶段，各种特征被以串行的方式整合为客体，在此过程中，注意的作用类似于"粘胶"。

资源分配模型（Kahneman，1973）认为注意在本质上是一种资源分配机制，注意是一组对刺激进行归类和识别的认知资源或认知能力，这些认知资源是有限的，刺激或加工任务越复杂，占用的认知资源就越多，当认知资源完全被占用时，新的刺激将得不到加工。

双加工理论（Shiffrin et al., 77）则从信息加工方式出发，将注意加工分为自动化加工和控制加工两种。自动化加工是自动化进行的、不受认知资源限制和不需要注意的加工；意识控制的加工受认知资源的限制，需要注意的参与，可以随环境的变化而不断进行调整。

尽管这些注意理论在注意的工作方式和作用时间点上存在分歧，但核心观点是一致的，即人类的认知资源是有限的，无法加工所有的信息，因此需要注意选择机制选择与当前任务相关的有用信息，避免认知加工系统因信息过载而拥堵（Chun et al., 2011）。例如，以视觉注意为例，由于人类的视觉信息处理能力是有限的，而外界环境中的视觉刺激是无限的，视觉注意只选择了我们视野中的少部分物体进行精细的加工，过滤或抑制了大量无用的视觉信息，以保障我们人类高效率完成认知决策。

二、AI 的注意机制

神经网络中的注意力模型（attention model，AM）借鉴了我们人脑的注意选择这一功能。当输入的信息过多时，模型引入注意力机制，减少处理的信息量和需要的计算资源，让神经网络模型对输入数据的不同网络节点赋予不同的权重，从而大幅提高模型的效率，该方法已应用在诸如基于神经网络模型的机器翻译、预训练语言模型、图像识别等任务中。如 Xu 等（2015）提出了一个能够根据图片中的内容自动生成描述性标题的神经网络模型，图 2-2 中左边图片是原图，右边是注意力模型的关注点。

一个女人在公园扔飞盘

图 2-2 注意举例

三、人与 AI 在注意功能上的对比

1. 持久性

和感知功能类似，人类受限于生理限制，在注意的连续性和持久性上存在一些不足。研究表明，人类难以持续高强度保持集中注意，当从事单调重复任务时，集中注意会在 30 分钟内急剧下降或者发生波动（Arruda et al., 2009; Rosenberg et al., 2013）。此外，人类由于注意资源有限，还会出现如变化盲视、注意盲视和非注意盲视等现象。例如，非注意盲视指在处理一个相对复杂的任务时，因为注意的转移而没有知觉到背景中出现的醒目的意外刺激的现象。例如，Simons 和 Chabris（1999）让被试者观看分别身穿黑衣服和白衣服的两队球员打篮球的视频并要求被试对穿白衣球员间的传球进行计数，在视频中，另外一名穿着黑色大猩猩套装的演员从一边走进屏幕，期间会停留片刻并拍打他的胸脯，然后从另一边走出，令人惊讶的是，超过一半的被试者并没有觉察到篮球运动员中间的大猩猩。

相比之下，AI 则不受生理因素的限制，可以长时间保持对目标的注意而不会疲劳。

2. 注意偏好

人类的注意除了受外界物理刺激等客观因素影响外，还会受期望、知识经验和感受到的价值等主观因素的影响。例如，当我们在会议室中期待某人加入，就会更多地将注意力集中在会议室的门口，期望某人出现在门口。这些主观因素虽然会引导注意进行有效的分配，但有时也有可能导致人错失真正重要的信息。AI 的注意偏好是在训练数据的基础上由统计分析得到的，似乎在一定程度上减少了主观偏见，但其实 AI 的注意偏好仍会受限于算法和训练数据集，假如训练数据集是有偏的，同样也会导致有偏。

3. 适应性

人类的注意选择功能具有极强的适应性，可以根据不同的情境和任务改变注意的焦点和分配方式。此外，人类能够主动选择某些信息，忽略其他干扰，并具有较强的抗噪抑噪能力。例如，在一个嘈杂的派对上，我们可以只专注与一个人的讲话，而过滤掉附近其他人的谈话，但是同时如果远处有人突然叫我们的名字又可以被关注到（鸡尾酒会效应）。相比之下，AI 的注意机制是在模型设计和训练过程中确定的，它通常受一定的模式和权重分配限制，适应性较弱。例如，研究发现在特定数据集上测试性能良好的深度神经网络，很容易被添加少量随机噪声的"对抗"样本欺骗，出现错误判断。

4. 可解释性

人与 AI 的注意均具备一定的可解释性，可以通过结果反推注意的状态或权重。对于人类来说，在注意的研究中，通常可以通过观察人类的行为绩效反推其注意的状态。而在研究视觉空间注意时，还可以通过记录被试的眼动轨迹和注视点，以研究被试是否注意了目标。长久以来，人工智能模型的黑盒状态使得人们无法彻底信任人工智能，但注意力模型的引入大大改善了这一情况，因为它允许我们直接检查深度学习体系结构的内部工作。注意力模型假设学习得到的注意力权重体现了输出数据与输入序列的某些特定位置数据的相关性，更多地利用了原始数据的上下文信息，研究者可以通过对输入输出序列进行可视化来验证这一假设，大幅提高了模型的可解释性。

通过以上对比可以发现，AI 在持久性和注意偏好上的表现优于人类，但在适应性和可解释性上和人类仍有一定差距。在人与 AI 协作时，可考虑利用 AI 的注意连续性和相对无偏性进行持续注意和追踪，人类发挥自上而下的引导作用和修订作用，见表 2-2。

表 2-2　人与 AI 在注意上的对比

对比项	人	AI	功能分配
机制	选择重要信息进行知觉	对输入序列的数据赋予权重	利用 AI 的连续性和无偏性进行持续注意和追踪，人类发挥自上而下的引导作用和修订作用
持久性	受到生理限制，有限、易疲劳等	不受生理限制，但受软硬件运行的制约	
注意偏好	主观期望可能带来错误的有偏注意	在训练数据集具有代表性的情况下相对客观无偏	
适应性	可灵活改变注意分配，适应性强	受限于模型训练，适应性较弱	
可解释性	通过结果反推注意状态	通过结果反馈注意权重	

第三节　记忆

记忆是在头脑中积累和保存个体经验的心理过程。用信息加工的术语来讲，记忆就是人脑对外界输入的信息进行编码、存储和提取的过程（彭聃龄，2001）。编码有两种方式，一是将信息编码进工作记忆，二是通过学习和训练将信息从工作记忆转移到长时记忆中。存储是将信息以某种方式保持或表征在记忆系统中。提取是指从记忆中成功获取信息的过程。作为一种基本的心理过程，记忆和其他心理活动密切联系，是人们进行思维、想象等高级心理活动的基础。

人工智能的记忆体现在它可以记住从外部输入的信息，随后可以被调用和读出。作为新一代人工智能机器的三大组件（记忆、交互和计算）之一，记忆是新一代人工智能的核心，可以实现对计算的监督和约束（李德毅，2021）。AI 系统具有远超人类的记忆容量，但是和人的记忆结构完全不同。

一、人的记忆机制

人类的记忆系统不是单一的系统，而是有着不同的存储系统。例如，根据信息保持时间的长短，记忆分为感觉记忆（0.25~4 秒）、短时记忆（5 秒~1 分钟）和长时记忆（1 分钟~许多年）。这三种记忆系统处在信息加工的不同阶段，并在信息的保持时间、容量和存储方式等方面存在差异，相互之间又有着密切的联系。感觉记忆中信息经过注意选择加工后可以进入短时记忆，短时记忆中的信息经过复述和再编码可以进入长时记忆，保存在长时记忆中的信息在需要的时候又会被提取到短时记忆中。

感觉记忆是当物理刺激停止作用后，感觉信息在一个极短的时间内被保存下来的记忆，也被称为对外界信息的感觉登记。进入感受器的信息几乎都处于短暂储存而未经注意加工的原始状态，如果人不予注意，感觉记忆中的信息很快便会衰退，因此具有容量大、保存时间短的特点。

短时记忆是指在一段较短的时间内储存少量信息的记忆系统，其功能是暂时地存储信息。短时记忆只能同时处理有限数量的信息，通常是 7 个左右（Miller，1956）的信息单元，为了保持信息在短时记忆中的存储，人们需要不断地重复或者维持注意力。工作记忆是短时记忆的一种特殊形式，短时记忆仅仅强调记忆的维持时间，工作记忆则强调对短时记忆中信息的存储和操作，和高级认知活动的连接也更为密切。

长时记忆是指存储时间在一分钟以上的记忆，一般能保持多年甚至终身。长时记忆有词语和表象两种信息组织方式，即言语编码和表象编码。言语编码是通过词加工信息，按意义、语法关系等方法把言语材料组成组块来帮助记忆，表象编码是利用视觉形象、声音等组织材料来帮助记忆。长时记忆中存储着我们过去所有的经验和知识，为心理活动提供了必要的知识基础。

二、AI 的记忆机制

2015 年 12 月，由 Facebook 人工智能研究院的 Jason Weston 牵头在人工智能领域会议 NIPS2015 上组织了一项关于记忆、推理和注意机制的研讨会，并提出关于人工智能系统记忆的主要问题：①记忆单元中存储哪些内容？②神经记忆单元中记忆的表示形式？③记忆单元规模较大时如何进行快速语义激活？④如何构建层次化记忆结构？⑤如何对冗余信息进行遗忘或压缩处理？⑥如何从人类或动物的记忆机制中获得启发？可以看出，人工智能的记忆相关问题获得了高度关注，整理清楚 AI 记忆的机制以及目前发展的优劣势有助于为下一步发展明确方向。

AI 的记忆有两种含义。一种指的是 AI 系统能够存储、检索和读取信息，这种存储和读取的过程可以基于传统的计算机存储技术，如硬盘、内存等。另一种是和深度学习结合，不仅仅是简单的数据存储和读取，而是通过深度学习模型对大量数据进行学习训练和推理，将学习到的知识转化为模型的参数和权重。然后，当面对新的输入数据时，AI 可以根据之前学到的模型参数，对新数据进行处理和预测。这种应用层面的记忆使得 AI 能够更好地适应新情境，并具备更强大的智能和决策能力。

目前，在人工智能领域，如何在深度学习模型中引入记忆体结构，从而更高效挖掘数据中感兴趣的信息，是当前人工智能研究的热点。这一方面的代表性工作是在针对序列数据学习的循环神经网络（recurrent neural network，RNN）中引入记忆模型，如长短时记忆网络（long short term memory，LSTM）模型，LSTM 是一种特殊类型的 RNN，二者的思路都在于当前时刻状态的输出会受到过往若干时刻状态的影响。现实生活中存在的大量时间序列数据和数据预测问题，如语音分析、噪声消除、股票期货市场的分析等，其本质是根据前 T 个时刻的观测数据推算出 T+1 时刻的序列值。在处理这类序列数据时会用到 RNN 这一神经网络模型，RNN 的主要特点是在网络的内部引入循环连接，使得网络可以传递信息并保持记忆。RNN 的每一步都接收输入和前一步的隐藏状态（可理解为网络在处理序列数据时在每个时间步骤上的内部表示或记忆），并输出当前步的隐藏状态。这种循环结构使得 RNN 可以处理任意长度的序列数据。不过，当相关信息和当前预测位置之间的间隔不断增大时，循环神经网络会逐渐丧失连接到远处信息的能力。标准的 RNN 在处理长序列时会遇到梯度消失或梯度爆炸的问题，因为梯度的计算是通过将每个时间步的梯度连乘而来的，即存在连乘操作，当 RNN 网络被展开为较长的序列时，梯度计算涉及多个时间步，这就导致梯度的指数级增长或衰减。如果梯度值大于 1，会出现梯度爆炸，这可能导致权重更新过大，网络参数发生不稳定的变化，使得网络很难收敛或无法收敛到合理的解。相反，如果梯度值小于 1，会出现梯度消失，梯度值会逐渐变得非常小，接近于零，这意味着网络参数几乎没有更新。

为了解决这个问题，LSTM 模型被引入。LSTM 是一种具有记忆单元的 RNN 变体。它引入了三个重要的门控机制：输入门、遗忘门和输出门，以控制信息的流动和记忆的保留。LSTM 的记忆单元可以选择性地忘记或记住先前的信息，从而更好地处理长期依赖关系。输入门控制新信息的输入，遗忘门控制旧信息的遗忘，输出门控制输出的传递。这些门控机制通过学习得到，并通过训练数据自动确定如何处理不同的输入，使得 LSTM 单元具有保存、读取、重置和更新长距离历史信息的能力。

三、人与 AI 在记忆功能上的对比

1. 持久性

由于疲劳效应，人类在持续的记忆任务中的表现会随着时间的推移而下滑。此外，人的记忆能力与机体的生理状态密切相关，因而影响中枢神经系统的生

理因素也会影响人的记忆,如睡眠剥夺会影响长时记忆(何金彩 等,2008)、衰老会影响工作记忆的广度(Taylor et al., 2005)。而 AI 得益于不同于人类的机体构造,不会受生理状态的影响,可以做到连续记忆,并且在记忆速度和精度上均优于人类。

2. 记忆容量差异

人的短时记忆和工作记忆容量都是极其有限的。早在 1956 年,Miller 就提出了神奇的数字 7,认为人类的短时记忆的平均广度为 7±2 个组块,而且不同的记忆任务都得到相似的容量范围(Miller,1956)。Cowan 后来考察了工作记忆的存储容量,他发现在一般成年人的工作记忆存储容量可达 3~5 个组块,并且这种特殊形式的存储限制可能是由注意焦点容量决定的,即注意焦点只有大约处理 4 个要素的有限容量(Cowan,2001)。人的长时记忆容量尽管是无限的,但需要不断复述和练习来巩固。理论上来说,AI 可以有几乎无限的存储空间,并且能够在很短的时间内储存大量的信息,记忆容量远大于人类。

3. 加工深度

人在记忆过程中具备很高的灵活性和主观能动性,并非只是对信息的机械存储,而是进行了很多的有意义加工和灵活转化。比如,联想记忆就是利用了客观事物、各种知识间的相互联系。联想遵循接近律,因果律、对比律等规律,所以联想记忆利用识记对象与客观现实的联系、已知与未知的联系、材料内部各部分之间的联系规律记忆。通过将不同的信息连接在一起、赋予记忆意义,联想记忆在提升了记忆灵活性的同时也加固了记忆痕迹,使得信息更不易被遗忘。人工智能存储的是统计关系而不是意义联系,缺乏灵活性和对意义的深度加工,进而导致了其强大的存储能力并没有得到充分的发挥,其数据不能自动地对数据进行筛选和提炼、抽取信息和知识并把它们关联起来。和人类的记忆相比,AI 记忆的灵活性和加工深度还处于比较低的水平。

4. 遗忘性

人类记忆中存在遗忘。遗忘是对识记过的材料不能再认与回忆，或者错误地再认与回忆，是一种记忆的丧失。德国心理学家艾宾浩斯研究发现，遗忘在人类学习之后立即开始，最初遗忘速度很快，以后逐渐缓慢。他认为"保持和遗忘是时间的函数"，并根据他的实验结果绘出描述遗忘时间进程的曲线，即著名的艾宾浩斯记忆遗忘曲线。人类还可以依据自己对待记忆事件或项目的判断，灵活选择是记住还是遗忘。Bjork（1972）做的经典的定向遗忘研究实验中，被试被要求学习一组词表，指导语会告知他们在随后的实验中会有一个针对这组词表的测试，接下来的实验分两组进行，当遗忘组被告知去尽量忘记刚才学过的第一个词表，集中精力记住第二个词表时，记忆组则被告知两个词表都要记住。结果发现，相较于记忆组，遗忘组的被试确实回忆起了更少的需要遗忘词、更多的需要记忆词，这一现象便被称为定向遗忘效应。

AI 一般不存在遗忘，不会出现随着时间推移而信息无法提取或错误提取的问题，这是 AI 的一个优势。不过，实际运行中，当机器存储的信息越来越多，超过了它所需调用的信息时，就会妨碍机器的深度学习。这是因为模型在学习过程中需要对存储信息进行采样，当存储的信息过多时，增加了数据采样的复杂性和成本，使得模型难以从中提取到有用的特征和知识。对于某些任务，如果数据中包含噪音或不相关信息，过多的数据可能会增加模型的训练时间而不一定提高性能。此外，AI 还存在灾难性遗忘问题，当机器需要学习新内容完成新任务时，如果新数据与旧数据存在完全不同的模式或特征，系统可能会忘记之前学习到的有关旧数据的知识，重置"神经网络"，即抹去先前的所有记忆而从头开始，即灾难性遗忘。虽然研究者提出了一些解决方法，如降低刺激间的干扰（Goodrich et al., 2014），即减少新学习任务与旧任务之间的干扰，使得在学习新任务时，系统能够尽可能地保持旧任务的知识和信息，但此方法只能减轻灾难性遗忘，并不能彻底克服灾难性遗忘，这是通用智能形成过程中的一个关键障碍。

通过以上对比可以发现，AI 在持久性、容量和遗忘性上的表现优于人类，但在加工深度上和人类相比仍有一定差距，详见表 2-3。在人与 AI 协作时，对于需要记忆大量信息或者需要自动化标记的任务，AI 通常比人类更适合，对于需要创造性整合和深度加工的记忆任务，人类则比 AI 更擅长，因为人类的记忆能力具有高度的灵活性和适应性。

表 2-3 人与 AI 在记忆上的对比

对比项	人	AI	功能分配
机制	对外界信息的编码、存储和提取	先前输入信息对后续信息输入和输出的影响	AI 批量、自动化记忆大规模信息，人类进行规划和整合
持久性	受到生理限制，如睡眠、衰老、疲劳等	不受生理限制，但受软硬件制约	
记忆容量	容量有限，7±2 个组块	无限存储空间	
加工深度	可进行灵活的有意义加工	机械存储，无法关联	
遗忘性	存在无法提取或错误提取	精度高，不会遗忘	

第四节 决策

根据信息加工的观点，决策是信息对反应多对一的映射关系，即为了产生一个选择，往往要获取大量的信息并对它们作出评价。决策是解决问题过程中的一个关键步骤，对于人类和人工智能来说，均是不可或缺的一项能力。

一、人的决策机制

人类决策时需要经历三个阶段，分别是选择线索、诊断、选择行动（Wickens，2014）。首先，决策者需要从环境中寻找线索或信息，在这一过程中，选择性注意起关键作用，其可以决定选择加工哪些线索、过滤哪些线索，这样的选择是以过去经验（长时记忆）、任务目标等为基础，需要付出努力或注意资源。决策者选中和觉察到的线索将成为决策者理解、意识和评估所面临情境的基础，这一过程称为诊断。例如，医生在确定治疗方案前必须诊断病人的病状。这种诊断依据两个来源的信息：经过选择性注意过滤而来的外部线索（病人的自述、身体检查报告等）和长时记忆中的知识（医学诊断相关的知识和诊断经验）。紧接着第三个阶段是行动的选择，决策者根据长时记忆中的知识和经验生成一组可能的行动路线或备选方案，如果对于事件的诊断是不确定的，则可用不同选择的结果考察其相应的选择风险，风险的考虑需要评估不同结果发生的概率和这些结果的好坏程度。

二、AI 的决策机制

人工智能技术通过对数据、案例的挖掘和建模分析，可以对不同的决策方案进行量化分析，辅助主体做出决策或独立做出决策。AI 决策的核心在于将实际问题中的决策约束、偏好以及目标转化为数学模型。

决策支持系统（decision support system，DSS）诞生于 20 世纪 70 年代，可以协助管理者使用采集的数据和数学模型解决非结构化问题或者半结构化问题。20 世纪 80 年代末至 90 年代初，决策支持系统开始与专家系统（能够利用人类专家的知识和解决问题的方法以处理问题的智能计算机系统）结合，形成智能决策支持系统（IDSS），智能决策支持系统是将决策支持系统作为骨架，结合各种人工智能关键技术所形成的计算机系统（陈文伟，2004），最典型的实现方式就是在决策支持系统结构（包括数据库、模型库、方法库和会话部件）上增加知识库与推理机（见图 2-3）。知识库由自定义规则、自定义事实和自定义模块组成，是为了求解决策目标而建立的知识的集合，知识必须通过一定的方法表示成计算机程序可识别的格式，知识库中知识的质量和体量决定了专家系统的推理能力，用户可以通过维护知识库中的自定义知识提高专家系统的性能。推理机是求解决策目标的核心执行机构，主要通过将自定义事实与自定义规则相匹配，从而选取合适的规则进行推理计算。IDSS 充分发挥了专家系统以知识推理形式解决定性分析问题的特点，又充分发挥了决策支持系统以模型计算为核心解决定量分析问题的特点，充分做到了定性分析和定量分析的有机结合，使得解决问题的能力和范围得到了一个大发展。

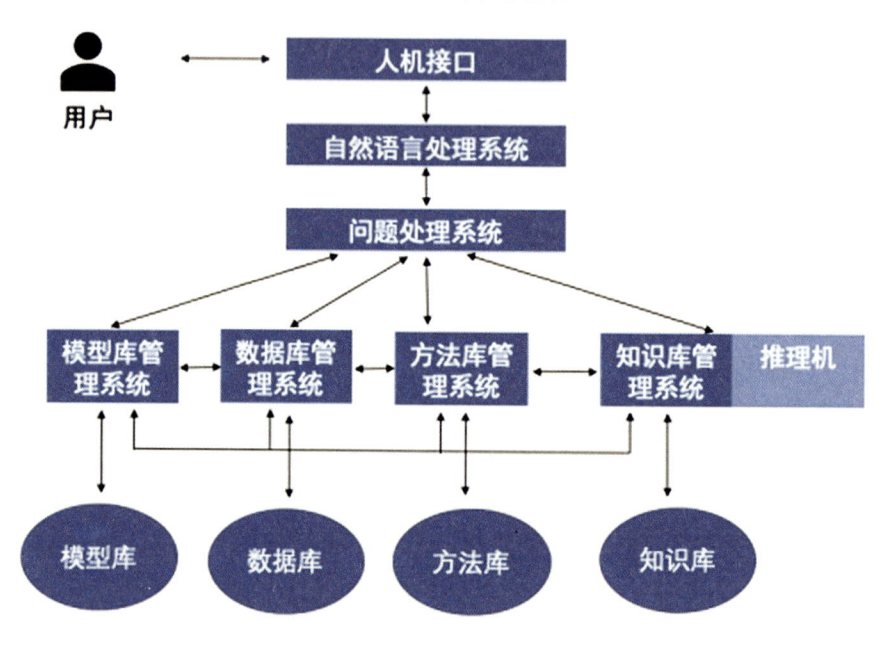

图 2-3　智能决策支持系统的构成

三、人与 AI 在决策功能上的对比

1. 持久性

人类的决策会受疲劳、当前认知负荷、压力水平等生理和心理状态的影响。长时间连续工作会导致疲劳，进而导致决策标准改变。例如，Danziger 等（2011）发现，重复的决策会使决策者在正确率和分析上的努力投入减少。AI 则不会受到生理状态的影响，可以长时间连续工作，并且绩效不会随时间的推移而变差。

2. 决策偏差

人在决策时最大的特点之一是无法做到完全理性，会受到主观因素的影响。早在 1954 年，Bernoulli 就发现，人们的判断和估计不依赖于获益本身，而依赖于获益后的心理满足或愉悦程度。例如，在有 100% 的机会稳拿 3000 元和有 80% 的机会得到 4000 元之间进行选择时，多数人选择稳拿 3000 元；而在有 100% 的机会损失 3000 元和 80% 的机会损失 4000 元之间进行选择时，多数人会选择后者，出现了所谓的"偏好反转"。Kahneman 和 Tversky 针对此现象提出了前景理论，根据该理论，效用受决策现状和未来效益变化的影响，在小风险条件下，值函数曲线在赢区呈凸型，在输区呈凹型，即人们在获益领域表现出"风险规避"，在损失领域表现出"风险寻求"偏向（Kahneman et al., 1979）。之所以如此，Kahneman 和 Tversky 认为是"一个人在损失一定数量的金钱时所体验到的恶劣心情远远大于得到相同数量金钱所带来的愉悦心情"的缘故。主观性还体现在对线索的选择性，决策者可能会由于主观偏好导致未能利用全部线索，确认偏差（Nickerson，1998）便是一个典型例子，即一旦人持有了一个先入的观点，他们便倾向于寻找能证明该观点的证据，而非寻找能推翻该观点的证据。

相比之下，AI 的决策不受主观效用的影响，也不会由于预期的引导只去选择部分线索，其决策是基于运算做出效用最大化的选择，这在一定程度上减轻了主观偏差。例如，阿尔法狗在下围棋时会抛开之前的棋路，把每一步当成一个独立的决策点，计算当下的最大获胜概率；而人类在下棋时会受上一步结果的影响，一旦失误或局势不利，反应倾向就会改变，可能会变得极端保守或者急于翻盘。当然 AI 的决策也并非完全无偏，其会受到训练数据和算法的偏差影响。假如训练数据本身存在偏见或不平衡，例如，对某些群体或特征进行了错误的刻板化描绘，AI 系统在做决策时则可能会反映这些偏见，导致不公平的决策。此外，AI 系统的决策可能受到算法本身的设计和实现方式的影响。例如，由 AI 算法决定的外卖派单，就可能由于将及时送达这一目标赋予过高权重而做出有偏的决策。

3. 决策公正性

由于人类决策受到信息不充分、偏见等影响，可能影响结果的公正性，所以存在一种利用数学方法将人类社会事务量化、客观化的趋势，但是认为算法决策是客观公平的其实是一个误解。人工智能的算法会受训练数据质量、设计思路和设计人员无意识的偏见等因素影响，因此歧视在很多情况下是算法的一个难以预料的、无意识的属性，而非编程人员有意识的选择，算法歧视会使得司法决策系统做出不公的判断（周尚君 等，2019）。因此，算法并不会消除人类决策中的歧视。不论是人类的决策还是人工智能决策，都需要谨慎对待其中可能出现的歧视。而且 AI 决策的公正性会直接影响人对 AI 的信任（Gunning et al.，2019）。

4. 适应性

现实社会中诸多行为决策往往是非完全信息条件下的博弈，即在未能全面掌握所有条件下进行的推理和决策。在这方面，人工智能远落后于人类。人工智能完成的决策通常在"集合封闭、规则完备、约束有限"场景下进行，决策需要的前提条件较多。相较之下，人类即使在规则不完全清晰、信息掌握不完全的情况下也可以做出决策。人类可以适应更广泛、多样的决策环境。

通过以上对比可以发现，AI 在持久性和决策偏差上的表现优于人类，但在适应性上和人类仍有一定差距。在人与 AI 协作时，可参考决策任务类型以进行功能分配。例如，对于需要考虑伦理、道德、价值观等因素的决策任务，或需要处理模糊、复杂或新颖的信息的决策任务，可由人类进行决策，而对于需要基于大量数据和信息的统计分析才能做出的决策任务、准确性要求高的决策任务，AI 可能更适合，详见表 2-4。

表 2-4 人与 AI 在决策上的对比

对比项	人	AI	功能分配
机制	涉及多个脑区，包含寻找信息、诊断情境、选择行动	基于计算机系统和数据集，通过建模分析量化决策方案	AI 进行简单、规则明确的决策，人类负责模糊、新颖的决策
持久性	受到生理限制，如疲劳、压力	不受生理限制，但受硬件条件制约	
决策偏差	受主观效用影响	基于客观计算，但受限于数据和算法偏差	
决策公正性	受信息不充分、主观偏见的影响	受数据来源设计思路等的影响	
适应性	所需前提条件少，适用于广泛、多样的决策环境	所需前提条件多，适用场景有限	

第五节 语言

语言是通过高度结构化的声音组合，或通过书写符号、手势等构成的一种符号系统，同时又是运用这种符号系统交流思想的一种行为。语言是按照层次结构组织起来的，其基本形式是句子，在句子的下面可分为词、语素和音位等不同层次。按照语音规则可以将音位组成语素，之后按照构词规则由语素组成单词，再按照句法规则由单词组成句子（彭聃龄，2001）。语言对于人与人之间的交流、人与计算机的交互都非常重要。

一、人类的语言机制

人类的语言加工可分为语言理解和语言产生两部分。语言理解（language comprehension）是人们借助于听觉或视觉的语言材料，在头脑中主动、积极地构建意义的过程。这一过程会涉及多个脑区，如位于左半球顶叶的角回（Niznikiewicz et al., 2000）、位于大脑左半球颞叶的威尔尼克区（Li et al.,

2019）。根据输入通道的不同，语言理解可以分成言语理解（听觉输入）和阅读理解（视觉输入）。言语理解始于语音知觉，即人们对语音的基本物理属性（如音调、音强、音长与音色）的感知开始，获得声音的特征组合，从而感知到不同的音位，并通过将不同的音位进行组合，进而识别音节。阅读理解是在视觉输入的文字材料的基础上构建意义的过程，可以分为词汇理解、句子理解和篇章理解三种加工水平。词汇理解也叫词汇识别，是指通过对词形的感知通达词汇意义的过程。句子理解是在字词理解的基础上，通过对组成句子的各成分的句法分析和语义分析，获得句子语义的过程。篇章理解是语言理解的最高水平，是在理解字词、句子的基础上，运用推理、整合等方式揭示篇章意义的过程。

语言产生（language production），也叫语言表达，是指人们通过发音器官或手的活动将所要表达的思想说出来、写出来或用手势表达出来的过程。这一过程也会涉及多个脑区，如位于大脑左半球前额叶的布洛卡区负责语言的生成与语法处理（Horwitz et al.，2003）；纹状体与语言的产生和自动化有关，它有助于形成语言习惯和模式（Jackson，1866）。语言产生包括口语的言语产生、书面语的书写产生和手势语三种形式。口语的言语产生会有词汇选择（说话者需要根据交流的情境把自己想要表达的想法或者观点转变成具体的概念）、语音形式编码（前面选择好的词条会激活跟它对应的语音代码）、发音运动（脑会将音位编码阶段形成的发音动作指令发送给发音运动系统来执行）三个阶段。书面语的书写产生过程则包括计划（确定书写的目标和主题，并从长时记忆中提取大量的背景信息，组织成书写计划并进行书写）、转换（将记忆中的信息表征转换成书写动作，将书写内容变成句子）、回顾（书写者重读已经书写的内容并进行编辑修改）三个阶段。手势语是通过可见的手势，并同时配合以手、手臂或身体的形状、朝向、动作以及面部表情，以传递信息的一种语言形式。

二、AI 的语言机制

"AI 的语言"对应于人工智能领域中非常重要的一个子领域，自然语言处理（natural language processing，NLP）。自然语言处理是指用计算机对自然语言的形、义等信息进行处理，即对字、词、句、篇章的输入、输出、识别、分析、理解、生成等操作和加工。和人类的语言类似，AI 的语言也可以分成语言理解和语言生成两部分，对应于自然语言理解（natural language understanding，NLU）和自然语言生成（natural language generation，NLG）（Chopra et al.，2013）。NLU 的主要关注点在于以人类自然语言作为输入，处理后输出机器可读取得到信息；NLG 是将语义信息以人类可读自然语言形式进行表达，选择并执行一定的语法和语义规则生成自然语言文本。NLP 系统已经在语音助手、智能音箱、翻译软件等产品上广泛应用，可以支持用户使用自然语言调用机器的各种功能，机器不仅需要理解用户在说什么，还需要作出特定的回应，比如以自然语言的形式回应用户。

三、人与 AI 在语言功能上的对比

1. 持久性

人类的语言处理涉及多个大脑区域的协同工作，包括听觉皮层、语言处理区、视觉皮层和运动皮层等，当人感到疲劳、生病或其他生理不适时，人会产生反应速度变慢、注意力难以集中等，从而导致言语理解和语言表达能力受到影响。例如，说话速度变慢、语言表述不清等。此外，人的情绪和情感状态也会影响其语言表达能力。例如，当人处于压力、焦虑或紧张的状态时，可能会导致语言表达变得紧张或含糊，难以连贯或有误，这也会影响人的语言表现和沟通效果。与人类相比，AI 处理语言时不受生理因素的限制，其性

能不会因为疲惫、疾病或情绪等因素影响。因此，对于重复、耗时且需要高度精确的任务，如阅读长篇文献、翻译大量的语言文本，AI 比人类具有更大的优势。

2. 灵活性

人类的语言交流通常是非线性化和非结构化的，这就要求说话者能够随时调整自己的表达方式，以适应对方的回应和反应。此外，人类的语言具有多样性，包含文本、声音、手势语等，在交流过程中，人类能够运用丰富的词汇和语言结构表达出各种不同的意思和情感，也可以选择或者同时结合文本、声音和手势语进行交流，方式灵活多样。尽管与人类相比，AI 的灵活性还有一定的局限性。但当前众多大语言模型已经具有相当强的灵活性。例如，ChatGPT 可以在规定的主题范围内自动生成不同风格、不同语气、不同长度和不同语言的文本，表现出不同的语言风格和个性特点。

3. 理解偏差

人类和 AI 的语言理解都可能产生偏差，但是导致他们产生理解偏差的原因各不相同。人类容易受到所处文化、社会背景、教育水平和个人经历的影响。这种背景经验可以帮助人类理解并推断文本或语音中的隐含含义和语境，识别复杂的情感和社交信号，如语气、表情、肢体语言等，从而能够更好地理解文本或语音的含义和情感色彩。而 AI 基本不会受到个人经验、意见和情感的影响，在一定程度上可以消除偏见。不过，AI 的训练数据和算法的设计由人类完成，这可能导致 AI 基于某些人类群体的偏见或错误的判断作出无意识的强化，也会存在偏见。

通过以上对比可以发现，AI 在持久性和理解偏差上的表现优于人类，但在灵活性上和人类相比仍有一定差距。在人与 AI 协作时，可考虑由 AI 完成重复、工作量大、持续时间长的任务，如文本分类、大量文献的总结归纳、机器翻译等。AI能够高效、准确地处理这些任务从而极大减轻人类的工作负荷并提高工作效率。同时，由人类来完成敏锐感知情感、文化、社交交往等具有复杂需求的任务。例如，客户服务、情感分析等，详见表2-5。

表 2-5　人与 AI 在语言上的对比

类目	人	AI	功能分配
机制	涉及多个脑区的协作，包含语言理解和语言产生	依托于计算机系统、算法和大规模数据集，包含自然语言理解和自然语言生成	AI完成重复性高的翻译和沟通，人类完成情感、文化等高层次沟通
持久性	受到生理限制，如疲劳、情绪	不受生理限制，但受硬件制约	
灵活性	交流方式灵活多样，内容更加细腻	对格式有较高要求，灵活性较差	
理解偏差	受文化背景和个人经验影响，带有主观性	不受个人经验和情感等因素影响，但受限于数据和算法	

第六节　学习

学习是人类和其他动物非常重要的一种活动，也是有机体适应环境的一个必要条件。有机体生活在不断变化的复杂环境中，只有通过学习从而经常调节自己的行为，才能与环境保持平衡。

不光人类和动物这样的有机体需要学习，所有的智能体（agent）都离不开学习，人工智能系统亦是如此。智能系统学习在与环境交互时，通过以前的经验学会更好地适应环境并完成规定的任务。自学习性是衡量系统智能化水平高低的重要指标。

一、人的学习机制

人类的学习是个体在一定情境下由于经验而产生的行为或行为潜能的比较

持久的变化。这一概念包含三层含义，首先，学习以行为或行为潜能的改变为标志；其次，学习引起的行为变化是相对持久的；最后，学习是由练习或经验引起的（彭聃龄，2001）。学习也被认为是神经系统不断地接受刺激，获得新知和积累经验的过程（李德毅，2021）。人类的学习有多种分类方式，如根据学习材料内容与学习者原有的知识结构所建立的实质关系分类，可分为有意义学习和机械学习（Ausubel，1968）。根据学习方式的分类，可分为接受学习和发现学习（Ausubel，2012）。根据学习的内容分类，可分为认知学习和动作技能学习（Ausubel，2012）。

人类学习的认知神经机制非常复杂，到现在也没有完全研究清楚。已知的是大脑不同区域在学习中扮演不同的角色。如海马体是学习和记忆的重要结构，它参与将新输入的信息编码为记忆表征，并在信息的存储和检索过程中发挥关键作用；基底核在形成和巩固习惯、自动化技能和运动学习等方面起着重要作用等。学习本质涉及神经元突触连接的变化，依托于突触可塑性，如长时程增强（long-term potentiation，LTP）和长时程削弱（long-term depression，LTD）。LTP是指当突触反复受到高频、强度适宜的刺激时，突触传递的信号强度会长期增强，这种增强可以持续数小时甚至更长时间。LTP的形成加强了神经元之间的连接，使得相同的输入可以更容易激活目标神经元，从而促进新信息的学习。LTD是指当突触反复受到低频、强度适宜的刺激时，突触传递的信号强度会长期减弱。LTD的发生可以使神经元之间的连接变弱，从而降低相同的输入激活目标神经元的效率，能够帮助神经元对于重复或不再需要的信息进行遗忘和过滤。

二、AI的学习机制

不同于人类通过复杂的认知神经加工以实现学习，AI的学习则是通过对大量输入数据的统计分析和模式识别学习。在人工智能领域，存在着许多和学习有关的术语，如机器学习、深度学习、强化学习、有监督学习、无监督学习、迁移学习等。接下来我们对各种术语进行简单介绍，以便读者理解 AI 学习的机制。

首先，机器学习是人工智能领域学习方法的统称，是人工智能的核心研究领域之一，其最初的研究动机是为了使计算机系统具有人的学习能力以便实现人工智能。机器学习领域奠基人之一 Mitchell 在其经典教材 *Machine Learning* 中所给出的机器学习的经典定义为"利用经验来改善计算机系统自身的性能"（Mitchell，2003）。经验指历史数据（如互联网数据、科学实验数据等），系统一般指数据模型（如决策树、支持向量机等），而性能则是模型对未学习过的新数据的预测能力（如分类和预测性能等）。因此，机器学习的根本任务是数据的智能分析与建模。而深度学习、强化学习、有监督学习、无监督学习、迁移学习都属于机器学习，下面我们将简要解释各个术语。

深度学习。深度学习（deep learning）是通过建立多层神经网络，模拟人脑的机制进行解释并分析学习图像、语音及文本等数据，是机器学习研究中的一个热点领域。深层神经网络有很多层，每一层都负责处理不同级别的信息。底层处理一些基本的特征，比如边缘或线条，而更高层则将这些特征组合在一起，以识别更复杂的东西，比如人脸或动物。从认知科学角度来看，深度学习的思路和人类学习所依赖的神经网络更加吻合（奚雪峰 等，2016）。

强化学习。强调如何基于环境而行动，以取得最大化的预期利益。其灵感来源于心理学中的行为主义理论，即有机体如何在环境给予的奖励或惩罚的刺激下，逐步形成对刺激的预期，产生能获得最大利益的习惯性行为。智能体在与环境交互的过程中，通过不断试错学会如何做出最佳的决策，而不是只依靠预先提供的数据或指导。强化学习的一个著名应用是AlphaGo，它在围棋比赛中击败了人类世界冠军，展示了强化学习在复杂决策问题上的强大能力。

机器学习还可分为有监督学习和无监督学习两大类。两者最大的区别在于数据有无标签。监督学习面临的数据样本有完整的标记，即每一项观察都有与之对应的结果标签，机器从样本中可以直接学习到从观察到结果的映射。无监督学习面临的数据样本完全没有标记，机器需要从数据中发现内部的结构信息。

迁移学习。迁移学习的核心思想是利用先前学到的规律，指导改善新任务的性能，特别是在新任务的数据量相对较少或数据分布不同的情况下。迁移学习的关键优势在于它可以加速和改善机器学习模型的训练，使其更适应新的情境和任务。这在实际应用中非常有用，因为它可以减少大规模标记数据的需求，同时提高模型的泛化能力。

三、人与AI在学习功能上的对比

1. 学习曲线

人类学习的效果受到机体生理状态的影响，无法长时程持续学习；而且练习进程中存在高原现象，即练习成绩的进步并非直线式的上升，有时会出现停顿的现象。Bryan和Harter（1897）最早用实验方法证明了高原现象，Bryan等人研究了收发电报中动作技能的进步，结果发现，在收报练习15~28天时，成绩的提高一度停顿下来，虽有练习，但成绩并没有提高。对比之下，AI不会受限于生理状态，但是其学习能力也受到算法、训练数据的数量和质量的限制，AI需要大量的训练数据和算法模型的优化，才能够取得更好的学习效果。

2. 学习方式

人类的学习通常是基于有限的小样本数据，并且不仅仅依赖于统计分析模式，还包括理性推理、抽象概念和先前知识的建构。这意味着人类通常可以从少量的数据中获取知识和经验。例如，孩子在学习语言时，只需要接触有限的语言示例就能够掌握语法和词汇。相比之下，AI 的学习主要依赖于大规模的数据集，并通过统计分析实现学习，通过优化算法和参数调整最小化预测误差。尽管计算机科学家们已经意识到先验知识、逻辑分析和推理能力对于提高 AI 的学习能力具有重要意义（例如，使用迁移学习、增量学习等方法，提高 AI 的学习和推理水平），但其学习所需要的数据量仍远大于人类。

3. 灵活性

人类的学习具有很强的灵活性。首先，人类具有主观能动性，可以进行主动学习；其次，人可以在认知结构中将已有的知识经验进行重新组合，从而找到解决问题的新办法，如顿悟学习。AI 的学习方式相对单一，主要通过算法模型的训练以获取新的知识和技能。虽然 AI 可以通过不断的训练和优化提高学习效果，但是其学习过程相对比较固定僵化。此外，随着模型复杂度的提高，其参数个数、所需的数据量和算力资源也是惊人的，而且其训练所需消耗的能源也非常多，这使得机器学习的灵活性和能效上远低于人类。

4. 教育

在人类学习中有一种特殊的交互，即教育。在有了语言和文字之后，随着模仿学习的延伸和升华，人类又把交互认知提高到了一个所有其他生物均不具备的崭新高度——教育。教育带有强制性，是有指导的学习而不仅仅是有监督的学习（李德毅，2021）。人类利用教育实现群体智能的有效传播，实现个体智能和知识的累积和迭代发展，这是其他智能生物及人工智能所不具备的。

通过以上对比可以发现，AI 在面对海量数据时学习效率上的表现优于人类，但在学习方式、灵活性和教育方面和人类相比仍有一定差距。在人与 AI 协作时，可考虑在大规模数据处理和分析的学习任务中，优先选择 AI 进行处理。而在需要进行创新、整合等方面的学习任务中，优先选择人类进行处理，详见表 2-6。

表 2-6　人与 AI 在学习上的对比

类目	人	AI	功能分配
机制	神经系统不断地接受刺激，获得新知和积累经验	利用经验改善自身性能	AI 基于大规模数据进行学习，人类进行创新和整合
学习曲线	受到生理限制，存在高原现象	不受生理限制，但受训练集和算法限制	
学习方式	基于小样本数据，可依赖先前知识和经验进行主动建构	基于大规模数据集；无法进行主动建构	
灵活性	可主动学习和经验重组，灵活性较高	方式单一，灵活性较低	
教育	可通过教育传播群体智能	不存在教育	

第七节　情绪与情感

情绪和情感是同一心理现象的两个不同方面，情绪指人对客观事物的态度、体验以及相应的行为反应，由主观体验、外部表现和生理唤醒三种成分组成。主观体验是个体对不同情绪状态的自我感受；外部表现通常被称为表情，它是在情绪状态发生时身体各部分的动作量化形式，包括面部表情、姿态表情和语调表情；生理唤醒是指情绪产生的生理反应（Izard，1977）。情感是在多次情绪体验的基础上形成的，并通过情绪表现出来。反过来，情绪的表现和变化又受已形成的情感的制约。情绪和情感具有帮助人类适应环境（适应功能），驱动有机体从事活动，提高人的活动效率（动机功能），组织其他心理活动（组织功能），在人际间传递信息、沟通思想（信号功能），因此，情绪和情感对人类而言不可或缺、十分重要。

对于人工智能而言，随着人工智能的进步和 Agent 拟人化研究的兴起，人们希望人工智能不仅可以完成设定的工作，还具有个性化和与人情感交流的能力，即满足人类的情感需求。为了使机器人的表情描述更为准确，情感反馈更易于被人接受，加强人在与机器人交流中的真实感，将情绪机制引入 AI，对情绪进行建模计算已经成为人工智能的重要研究方向之一。

一、人的情绪机制

关于人类情绪的产生，目前比较经典的理论有外周神经理论、丘脑理论和认知理论三大理论。外周神经理论认为情绪刺激会引起外周神经系统反应和身体的生理反应（例如，愤怒会导致心率加快、血压升高，恐惧会导致皮肤出汗、瞳孔扩大等），生理反应进一步导致人的主观情绪体验，即生理反应早于情绪体验。丘脑理论则认为情绪的中心不在外周神经系统，而在中枢神经的丘脑，并且情绪体验和生理变化是同时发生的，它们都受到丘脑的控制。情绪刺激会引发丘脑结构（如杏仁核、海马体等）的活动，这些结构将信号传递到杏仁核、前额叶皮层、扣带回等结构引发情绪体验。同时，丘脑结构也会将信号传递到脑干，进而激活自主神经系统，产生生理反应。交流过程中，神经元之间以传递速度非常快的电化学信号形式传递，使得情绪体验和生理变化几乎同时发生。认知理论则强调认知因素在情绪产生中的作用，例如，阿诺德的"评价－兴奋"说认为刺激情境并不直接决定情绪的性质，从刺激的出现到情绪的产生，要经过对刺激的估量和评价。这三大理论强调了不同的因素对情绪的影响，外周神经理论强调身体生理反应是情绪的根源；丘脑理论认为情绪和生理反应同时发生，不是因果关系；而认知理论则强调情绪体验的形成依赖于对生理反应的认知和情境的解释，更加强调个体认知过程的作用。情绪的理论研究仍然是一个复杂且有争议的领域，涉及生理、认知和主观体验等多个方面。这三类理论提供了不同的视角，它们相互补充，为我们更好地理解情绪的本质提供了重要的参考。

二、AI 的情绪机制

人工情绪是利用计算机对人类情绪过程进行模拟、识别和理解，使机器能够产生类人情绪并与人类自然和谐地进行人机交互。人工智能不同于人类的机体构造，不存在生理唤醒，也不存在情绪体验，主要包含用程序实现情绪识别和模拟情绪表达两部分。

情绪识别是指对基于情感反应出来的多种生理或行为特征所表现出来的信息进行测量、分析和理解。现阶段进行的情绪识别研究主要集中在基于面部表情、语音、动作，或者生理信号进行情绪识别的技术方法。

关于面部表情情绪识别，Ekman 和 Friesen 对现代人脸表情识别做出了开创性工作。Ekman 提出了人类的六种基本表情（高兴、生气、吃惊、恐惧、厌恶和悲伤）并建立了面部动作编码系统（facial action coding system，FACS）（Ekman et al., 1997），使研究者能够按照系统划分的一系列人脸动作单元（Action Unit，AU）精确地描述人脸面部动作。这些工作是计算机识别表情的重要理论基础。不同的情绪状态表现在人的面部外观和人的面部动作单元上均具有显著差异，因此可以提取基于人的面部外观或动作单元的特征作为有辨识度的信息。提取人的面部特征后，各种分类器，如支持向量机（support vector machine，SVM）和多层感知器（multi-layer perceptron，MLP），都可以被用来进行情感识别。

语音情绪识别与面部表情情绪识别类似，也需要经过数据采集、特征提取和情绪分类。语音特征一般分为声学特征和声韵特征。前者包括波、信号、语调等，而后者包含词之间的停顿、韵律、声音大小等，后者更依赖于说话者。当语音特征提取完毕后，也通过各种分类器进行情绪识别。

动作情绪识别，指通过特定的人体动作推断其当前的情绪状态。对于动作情绪识别，首先需要对视频流中的关键帧进行行人检测，得到人体 RGB 图像，并生成对应的骨骼图和光流图。RGB 图像里包含不同物体（如手部、头部、桌子等）的丰富的空间上下文外观信息；骨骼图主要包含人体关节点的空间结构性信息；而光流图则包含关于人体动作的时间上下文信息。基于人体的这三种模态图像集合可以提取其外观及动作特征，并使用分类器（如支持向量机、随机森林、决策树等）进行情绪识别（余梓彤 等，2019）。

相比于易受外界因素和主观动机干扰的外显的行为变化（例如面部表情、肢体动作等），人的生理信号（如心率、皮肤电导反应、呼吸等）通常由自主神经系统调节，是无意识和自动发生的，因此更加稳定并难以主观操控，对于测量和理解情感状态是一个有力的补充。人类的情感变化会导致一系列生理信号的变化，其中包括心电信号、脑电信号、皮电信号等，因此可以通过多种技术手段采集人类的生理信号，提取情绪相关特征并通过构造分类器进行情绪识别。例如 Verkruysse 等人（2008）发现，可以在环境光条件下用普通摄像机从人脸皮肤颜色的细微变化中分析、提取出心率、呼吸等生理信号，远程光学体积扫描技术（remote photoplethysmography，rPPG）（Li et al.，2014）可以利用摄像机获取的皮肤反射光测量皮肤的细微亮度变化，进而提取 rPPG 信号，通过对 rPPG 信号里每个有效心跳的峰值检测，可以得到信号中每个峰值的时间位置，从而计算出相邻心跳间隔（inter-beat-intervals，IBIs）曲线，再进行时频分析，得到心率变异性（heart rate variability，HRV）的声谱图作为特征。

机器情绪表达就是在机器人或虚拟形象的行为中通过面部表情、语音和姿态三种方式将一定的情绪表达出来。面部表达一般使用的主要部位是嘴、面颊、眼、眼眉和前额。大多数机器人和虚拟人依照 Ekman 的脸部表情编码系统表达情绪。例如，机器人 Feelix（Canamero et al.，2001）的面部有四个自由度（两个眼眉、两个嘴唇），可以展示出六个基本表情（生气、难过、恐惧、快乐、惊奇和中性）。相对于采用机械激发的机器人，用计算机图形和动画技术产生面部表情则会更丰富和自然。例如，卡内基梅隆开发的 Vikia 是基于 Delsarte 的面部表情编码系统制作的三维女性面孔（Bruce et al.，2002），因为她的脸是基于图像的，用来产生表情的自由度就多一些，表情也显得更自然、丰富。语音表达则主要是通过语音合成技术，这种技术使用深度学习模型或规则引擎生成具有情感色彩的语音。通过在语音合成系统中引入情感模型或情感标记，调整语音的音调、语速、韵律等，使其更贴近特定的情感状态。最后，可以通过生成身体姿态动作表达情绪，如 Scheeff 等人（2002）介绍了为机器人 Sparky 设计平滑自然的运动（如通过脖子前倾表达好奇，通过竖起背上的毛发表达害怕或兴奋）；Lim 等人（2000）介绍了机器人如何通过行走姿态，如腰部上下移动，手臂大幅度摆动表达开心情绪。

三、人与 AI 在情绪功能上的对比

人与 AI 在情绪功能上的最大差异在于 AI 无法产生情绪体验，只能进行情绪识别和情绪表达。人可以体验到多种情绪，Plutchik（2003）根据自己的研究提出了恐惧、惊讶、悲伤、厌恶、愤怒、期待、快乐和信任八种基本情绪，每种情绪又可以根据强度的变化而细分。例如，强度高的愤怒是狂怒，强度很低的愤怒是生气。此外，一种基本情绪可与其他情绪混合产生某种复合情绪。例如，恐惧和期待混合在一起就会产生焦虑情绪（AI 则不具备该体验）。即

使人与 AI 都可以进行情绪识别和表达，二者的表现在精细性和自然性上也存在差异。

1. 精细性

在识别情绪时，AI 的识别单元比人类精细，如动作识别时可以具体到视频中的某一帧，人类的感官无法达到如此精细。而且，AI 不会受情绪和个体偏差的影响，这就进一步提高了情绪识别的精度。不过，在多模态情感识别和情绪上下文理解方面，AI 弱于人类。人类能够从面部表情、语音、姿势、语言等多种信息来源中识别情感，并且可以理解情感表达所在的上下文，考虑情境和环境因素，AI 在这方面还比较有限。

2. 表达自然性

表达情绪时，人可以通过语气、表情、肢体语言等多种方式自然地表达情感，而 AI 由于无法像人一样通过肌肉单元生成精细的表情、动作等，使得情绪的外在表现比较机械化、不自然，和人类真实的情绪表达还有很大差距。

通过以上对比可以发现，AI 的情绪识别精度要优于人类，但在多模态整合和自然性上和人类相比仍存在一定差距。在人与 AI 协作时，可利用 AI 在情绪识别方面的独特优势，处理大量的数据并快速做出判断。如在大规模社交媒体分析中，AI 可以为人类提供强大的情感分析和预测能力。人类的情绪表达比 AI 更为复杂和丰富，在需要情绪表达的任务中，人类可以发挥其优势，详见表 2-7。

表 2-7 人与 AI 在情感上的对比

类目	人	AI	功能分配
机制	由主观体验、外部表现、生理唤醒组成，可体验、识别、生成情绪	识别和生成情绪基本单元，只可识别和生成情绪	AI 擅于情绪识别，人类擅于情绪表达
精细性	精度有限，但可进行多模态整合	识别单元精细，但多模态识别和上下文理解有限	
自然性	自然、精细	机械、单调	

第八节　人机协作中的功能分配

本章分别梳理了人与 AI 在感知、注意、记忆、决策、语言、学习、情绪七大认知功能上的表现差异。总的来说，人脑相对于 AI 的优势在于灵活性、主动性、自上而下的知识经验引导。劣势在于受生理结构限制，在精度和容量上落后于 AI，此外，人易受疲劳、压力水平、情绪等因素影响。AI 的优势在于它不受生理因素的限制，容量大，精度高，客观无偏。劣势在于不灵活，适用范围有限，适应性较弱。随着人工智能的发展和技术的进步，AI 在非常规和创造性强的工作领域也在取得一些突破：例如，在创意生成、绘画创作、音乐生成和设计领域，AI 已经能够生成具有一定创造性和独特性的作品。但与人类相比，AI 在这些领域仍然处于需要进一步的研究和发展才能达到甚至超越人类的水平。因此，目前可以说，在大多数非常规和创造性强的工作中，人类仍然具备相对的优势。因此，对于重复单调、负荷高、持续时间长的任务（如需大量、精确、高速的记忆、计算任务），AI 更为适合；对于非常规、创造性强的工作（战略决策等），人类更为适合。此外，对于人与 AI 表现持平的领域或者任务中，可应用以人为中心原则。例如，分配任务时考虑人类的偏好和兴趣、让 AI 承担更多人类不愿意承担的工作以解放人类等。

一个智能、高效的人机协作应将人脑与 AI 的优势结合（见表 2-8），优化资源分配。基于人与 AI 优势认知功能的不同，人机协作应遵循优势互补原则。在 AI 擅长的功能上，如对信息的感知和记忆存储，应最大程度地减少人类的参与；将节省的资源更多地用于人类擅长的功能上，如艺术创造等。

表 2-8　人与 AI 的功能优劣对比

	人类相对于 AI 的优势	人类相对于 AI 处于劣势	人与 AI 均势
感知	可进行跨模态整合；具备知觉恒常性	持久性差；存在感知阈限	均存在偏差，人类偏差来自主观，AI 偏差来自训练数据集和算法
注意	适应性和灵活性强；可进行自上而下的引导	持久性差；兴趣区有限	均存在偏差，人类偏差来自主观，AI 偏差来自训练数据集和算法
记忆	灵活性高；可进行有意义加工	易受睡眠等生理状态影响；容量有限；容易遗忘	能力均存在上限，人受限于机体生理水平，AI 受限于硬件水平
决策	适用范围广泛；可进行启发式决策	易受生理状态影响；存在主观偏差	均存在偏差，人类偏差来自主观和过去经验，AI 偏差来自训练数据集和算法
语言	方式灵活多样；加工水平高	易受生理状态影响；不同文化背景和个人经验下的语言差异大	能力均存在上限，人受限于个人经验和文化背景，AI 受限于训练数据集和算法
学习	灵活性高；可依赖过往经验进行主动建构；方式多样，还可通过教育进行群体智能传播	无法持久学习；基于小样本数据，代表性不足	学习能力均受到限制，人类受限于生理状态，AI 受限于训练数据集和算法
情绪	表达自然；种类丰富；可进行多模态整合	识别精度有限	均存在偏差，人的偏差来自个人经验和文化背景，AI 偏差来自训练数据集和算法

结　语

本章梳理了人与 AI 在感知、注意、记忆、决策、语言、学习、情绪七大认知功能上的机制和表现，为人机协作中的分配问题提供了理论参考。基于优势互补原则的人机协作关系将带来更加精准化的智能服务，使得人们能够最大限度享受高质量服务和便捷生活，个体创造力得到极大发挥，社会治理智能化水平大幅提升。

第三章 人与 AI 的交互方式

伴随着技术的发展，人类与人工智能之间的交互从早期的打孔带，图形界面时期的键盘、鼠标等依赖于机械式输入设备的交互，逐步发展为更加自然、符合人们认知模式的输入方式。本章将介绍目前人与 AI 交互中，一些有代表性的新型人与 AI 交互方式，包括：自然语言交互，手势、体感与动作交互，结合触觉、嗅觉、味觉等多模态多通道信息的交互方式，以及脑机接口的技术与应用。

第一节　自然语言交互

一、自然语言交互简介

从日常使用的手机智能助手，到如今进入千家万户的智能音箱，自然语言交互可以说是目前最为成熟且为大众所熟知的人与 AI 的交互方式。自然语言交互技术是一种通过自然语言与计算机进行交互的技术。这种技术能够使计算机理解自然语言输入并做出相应的反应。随着人工智能技术的发展，自然语言交互技术也得到了快速发展。现在，自然语言交互技术被广泛应用于各种场景，如智能客服、语音助手、智能家居、机器翻译等。比如，智能客服可以通过自然语言交互与用户进行沟通，并且能够根据用户的需求和问题提供相应的解答和服务。语音助手可以通过语音识别技术将用户的语音输入转化为文本，然后通过自然语言理解技术实现用户的意图。

自然语言交互技术的发展可以追溯到二十世纪二三十年代，Harvey Fletcher（1922）和 Homer Dudley（1939）在贝尔实验室开始了语音建模与合成的开创性研究。20 世纪 50 年代是人工智能领域的早期阶段，许多经典的人工智能研究对自然语言交互技术的发展产生了重要影响。受到 1950 年提出的图灵测试的启发，研究者和工程师开发了多种聊天对话系统，如 Eliza（Weizenbaum,

1966)、Parry（Colby，1975）等。这些文本聊天机器人的诞生标志着自然语言交互技术已经应用于以模仿人类行为为方向设计的人工智能系统中。并且，这些文本聊天机器人都在一定程度上通过了图灵测试（Turing，1950；Shieber，1994）。比如，麻省理工大学（MIT）的韦纳（Joseph Weizenbaum）在1966年开发的Eliza程序。该程序通过模仿心理治疗师与患者的对话解析和生成自然语言（见图3-1）。Eliza程序可以说是第一个被公众熟知的聊天机器人，其创新之处在于通过模式匹配技术来理解用户输入，并生成与之相关的回复。这种技术为后来的自然语言处理技术的发展产生了深远的影响。

```
人类：男人都一样。
Eliza：在哪方面？
人类：他们总是为了某些事情纠缠我们。
Eliza：你能想到一个具体的例子吗？
人类：嗯，我男朋友让我来这里。
Eliza：你男朋友让你来这里？
人类：他说我经常感到抑郁。
Eliza：听到你感到抑郁我感到很遗憾。
人类：这是真的。我很不开心。
Eliza：你认为来这里会帮助你不再不开心吗？
人类：我需要一些帮助，这是肯定的。
Eliza：你想得到什么帮助？
人类：也许我可以学会与我母亲相处。
Eliza：你可以谈谈你的家庭。
……

聊天：
```

图3-1　Eliza和人之间的对话（Weizenbaum，1966）

另一方面，乔姆斯基（Noam Chomsky）的语法理论提出了一种以语法为基础的自然语言处理方法。在乔姆斯基之前，所有关于自然语言处理的研究都是基于经验主义的，直至他在 20 世纪 50 年代提出的新的语言理论，为语言提供了一个衡量标准。他认为，语言是一种由基本元素组成的有规律的系统，这些基本元素可以通过一系列规则生成。这种语法分析方法将语言看成一个抽象的数学系统，对自然语言处理技术的发展产生了重要的影响。

20 世纪 50 年代，人们开始尝试使用计算机来模拟人类的思维和语言能力。然而，由于当时的计算机处理能力非常有限，因此这种技术并没有得到广泛的应用。随着计算机处理能力的不断提高，自然语言处理技术开始逐渐成熟。20 世纪 80 年代，人们开始使用规则系统和专家系统来实现自然语言处理。但是，这种方法需要大量的人工干预，而且不能很好地处理语言的歧义和多义性等问题。20 世纪 90 年代以后，随着机器学习和统计方法的发展，自然语言处理技术得到了很大改进。目前，自然语言交互技术主要采用机器学习技术。这些技术可以帮助计算机从大量的数据中学习自然语言的模式和规律，从而实现更加准确的自然语言理解和生成。

时至今日，无论是影视剧中的仿真人形机器人，还是科幻作品中的语音交互系统，自然语言交互都是人与 AI 交互的一个基本需求。自然语言交互可以分为如图 3-2 所示的几个步骤。

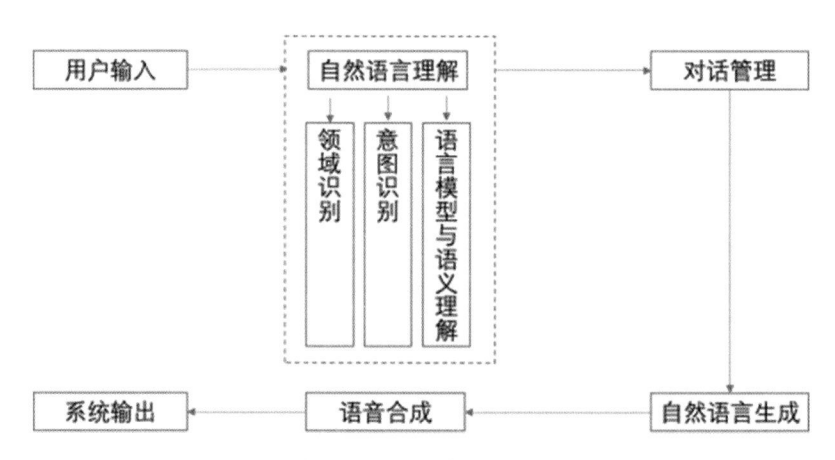

图 3-2 自然语言交互步骤图示

自然语言交互技术的核心是自然语言理解和自然语言生成（Chopra et al.，2013）。自然语言理解是指计算机对自然语言输入进行分析和理解的过程。这个过程包括词法分析、语法分析、语义分析等步骤，涉及领域识别、意图识别、语言模型与语义理解等内容。自然语言生成是指计算机根据语义逻辑和语法规则生成自然语言输出的过程。这个过程包括内容生成、语法生成和表达方式生成等步骤。

1. 自然语言理解

用户的输入信息可能是文本信息或语音信息。

若用户输入的为语音信息，则进入计算机系统的语音识别模块。计算机系统的语音识别大致可分为语音特征提取、声学模型与模式匹配以及语言模型与语义理解三个部分。用户输入的模拟语音信号，首先会经过预处理，将原始语音信号中的部分噪音（比如环境噪声、其他说话者的声音）进行消除，处理后的信号能够更好地反映语音特征。在去除与语音识别无关的冗余信息之后，通过语音识别技术提取信息中的语音特征。语音特征参数会根据实际需要提取，常见的特征参数包括短时平均过零率、短时平均能量或幅值、短时自相关函数、线性预测系数等。将提取出的语音特征参数与系统存储的声学模型和语言模型进行匹配和比较，便得到最佳的识别结果，即将用户输入的模拟语音信号转换成为计算机系统能够理解的信息。

若用户输入的为文本信息，则直接进入自然语言理解模块。自然语言理解（natural language understanding，NLU）模块主要是为对话管理提供当前的对话信息，主要包括以下三个内容：

（1）领域识别。

领域识别是自然语言交互技术中的一个重要环节。它是指对自然语言输入进行分类，以识别出用户所关心的话题和领域。现有的人工智能系统，能够处理各种复杂的信息输入。这些信息可能来源于不同的专业领域，领域识别的目的是将用户的输入与相应的知识库进行匹配，从而得到更准确的回答和建议。例如，在智能客服系统中，当用户询问有关订单的问题时，系统需要自动将这个问题归类为订单管理领域，然后提供相应的解答。运用文本分类技术，采用SVM，TextCNN，RNN等相关算法，人工智能系统能够在跨领域的人机交互中判断并确认当前用户咨询问题对应的领域。

（2）意图识别。

意图识别是指通过分析自然语言输入以判断用户的意图。在确认的领域中，人工智能系统如何理解用户表述的自然语言信息涉及真实意图的识别。意图识别可以帮助计算机了解用户想要做什么，从而更好地回答用户的问题或提供服务。例如，在语音助手中，当用户说出"明天天气怎么样？"这句话时，系统需要自动识别出用户的意图是查询天气预报，然后提供相应的回答。针对意图识别，常用的技术包含了文本分类、小样本学习在内的弱监督学习技术，以及将无监督相似度计算与K近邻算法相结合的办法等。

（3）语言模型与语义理解。

语义理解是自然语言交互技术中最关键的环节。它是指对自然语言输入进行深度分析，以提取其中的语义信息。这个过程包括语法分析、语义角色标注、命名实体识别、情感分析等多个方面，通常是通过语言模型来实现。通过语义理解技术，计算机可以更准确地理解用户的意图，从而提供更加智能化和个性化的服务。例如，在智能客服系统中，当用户询问"我可以取消订单吗？"这个问题时，系统需要通过语义理解技术将其转化为语义表示，并提取出其中的重要信息，如"取消""订单"等，然后作出相应的回答。

2. 对话管理

对话管理（dialog management，DM）主要包含状态追踪和动作生成两个部分。其中，状态追踪模块主要获取当前任务中，用户同系统交互的对话状态。动作生成模块是指在当前对话状态确认后，由计算机系统判断并生成对应动作的模块。比如，当用户询问"我可以取消订单吗？"这个问题时，往往涉及多轮对话。此时，对话管理模块会根据对话历史信息，决定此刻对用户的反应，确定是哪个历史订单、订单状态以及如何对用户给出恰当的回答。多轮对话场景在自然语言交互中十分常见。一方面，用户的需求可能比较复杂，难以在一轮对话中完成全部输入，在多轮对话过程中，用户有机会不断修改或完善自己的需求，另一方面，当用户陈述的需求不够具体或明确的时候，机器也可以通过询问、澄清或确认来帮助用户找到满意的结果。

3. 自然语言生成

自然语言生成（natural language generation，NLG）是指将非语言形式的信息转换成自然语言的过程，使计算机能够像人类一样自然地生成文本。通俗地说，就是让机器"说话"。自然语言生成的目的是提供人类用户可以理解和接受的信息，从而使得机器生成的结果能够被人类使用和理解。它是自然语言交互技术中的一个重要分支，它可以将计算机处理的结构化数据、图形信息、知识库信息等转化为自然语言文本，以供人类使用。自然语言生成的主要原理是将非语言形式的信息转换成自然语言的过程。其具体实现方式可以分为两个步骤：语言规划和文本实现。语言规划是指将原始信息转换成自然语言表达的过程，它包括确定文本的内容、结构、风格等方面。文本实现是指将语言规划转化为自然语言文本的过程，它包括句法分析、词法分析、语音合成等方面。

自然语言生成的算法主要包括基于规则的方法、基于统计的方法和基于深度学习的方法。基于规则的方法是将语言规划和文本实现过程分别使用规则来实现。它的优点是可解释性好，但是其局限性也比较明显，无法处理一些复杂的语言表达。基于统计的方法是利用机器学习算法从大规模语料库中学习语言的规律和概率，然后利用这些规律和概率生成自然语言文本。它的优点是能够处理更复杂的语言表达，但是其缺点是需要大量的训练数据。基于深度学习的方法是利用深度神经网络学习语言表达的规律和概率，然后利用这些规律和概率生成自然语言文本。它的优点是不仅能够处理更复杂的语言表达，同时也具有更好的泛化能力。

4. 语音合成

语音合成又称文语转换（text to speech，TTS），它的功能是将文字信息实时转化为标准流畅的语音朗读出来，相当于给机器装上嘴巴，让机器像人一样开口说话。人造语音是通过机械/电子的方法产生的，可以将计算机自己生成的或外部输入的文字信息转变为可以听得懂的口语输出。为了合成出高质量的语音，除了依赖于各种语义学、语音学规则外，还必须对文字的内容有恰当的理解。其主要过程是先将文字序列转换成音素序列，再由系统根据音素序列生成语音波形。首先需要对文档做分词、字音转换等语言学处理，建立一整套有效的韵律控制规则，然后再根据要求运用语音技术合成出实时的、高质量的语音流。因此文语转换系统都需要一套完善的文字序列到音素序列的转换程序。

二、自然语言交互的新进展——大语言模型（LLMs）

大语言模型（large language models，LLMs）是一种人工智能技术，能够理解、生成和处理自然语言文本的复杂系统。它们通过在大规模文本数据集上进行预训练，学习语言的统计规律、深层结构和语义，能够生成连贯、语法正确且在多种情境下看起来相当自然的文本。Agüera y Arcas（2022）从理论层面探讨了 LLMs 对语言、理解、智能、社会性和个体性的影响，认为基于语言的统计规律在这些领域等同于 AI 理解了人类语言，这与传统的自然语言处理（NLP）出现了本质区别（Arcas，2022）。目前的大语言模型多基于深度学习的架构，如 transformer，能够处理复杂的语言信息。近年来，随着计算能力的提升和数据量的增加，LLMs 如 OpenAI 的 GPT 系列和 Google 的 BERT 系列已经成为自然语言处理（NLP）领域的重要进步，它们在各种任务中展现出了卓越的性能，包括文本生成、语言理解、翻译以及对话系统等。

人与大语言模型的交互即人类用户与这些 LLMs 系统之间的互动。这种互动可以采取多种形式，从简单的文本输入输出到复杂的对话式交互，涉及多种应用场景，包括但不限于写作辅助、代码自动补全、智能对话系统、教育和研究等领域。随着技术的发展，人与大语言模型的交互日益成为人机交互（HCI）研究的一个重要领域。人与 LLMs 交互的相关研究涉及如何设计、评估和优化人机交互系统，使其能够有效地利用 LLMs 的能力来改善人类的工作和生活。Lee 等人（2022）提出的 Human-AI Language-based Interaction Evaluation（HALIE）框架，即一个评估人与 LLMs 交互的新方法，它强调了交互过程、用户主观体验的重要性（Lee et al.，2022）。2023 年 3 月，以 ChatGPT 为代表的大语言模型及相关应用掀起了新一轮的人工智能热潮。ChatGPT 引爆网络的原因之一就是采用了自然语言交互的方式，降低了用户的使用门槛。如何评估 LLMs 生成语言的自然性，也成为研究者关注的焦点。在主观评价上，人们已经难以区分生成式自然语言与人类语言，但是，脑成像研究发现，背内侧前额叶和右侧颞顶联合区的激活水平依然可以显著区分语料的来源（Wei et al.，2023）。这些研究揭示了神经影像学信息在语言感知和理解中的重要作用，也为评估自然语言生成的语言质量提供了新的思路。

大语言模型（LLMs）最近已应用于软件工程中，以执行诸如在编程语言之间翻译代码、从自然语言生成代码以及在编写代码时自动完成代码等任务。Ross 等人（2023）通过开发"程序员助手"（the programmer's assistant）系统，展示了 LLMs 在软件开发领域的应用，采用对话的方式让使用者与 LLMs 进行交互。结果发现，相比于传统的模型调用式的代码开发过程，这种对话式的交互方式，可以提高软件开发的效率和创造力（Ross et al.，2023）。

综上所述，大语言模型不仅是 NLP 领域的一大突破，也为人机交互带来了新的可能性和挑战。人与 LLMs 的交互研究不仅揭示了这些模型的潜力，也指出了评估、理解和改进这些交互过程的必要性。在人与 LLMs 交互的时代，如何设计更自然、更有效的交互界面，还涉及心理学和社会学层面的问题，如，如何确保这些交互能够增强而非取代人类的能力，如何处理由 LLMs 生成的内容可能带来的偏见和错误信息的问题。随着 LLMs 的不断进步和应用范围的扩大，这些问题将变得越来越重要，需要多学科的研究者共同努力，以确保人与 LLMs 的交互能够促进人类社会的健康发展。

三、自然语言交互的应用

在自然语言交互技术中，语音合成技术是发展最早、目前最为成熟的一项子技术，被广泛应用于众多行业领域，如服务行业的信息咨询、教育行业的有声读书、传媒行业的新闻播报以及虚拟主播、电子设备语音助手等（饶竹一 等，2018）。喻国明等人（2020）曾在研究中指出，近几年以声音为主要媒介的智能语音产品发展极为迅速，而声音也逐渐成为现代人生活的主要传播媒介。

智能语音客服融合了 NLP 技术，是人与自然语言交互中的典型和最为常见的应用场景，涉及自然语言理解和自然语言生成的核心技术。以智能语音客服为例，相比传统的人工客服，智能语音客服有其独特的优势，如语言不受限制，可以适应多语种、多方言；不受工作日和工作时间的限制，可以完全做到7×24 小时服务客户；可以快速解决以往重复性高、高人力成本消耗却低运营收益的问题；可以完全不受客户情绪影响，长时间保持高能量高效的服务状态；等等（王明宇，2022）。因此，其发展趋势非常迅猛。据 2021 年中国智能客服行业图谱显示，智能客服已大面积渗透至金融、电商零售、旅游出行、政务、教育、运营商、文娱传媒、生活服务及医疗等众多行业，其中，对金融业（银行、保险、证券、互联网金融等）的渗透率高达 100%，电商零售业（电商、餐饮、商超等）为 84%，旅游出行业（旅游、酒店、交通出行等）为 79%，政务业（政府、事业单位等）为 68%（2021 年中国智能客服行业图谱）。而在疫情期间，智能客服也承包了大部分的疫情管理电话外呼工作，如体温信息询问、健康状况核实、核酸检测提醒等，极大地减轻了防疫管理工作者的任务负荷。虽然智能客服的利用率越来越高，但大众的评价却是褒贬不一的，智能客服不"智能"、答非所问、话术死板、不会变通、"兜圈子"、"冷冰冰"、没有"人情味"也都是大众对智能客服的感受标签（蒋有为 等，2021；Zhao et al.，2022）。如吕兴洋等（2021）的研究表明，顾客在无人工服务的模式下感知的服务温暖水平显著低于在人工服务模式下，即所谓的服务"失温"现象，而服务温度下降的同时拉低了客户对品牌的信任程度。什么特征的智能语音客服可能会在感知方面给客户带来更积极的影响呢？于铭颖（2022）的研究发现，智能语音客服声音特征中的年龄属性会影响用户的信任。相比于儿童的声音，用户更倾向于信任具有成人声音的语音客服。

自然语言交互技术在实际应用中有多种形式，主要涉及文本摘要、自动问答、机器翻译、情感分析、智能客服、智能写作等领域。其中,文本摘要是将长文本压缩成简洁的摘要,自动问答是针对用户提出的问题生成相应的回答,机器翻译是将一种语言翻译成另一种语言,情感分析是基于自然语言交互对用户的情绪状态进行实时分析。除智能客服外,智能语音助手还可以为用户提供语音交互服务,帮助用户完成日常任务,例如打电话、发送短信、查询天气、播放音乐等。智能语音助手已经广泛应用于智能家居、智能汽车等领域。智能家居可以通过语音交互控制智能设备,例如灯光、电视、音响等。用户可以通过语音指令打开或关闭设备,调节设备的亮度、音量等。智能家居可以使用户更加方便地控制家庭设备,并提高家居安全性。智能医疗可以通过自然语言交互技术帮助医生诊断疾病、制定治疗方案等。同时,智能医疗还可以帮助患者获取健康资讯、做出自我诊断等。智能医疗可以提高医疗效率和准确度,为患者提供更贴心的医疗服务。智能金融可以通过自然语言交互技术为用户提供个性化的金融服务,例如投资咨询、财务规划、信贷申请等。智能金融还可以提升用户的金融体验。这些应用结合人工智能技术,不仅实现了对于人类语言内容的理解,还能够理解人类语言中的情感表达,以便使计算机更敏锐地适应用户的需求和偏好。

第二节 手势、体感与动作等姿势交互

一、姿势交互的定义

在人与人的交互场景中,手势、体感与动作等姿势的交互传递着重要的情感信号和行为动机,影响着人际交互的同步性,也影响着口语表达的效果。研究者们试图将特定任务下的姿势线索与意图理解和行为预测相关联。比如,早

期的实验室研究中,采用了公开演讲任务范式,并在公开演讲中采集被试的头部姿势、注视和面部表情等非语言行为线索,结果发现,这些线索可用于预测被试公开演讲的表现(Ramanarayanan et al.,2015)。身体动作、姿态、面部表情等非语言线索,也常被用于评估个体的紧张程度(Aigrain et al.,2016)。这种察言观色、在举手投足之间识别对方意图的能力是否为人类所特有?如果AI能够识别人类的非语言信息,沟通效率有望大大提高。因此,姿势交互,逐渐成为人机交互中的重要研究方向之一。

1. 姿势交互的定义与分类

姿势交互(gesture interaction)是指通过人体的手势、动作(包括眼动)或姿势与计算机或其他电子设备进行交互的一种技术。它利用人体运动的特征,通过识别、解释和响应用户的手势、动作或姿势实现与计算机系统的交互操作。通过使用摄像头、传感器、深度感应器等设备,捕捉和识别人体的手势、动作(包括眼动)、身体姿态,通过计算机视觉、深度学习、机器学习等技术解析用户的动作意图,然后将其转化为计算机能够理解的指令或操作。这种交互方式可以通过直接的手势控制替代传统的键盘、鼠标或触摸屏等输入设备,使用户可以更加直观、自然地与计算机进行交互。

姿势交互中的手势、体感、动作(包括眼动)等姿势,是指为了传达信息或某种意图、目的,人的身体部位,比如手、手臂、面部或其他身体部位所产生的一种物理运动(Cerney et al.,2005)。除了面部,姿势交互中常用的身体部位还包括了手指、手臂、上身等(见图3-3)。

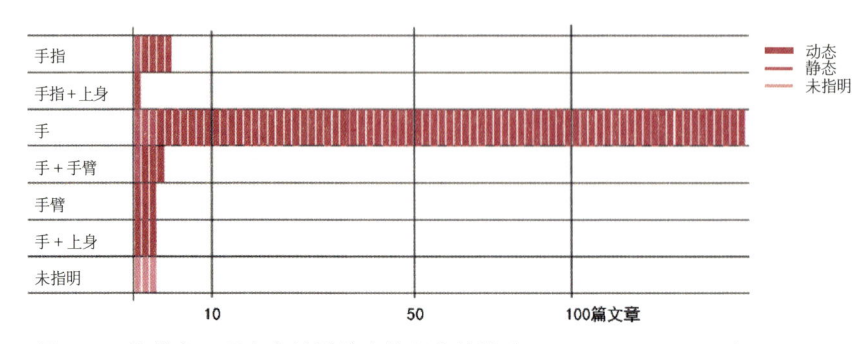

图 3-3 姿势交互研究中涉及的身体部位统计（Vuletic et al.，2019）

姿势交互研究中，最主要的四个研究方向是手势交互、体感交互、动作交互与眼动交互。其中，手势交互通常利用计算机视觉技术和传感器技术实现。计算机视觉技术使用摄像头或深度相机捕捉用户手势的图像或深度信息，然后通过图像处理和模式识别算法识别和解释手势，再将其映射到相应的指令或操作。目前，手势的多样性和复杂性使得手势识别算法需要具备高度的鲁棒性和准确性。其次，手势交互对环境光线、背景干扰等因素较为敏感，这可能会影响手势的检测和识别。此外，手势交互还需要解决手势与其他交互方式的冲突问题，以及用户对手势交互的学习和适应问题。

体感交互利用传感器技术感知用户的身体动作和姿态。例如，可穿戴设备通过加速度计、陀螺仪、磁力计等传感器捕捉用户的运动、方向和姿态信息，然后通过算法进行分析和解释，实现与用户的交互。体感交互在实现过程中也存在问题：首先，传感器的准确性和灵敏度对于体感交互的效果至关重要，因此需要选择合适的传感器并进行精确的校准。其次，体感交互的算法需要能够准确地解析和识别用户的动作和姿态，这需要涉及机器学习、模式识别等技术的应用。此外，体感交互的延迟问题也需要得到解决，以提供更实时的交互体验。

动作交互通过识别和解释用户的动作来实现交互和控制。它可以利用各种传感器技术，如摄像头、加速度计、压力传感器等感知用户的动作，并通过相应的算法将其转化为计算机可理解的指令或操作。目前同手势交互一样，动作的多样性和复杂性也使得动作识别算法需要具备高度的准确性和鲁棒性。其次，动作交互需要解决动作与其他交互方式的冲突问题，以确保正确的交互指令被识别和执行。此外，动作交互的实时性和交互反馈也是需要关注的问题，以提供更加流畅和自然的交互体验。

眼动交互，也称为眼动追踪交互，是一种基于用户视线和眼动行为进行的人机交互方式。它利用眼动追踪技术（eye tracking）捕捉和分析用户眼球的运动和视线的焦点，将视线停留和移动转化为输入信号，从而理解用户的注意力分布、兴趣点以及交互意图，以控制计算机应用程序或进行信息输入，实现与计算机系统或其他电子设备的无触摸交互（Olsen et al., 2011）。同样，眼动交互也面临着精确性、可靠性、校准复杂性等问题，长时间使用眼动交互还容易导致用户的疲劳，造成眼部压力。尽管眼动追踪技术已经取得了显著进步，但高质量的眼动追踪设备依然昂贵，这也限制了它在某些领域的广泛应用。

2. 姿势交互的过程

姿势交互的过程通常包含以下几个步骤：

（1）传感器数据采集：使用传感器（例如摄像头、深度传感器等）采集用户姿势的数据。

（2）数据预处理：对采集到的数据进行去噪、滤波等预处理操作，以减少数据中的干扰和噪声。

（3）特征提取：从预处理后的数据中提取出有用的特征，例如手部的位置、方向、速度、加速度等特征的提取。

（4）姿势识别：使用机器学习或深度学习算法对提取出的特征进行分类和

识别，确定用户当前的姿势。

（5）姿势分析：一旦姿势被成功识别，接下来是对姿势的解释和理解，即姿势分析。这意味着将姿势进行相应的动作分析和处理，映射到相应的指令或操作，以实现与计算机或其他设备的交互。例如，特定的手势可以被解释为点击、滑动、旋转等操作，或触发特定的功能或应用程序。

（6）交互反馈：将分析处理后的结果反馈给用户，例如在屏幕上显示对应的指令或图像，实现与用户的交互，让用户知道他们的姿势是否被正确识别和理解。可以通过视觉反馈，如屏幕上的指示器或图标，或者通过声音、振动等触觉反馈以实现。交互反馈有助于用户与系统保持有效的沟通和交互。

这些步骤可能会根据具体的应用场景和技术实现方式不同而有所不同。例如，在使用传感手套的情况下，采集到的数据可能已经进行了预处理和特征提取，而在使用深度相机的情况下，姿势识别和分析可能需要借助深度图像处理算法。

二、姿势交互的应用

随着技术的不断进步，姿势交互技术已经被广泛应用于智能家居、虚拟现实、游戏等领域，为用户提供了更加自然、直观、便捷的交互方式。姿势交互技术有许多潜在的应用领域。姿势交互被广泛应用于虚拟现实（VR）和增强现实（AR）系统中，使用户能够通过手势和动作与虚拟对象进行互动。用户可以通过手势选择、操作和移动虚拟对象，增强虚拟现实体验。在虚拟现实和增强现实中使用姿势交互技术增加了沉浸感，并且界面使用的减少也让用户得以投入更少的注意资源（Deller et al., 2006）。姿势交互技术被用于游戏和娱乐领域，通过手势和动作控制游戏角色或进行体感游戏。玩家可以使用手势来打击、跳跃、转动等，使游戏更加身临其境并增加互动性。在智能家居领域，用户可以通过手势交互控制家庭设备的开关、灯光的亮度、窗帘的开闭等。在医疗保健领域，姿势交互技术可以用于康复训练、手术操作、实现远程医疗等方面，还可以为医疗工作者和患者提供更直观、精确和便捷的交互方式。在交通和汽车领域，姿势交互技术使驾驶员能够通过手势进行车辆控制和交互。例如，通过手势操作控制导航系统、调节音量、接听电话等，提高驾驶员的安全性和便利性。在教育和培训领域，姿势交互技术可以提供互动性更强和沉浸式的学习体验。学生可以通过手势与教学内容进行互动、操作模拟实验、进行虚拟演示等，促进学习的参与度和理解力。

以体感交互技术在教育和培训领域的应用为例。在教学应用中，体感技术可以承担多种不同的角色和用途（李青 等，2015）。比如，Kinect 作为一种高度灵活、便携且易于使用的动作捕捉设备，可以在教学中提供一种新颖的教具，使学生只需要移动身体即可以实现与交互内容的交互；也可作为教学内容，开发与课程相关的体感游戏和应用程序；还可以作为一种教学环境，用于构建具备增强现实功能的教室，拓展了传统的实体教室教学。

Apple 公司 2023 年推出的 Vision Pro 是姿势交互领域的最新产品。该产品将眼动追踪、空间计算和增强现实相结合，创造了新型的沉浸式体验。Vision Pro 的互动核心是其高性能眼动追踪系统，并引入了世界上第一个空间操作系统（vision OS），允许用户使用眼睛、手和声音与数字内容以及周围环境进行三维交互。该设备还拥有先进的空间音频系统，创造了环境声音的感觉，增强了沉浸体验。该音频系统使用双驱动音频吊舱，根据用户的头部和耳朵几何形状提供个性化的空间音频。这种集成式的姿势交互，将数字和物理世界以直观和无缝的方式融合，为开发者和用户提供了无限的可能性。

目前，姿势交互技术的应用中，有关不同操作究竟如何影响人与 AI 的交互效率以及体验的相关研究仍处于起步阶段（Li et al.，2023）。姿势交互一方面受到用户学习能力的影响，不同年龄、性别、文化背景的使用者对于姿势交互可能有着不同的偏好。过于复杂、多样的姿势，提高了交互过程中的学习难度，降低了用户体验。另一方面，智能系统的"智能性"，即系统能力也限制着对用户姿势的识别和理解。随着计算机视觉、机器学习和传感器技术的不断进步，姿势交互技术将会越来越成熟，为人机交互领域带来更加丰富、多样化的交互方式。

第三节　结合触觉、嗅觉、味觉等多模态多通道信息的交互方式

一、多模态多通道交互的定义

人类的感觉器官是接收外界信息的第一步，包括视觉、听觉、嗅觉、味觉、触觉等多种感觉通道。对于自然人机交互，人们一直希望能够模拟人类交互过程中多模态多通道的信息交互方式。因此，多模态多通道交互，是指计算机系统采用两种或更多种协调组合的交互方式（比如视频、语音、姿势、气味、触摸等）进行信息的输入和输出。多通道交互因其自然性，可以让用户更加方便、有效地向系统传达信息，降低交互过程中由于不同的输入/输出通道导致的认知负荷和理解偏差。多通道的联合输入，可以显著提高信息的识别准确率和稳健性。

除了传统的视听交互技术，多模态多通道交互技术的突破取决于对触觉交互、嗅觉交互、味觉交互，以及多通道融合的研究。触觉反馈，是指通过使用触觉反馈设备，如触觉手套、触觉屏幕等，将触觉信息引入交互过程中。例如，在虚拟现实（VR）或增强现实（AR）应用中，触觉反馈可以通过触觉手套模拟物体的触感，使用户感受到物体的质地、形状或力度。嗅觉交互是利用嗅觉传感器或嗅觉装置，将嗅觉信息引入交互中。例如，在虚拟现实

或娱乐应用中，通过释放特定的气味，使用户能够体验到与场景相匹配的气味，增强其沉浸感和现实感。味觉交互，是指利用味觉传感器或味觉装置，将味觉信息引入交互中。由于嗅觉和味觉本身的主观性以及模拟上的复杂性，直至 21 世纪，相关交互方式才逐渐成熟。比如，采用可穿戴形式的气味发生器，创造个性化和局部的气味环境，可以让用户感受到视频场景中由远至近地闻到一朵花的香味（Liu et al.，2023），进而实现利用嗅觉交互模拟物体的运动和距离变化。尽管味觉交互的研究和应用还相对较少，但已有一些尝试。例如，IBM 的电子舌头 Hypertaste 通过组合监测可以识别多种不同类型的液体。2020 年，在国际人机交互大会（CHI）上，明治大学教授宫下芳明（Homei Miyashita）展示了味觉模拟的交互装置——"寿司卷合成器（Norimaki Synthesizer）"。该装置通过放在顶端的 5 种电解质凝胶，可以分别制造酸、甜、苦、咸、鲜五种基本味道。这些味道的释放浓度可以通过电流来调节。当用户用舌头去舔这些装置顶端的电解质凝胶时，就会形成完整的电流回路，从而接收到相应的味觉信息（Miyashita，2020）。单一通道交互技术的成熟为多通道融合提供了技术基础。

多通道融合交互，是指将多个感官通道的信息进行融合以增强交互体验。例如，在虚拟现实应用中，通过同时结合视觉、听觉、触觉等多个感官通道的信息，使用户能够更加身临其境地感受到虚拟场景中的各种感觉。多通道融合交互中，目前面临的主要问题包括两个：交互输入的协调工作，即不同的交互通道之间，信息的融合和无缝转换；合理的系统构架，即协调输入、输出等模块的协同工作（张凤军 等，2016）。

二、多模态多通道交互的应用

多模态多通道交互的应用领域非常广泛，包括但不限于移动计算、虚拟环境、公共与私人空间等。在虚拟现实和增强现实应用中，结合多模态信息可以提供更加沉浸和逼真的体验。例如，在游戏和娱乐领域，通过触觉反馈设备使玩家感受到游戏中的触觉体验，如触摸、震动等；通过释放特定气味模拟游戏场景中的嗅觉体验，或使用特殊装置提供味觉感受，从而增加游戏的趣味和真实感。在模拟训练和虚拟培训领域，结合多模态信息可以提供更真实的体验和反馈。例如，在驾驶模拟器训练中，通过触觉反馈设备模拟驾驶员在操作方向盘、踏板等的触感；通过释放特定气味模拟驾驶环境中的气味，以增强训练的逼真度。相比于仅仅存在视觉告警，包含听觉、触觉的多模态告警更容易使驾驶员理解且更符合人们的认知状态，提供了冗余的警告信息，并且显著减少了驾驶员的反应时间（孙晓东 等，2023）。在医疗和康复领域，结合多模态信息交互可以提供更好的治疗和康复体验。例如，通过触觉反馈设备模拟运动、按摩等，帮助患者进行康复训练；通过释放特定气味提供镇静或治疗效果；通过特殊装置提供味觉感受，帮助恢复食欲等。

需要注意的是，尽管结合多模态多通道信息的交互方式在上述领域有一些应用，但这些应用均还处于研究和实验阶段，尚未得到广泛的商业化应用。尽管结合多模态多通道信息的交互方式具有很大的潜力，但目前在实际应用中仍面临一些挑战。其中包括技术的成熟度、设备的可用性和成本、标准化等方面的问题。然而，随着科技的不断发展和创新，这些挑战有望逐渐得到解决，多模态多通道交互将为人们提供更加身临其境的交互体验。

第四节　脑机接口

人类大脑是一个惊人的全能适应性系统，它不仅可以操纵我们的身体，甚至能学习控制完全不同于我们身体构造的装置。脑机接口（brain computer interface，BCI），正是力图综合神经科学、信号处理、机器学习和信息技术等领域的最新进展，旨在探究这一理念全新的跨学科领域。脑机交互是人机交互的终极手段，可以帮助残疾人修复视觉、听觉等感知功能和运动功能，让正常人的工作生活更加健康高效。脑控装置的想法一直以来都是科幻小说和好莱坞电影的主题。如今，这些想法正在快速变成现实。在过去的十年中，老鼠通过训练能控制设备将食物塞入口中，猴子能操控机械手臂，人脑能直接操控光标和机器人，这一切都是通过大脑活动来实现的。本节将对 BCI 领域做一个系统介绍。

一、脑机接口的定义

脑机接口的起源可追溯到 20 世纪 60 年代 Delgado 和 Fetz 所做的研究。Delgado 开发了一种可植入的芯片（他将其称为"刺激接收器"），这种芯片可以利用无线电刺激大脑，并通过遥测技术发送大脑活动的电信号，从而控制受控体自由移动。Delgado 曾利用"刺激接收器"做过一个著名的实验，通过按下一个遥控按钮将电刺激信号传递到公牛脑部的基底节区尾状核，成功阻止了一头奔跑中的公牛（Delgado，1970）。大概同一时间，Fetz 的研究也展示了猴子可以通过控制单个脑细胞的活动操控仪表指针以获取食物奖励（Fetz，1969）。随后，Vidal（1973）研究了利用头皮记录的人脑信号实现一个基于"视觉诱发电位"的简单非侵入式 BCI。近年来，人们对 BCI 关注度的飙升主要归因于以下几个因素：速度更快、价格更低廉的计算机的出现；大脑如何处理感知信息和如何产生运动输出的研究进展；脑信号记录装置的更高可用性；以及更加强大的信号处理和机器学习算法。

构建 BCI 的主要动机在于它具有恢复失去的感官和运动功能的潜力。人工感官设备的实例包括聋人使用的人工耳蜗和盲人使用的视网膜植入设备。为了治疗会使人逐渐衰弱的疾病，比如帕金森病，研究者已经研制了进行脑深度电刺激（DBS）的植入设备。另一方面，研究者也探索如何利用大脑产生的信号控制假肢设备，例如为截肢者和脊髓损伤病人安装的假肢，患有肌萎缩性脊髓侧索硬化症（ALS）或中风等闭锁综合征患者使用的鼠标和单词拼写设备，瘫痪病人使用的轮椅，等等。最近，研究者开始研发适用于正常人的BCI，涉及的应用领域有游戏娱乐、机器人、生物识别和教育等。

脑机接口是指通过在人脑神经与外部设备（比如计算机、机器人等）间建立直接连接通路，实现神经系统和外部设备间信息交互与功能整合的技术。简单来说，就是实现用意念控制机器。脑机接口是探索大脑与计算机的通信接口，这种控制系统直接以"人脑"为中心，以脑电信号为基础，通过脑机接口实现控制。这种基于脑机接口的人机融合控制系统，被称为脑控系统。

近年来，脑机接口领域迎来了快速发展，脑机接口系统的应用领域也越发广泛。目前，世界上脑机接口的研究主要包括非侵入式的头皮脑电（EEG），脑磁图（MEG），功能磁共振（fMRI），功能性近红外光谱（fNIRS）以及侵入式的皮层脑电（ECoG）等方向。其中，头皮脑电因为操作便捷、成本低、适用人群广，所以在脑机接口的应用中最广泛。

二、脑机接口的实现

脑机接口技术是一种新型的人机交互通讯系统，能够实现大脑与计算机（或是其他设备）间最直接的信息交互。作为通讯系统的一种，脑机接口系统同传统的通信系统相比，有着诸多的相似点。图3-4展示了一个完整的脑机接口系统的基本组成框架，该系统主要包含以下三个子系统（脑信息采集系统、脑信息分析系统以及外部控制系统）和五个典型的工作流程：①大脑信号采集（brain signal acquisition）：这是BCI系统的第一步，涉及使用电极或其他传感器从大脑中获取电信号等。这些信号可能是自发的，也可能是对特定刺激或行为的响应。②特征提取（feature extraction）：从采集到的原始脑电信号中提取有用的信息。这可能涉及过滤噪声、增强信号特征、识别特定的波形模式等。③信息分析（information analysis）：分析特征提取阶段获得的数据，以便系统可以识别用户的意图。这通常涉及机器学习算法，可以根据用户的大脑活动模式作出推断。④信号的控制（signal control）：转化分析阶段的结果为输出指令，以控制外部设备或计算机系统。在这一阶段，系统会生成可以驱动机械臂、轮椅或计算机光标等的控制信号。⑤反馈（feedback）：向用户提供有关系统操作和状态的即时信息。反馈可以是视觉的、听觉的、触觉的或者任何其他感官形式的，帮助用户调整他们的脑电活动以更便捷地控制 BCI 系统。

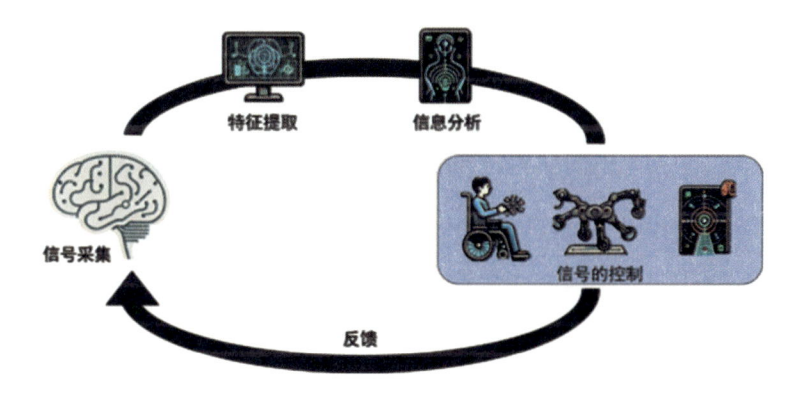

图 3-4　脑机接口系统的组成

1. 脑信息采集系统

大脑信号的采集，是进行后续分析识别乃至控制的基础。常用的大脑信息采集技术主要分为侵入式和非侵入式两大类。侵入式的采集系统，如皮层脑电图，需要由医生进行专业的外科手术将传感器如电极放置到人的大脑皮层表面。整个穿戴的过程相对复杂，且对于大多数人来说难以接受。而非侵入式的采集系统，则克服了穿戴复杂的难题，而且被试的接受度也更高。

目前主流的非侵入式的采集系统，主要从人脑的神经电生理和人脑神经细胞的新陈代谢这两个方面入手获取大脑活动。最常用的基于神经电生理的采集技术有脑电技术（eetroencephalogyphy，EEG）和脑磁技术（magnetoencephalography，MEG）等，这些技术反映脑皮层的活动状况，是通过直接的采集脑神经元之间信息传递的电信号的方式。功能磁共振成像技术（functional magnetic resonance imaging，fMRI）和近红外光谱成像技术（functional near-infrared spectoscopy，fNIRS）是利用细胞新陈代谢所导致的变化以获取大脑信号的两种最普遍的技术，它们以间接的方式获取神经元细胞周围血氧含量，进而反映脑皮层的活动。

2. 脑信息分析系统

大脑信号分析结果的好坏，决定着脑机接口性能的优劣程度。脑信息分析系统，是整个脑机接口系统的灵魂。脑信号的分析，可以进一步分为脑信号预处理、特征提取以及状态识别三大部分。在脑信号中，存在着很多的噪声干扰，对于 EEG 有肌电、眼电等信号的干扰，对于近红外光谱（NIRS）有心跳、呼吸等信号的干扰，除此之外，脑信号中还存在着运动伪迹，基线漂移等现象。这些干扰都会导致最终结果的异常，需要加以剔除。最为传统的信号预处理方法是采用数字滤波器进行滤波，如无限脉冲响应滤波器（infinite impulse response，IIR）。IIR 滤波方法一般都是基于切比雪夫或是巴特沃斯方法，进行带通滤波，提取出目标频段信号的相关信息。有些研究中则采用盲源分析的方法，如独立成分分析（independent component analysis，ICA）去除脑信号中的噪音成分。此外，基线矫正、样条插值以及广义线性模型方法都被用于脑信号的预处理。经过预处理，得到干净的脑信号后，紧接着需要进行脑信号的特征提取。脑信号的特征决定了分析结果的上限。优异的特征决定了良好的分析结果，如果特征不尽如人意，则最终的分析结果同样也达不到要求。虽然经过预处理后的脑信号的信噪比得到了改善，但是仍然需要提取出对分类有用的特征，下面主要介绍了基于稳态视觉诱发位、基于 P300 和基于事件相关去同步（event-related desynchronization，ERD）/事件相关同步（event-related synchronization，ERS）的 BCI 中常用特征提取方法。

基于稳态视觉诱发电位的 BCI：稳态视觉诱发电位是适用于 BCI 的神经生理信号之一。稳态视觉诱发电位的振幅和相位对刺激的参数非常敏感，如刺激模块的闪烁频率和对比度。视线转移可以改善基于稳态视觉诱发电位的 BCI 系统性能，但对于某些用户来说是不需要的。视线转移的重复性在很大程度上取决于显示和任务。例如，如果有多个目标，或者如果它们位于视网膜的中央凹处之外，视线转移可能是必要的（Allison et al.，2008；Kellyet al.，2005）。用于基于稳态视觉诱发电位的 BCI 中一种可能的特征提取方法如下：首先，从放置于视觉皮层上的电极记录两个通道 EEG。接着，采用带通滤波器对 EEG 信号进行滤波，以消除噪声。随后利用汉明（Hamming）窗分割 EEG 信号，以估计对应于感兴趣按钮的闪烁率的主频率。采用快速傅里叶交换估计每段 EEG 的功率谱。最后，从功率谱构建特征向量进行分类。

基于 P300 的 BCI：P300 是指在刺激出现后 300msEEG 振幅发生的正位移。P300 是基于选择性注意的。这种心理策略通常不需要太多的训练（Donchin，1981；Farwell et al.，1988）。由于 P300 振幅与 EEG 相比只有几微伏，在几十微伏的量级上，必须平均多次试验来从别的活动中识别出 P300。因此，在基于 P300 的 BCI 系统中面临的主要挑战是用最少数量试验的平均背景 EEG 中分类出 P300 响应。一种可能的特征提取方法描述如下：首先，采用 0.1~20Hz 范围的带通滤波器对 EEG 信号进行滤波，然后从刺激开始提取滤波后的脑电信号段，特征向量由所有下电极的脑电信号段通过级联构成。较小的特征向量可以采用低通滤波器和下采样提取。

基于 ERD/ERS 的 BCI：在基于 ERD/ERS 的 BCI 中，经滤波的脑信号的功率或幅值用来反映 ERD/ERS 的特征。从感觉运动区记录的 α 活动也被称为 μ 活动。特定频段振荡活动的减少被称为事件相关去同步（ERD）；相应地，特定频段振荡活动的增加被称为事件相关同步（ERS）。ERD/ERS 模式可以通过运动想象有意地产生，运动想象是运动力的想象但没有实际的运动。在 EEG 信号中，对于运动想象最重要的频带是 μ 频带和 α 频带。基于 ERD/ERS 的 BCI 系统的两种特征提取方法，包括频带功率特征提取和自回归模型系数。描述信号功率的特征往往与共同空间模式结合使用。这是因为共同空间模式最大化了两个条件之间的功率（方差）比，从而使功率特征非常适合。

3. 外部控制系统

外部控制系统，是整个脑机接口系统的归宿。经过脑信息分析系统，将原始采集的大脑信号转化成驱动外部设备的控制信号，当外部设备接收到信号后，会做出相应的模态动作，进而代替或者辅助人体实现相应的动作。一些常见的脑机接口的可应用的外部设备有脑控轮椅、神经假肢、外骨骼等。

三、脑机接口的类型

脑机接口主要分为侵入式、部分侵入式和非侵入式三种类型。侵入式需要往大脑里植入神经芯片、传感器等外来设备；部分侵入式一般植入到颅腔内、灰质外；非侵入式有脑电图（EEG）、功能性磁共振成像（fMRI）等类型，通常是通过脑电帽接触头皮的方式，间接获取大脑皮层神经信号。

侵入式相对容易实现，但面临植入流程复杂、需要专业医疗和外科知识来正确安装和操作、植入物可能引起人体排异反应以及造成感染等问题。例如，

Neural Link 在 23 个猴子脑中植入芯片，但是有 16 个猴子因为感染等原因死亡或者被安乐死。

而非侵入式使用的是外部传感器，价格相对低廉且更方便人们佩戴，但因为不是直接接触，它接收到的信号会有更多的噪音，导致它记录到的信号分辨率和控制精度很难达到侵入式那么高。

由于非侵入式的易用性，至 2013 年非侵入式脑机接口已经占了整个脑机接口市场收入的 85%，并在未来表现出稳定的增长状态。尽管非侵入式更受欢迎，但在预期患者群体中处于最高优先级的手臂或手部控制的恢复、增强或辅助技术方面，基于脑电图的脑机接口却并不是非常有效，因为在实际临床应用中，机械臂的协调导航和精准定位对于患者体验而言至关重要。为了满足这一需求，卡内基梅隆大学与明尼苏达大学的研究团队提出了一种统一的非侵入式框架，基于 EEG 实现对物理机械臂连续流畅的二维控制与追踪。

1. 侵入式技术

侵入式技术能从大脑的单个神经元记录信号，需要借助一定形式的外科手术来实现，其过程为移除一部分颅骨，在大脑中植入电极或植入物，再将移除的颅骨部分放回原处。侵入式技术信号的质量是最高的，但是该过程存在一些问题，例如存在形成疤痕组织的风险。身体对异物起反应，并在电极周围形成疤痕，这会导致信号变差。因为神经外科手术是一个危险且费用昂贵的过程，所以对人类而言，侵入式技术仅在临床中应用，比如在脑外科手术中或在手术前监控病人的异常大脑活动（如癫痫）。侵入性 BCI 的目标人群主要是盲人和瘫痪患者。在动物研究中（例如猴子和老鼠），因为大脑没有内部疼痛感受器，所以技术本身并不会带来痛苦，但是手术和恢复过程中会产生疼痛以及感染等风险。技术可以在麻醉或者清醒的动物身上实施，然而在清醒的状态下进行技术时，动物的活动往往是受限的，以使由动物动作引起的伪迹最小化。侵入式技术的一个主要优点是该方法可以记录毫秒级的动作电位（公认的神经元输出信号）。

2. 半侵入式技术

皮层脑电图（electrocorticography，ECoG）是一种将电极放置在大脑表面记录大脑信号的技术。电极可置于硬脑膜外（硬膜外）或硬脑膜下（硬膜下）。条状或网格状电极覆盖了皮质的大面积区域（从4到256个电极），从而可以进行各种各样的认知研究。这种技术需要在颅骨上开一个手术切口将电极植入在大脑表面，因此被称为半侵入式。1950年代，它在蒙特利尔神经病学研究所首次使用。ECoG通常仅应用于临床，如癫痫病患者癫痫发作的住院监测。因为信号不必传播到头皮，ECoG优于EEG的好处是空间分辨率更高，信号保真度高，抗噪音，长期记录中具有较低的临床风险和较好的信号强度及稳健性。ECoG中的空间分辨率为十分之一毫米单位，而EEG中的空间分辨率为厘米单位。具有较高空间分辨率的图片更精确，因为其包含的像素更多，显示更多细节。更高的空间分辨率使我们能够更精确地了解信号的来源。相比于EEG信号通过颅骨传播时，由于骨骼的低导电性，信号会被衰减，ECoG信号不受噪声和伪影的影响，例如，EMG（肌电图，由肌肉运动引起）和EOG（眼电图，由眼睛运动引起）。而且，其临床风险低，电极阵列不需要穿透皮层，比侵入式技术更安全。

3. 非侵入式技术

（1）脑电图。

脑电图通过放置在头皮上的电极记录大脑信号。EEG主要采集大脑皮质中的电活动，大脑皮质中神经元呈柱状排列且靠近颅骨，支持EEG记录。通常 EEG 的空间分辨率不好（在 1 平方厘米范围内），但其时间分辨率好（在毫秒范围内）。脑电主要是通过波幅、潜伏期和电位变动或电流的空间分布等指标提供大脑工作过程的信息，在医疗和科研方面有广泛的应用，比如对睡眠、昏迷、麻醉中意识变化的监测，理解不同认知任务时大脑的活动规律，情感计算等。

EEG 空间分辨率低的主要原因是信号源（大脑皮质中的神经活动）与安置在头皮上的电极之间夹着不同的分层组织（脑膜、脑脊液、颅骨、头皮）。这些分层充当了影响原始信号的容积导体和低通滤波器。测量的信号在几十微伏范围内，从而需要使用大功率放大器和信号处理方法以放大信号和滤除噪声。底层大脑信号微弱的幅度也意味着 EEG 信号容易被肌肉活动干扰，被附近的电气设备（例如 60 Hz 电力频率干扰）污染。比如眼动、眨眼、眉毛运动、说话、咀嚼和头部动作都能在 EEG 信号中引起较大的伪迹。因而通常提示受试者避免做任何动作，并采用强有力的伪迹去除算法滤除肌电伪迹所影响的 EEG 信号部分。其他噪声源包括电极阻抗的变化，以及由于无聊、注意力分散、紧张或者挫折（如因 BCI 的错误分类）引起的用户心理状态的改变。

EEG 的空间分辨率取决于所用电极的数量。在研究中，当需要更高的空间分辨率时，通常至少使用 32 个电极，最多为 256 个。通常，EEG 的空间分辨率较低（例如，与 ECoG 和 fMRI 相比），因为信号需要向上穿过不同的分层组织到头骨。但是，可以使用某些类型的过滤器或通过将 EEG 与其他工具（例如 fMRI）组合提高分辨率。电极越多，则花费更多的时间（例如，设置）、带宽（用于数据收集和分析）和金钱（用于材料）。

EEG 记录中，受试者戴上一个安置有记录电极的帽子。在一些情况下，头皮上要记录信号的位置通过预先轻微摩擦以减小由死皮细胞引起的阻抗。在安放电极之前，将导电膏注入帽子上安放电极的孔中。国际10~20系统是规定头皮上电极位置的国际标准化系统。乳突参考电极位置在每只耳朵后面。其他参考电极位置有鼻根（位于鼻子顶部，与眼睛齐平）以及枕外隆凸尖（位于后脑勺中线上，颅骨底部）。在这些点所在正中的横截面上测量颅骨周长。将周长分成10%和20%的间隔，以此来决定电极位置。国际10~20系统确保了各个实验室所使用的电极命名是一致的。实际应用中使用的电极数从几个（有针对性的BCI应用）到256个的高密度阵列不等。

EEG的优点：它是便携式的，可以放入一个小手提箱中（与MEG相比，MEG需要建造专门的房间）。实验室级EEG系统可能很昂贵，但比其他BCI方法便宜。近年来，已经发布了越来越多的商业EEG系统。

（2）脑磁图。

脑磁图利用超导量子干涉仪测量大脑电活动产生的磁场。MEG和EEG信号都是源自其他神经元突触的离子电流，这些电流产生一个正交磁场（由麦克斯韦方程决定的）。为了使MEG可检测到这一磁场，电流源应有相同的方向（否则它们会相互抵消）。因此，可以认为MEG检测到的磁场活动是大脑新皮质中垂直于皮质表面方向的成千上万个椎体神经元同时活动的结果。由于MEG仅仅检测正交磁场，所以它只对流向头皮切线方向的电流敏感。因此，MEG优先测量来自脑沟（皮质表面的沟纹）而不是脑回（皮质表面的凸起）的活动，而EEG对两者都敏感。

与EEG一样，由于MEG直接反映了神经元活动，而不是后面描述的诸如fMRI，fNIRS或PET等技术反映的代谢活动，所以MEG有较高的时间分辨率。MEG优于EEG的一点是神经元活动产生的磁场不会因其间的有机物（如颅骨和头皮）出现EEG测量电场时产生的失真。因此，MEG提供了比EEG更好的空间分辨率，并且与头部的几何结构无关。但是，MEG系统比EEG系统更加昂贵、庞大、不易携带，并且需要电磁屏蔽室屏蔽包括地球磁场在内的外部磁场信号。

（3）功能磁共振成像。

功能性磁共振成像通过检测在执行具体任务时特定脑区中由于神经元活动的增强而产生的血流量变化以间接测量大脑中的神经元活动。神经元变得活跃时需要消耗更多的氧气，这些氧气通过血液送达大脑。神经元活动引起局部毛细血管的扩张，导致高含氧血的流量增加，取代了含氧少的血。这一血流动力学反应相对缓慢，它出现在神经元活动之后的几百毫秒，在第3~6秒达到峰值，20秒之后回落到基线位置。氧气的载体是红细胞中的血红蛋白分子。核磁共振成像利用去氧合血红蛋白比氧合血红蛋白更有磁性这一事实以生成大脑不同横截面的图像，这些图像展示出在执行具体任务时，特定区域的活性增强。鉴于fMRI测量的是血液中的氧水平，所以由fMRI记录的信号被称为血氧水平依赖（blood oxygenation level dependent，BOLD）反应。功能磁共振成像于20世纪90年代开发，这是一种非侵入性且安全的技术，它不使用辐射，易于使用，并且具有出色的空间和良好的时间分辨率。

（4）正电子发射断层扫描成像。

正电子发射断层成像（positon eisson tonogaphy，PET）是一种比较老的技术，它通过检测代谢活动间接测量大脑活动。PET测量带放射性标记和代谢活跃的化合物的放射量，这些化合物是通过注射到血液中再传送到大脑的。标记的化合物叫作放射性示踪剂。放射性化合物因大脑活动引起的代谢活动进入大脑的多个区域，通过PET扫描器中的传感器可检测到这些放射性化合物。得到的信息用于产生显示大脑活动的二维或者三维图像。最常用的放射性示踪剂是带标记的葡萄糖。PET的空间分辨率与fMRI差不多，但其时间分辨率是相当低的（约为几十秒）。其他缺点包括需要将放射性化合物注射到体内，以及放射性的快速衰减，这些缺点都限制了可以开展实验的时间。PET是一种核成像技术，在医学中用于观察不同过程，例如血液流动、新陈代谢等。

（5）功能性近红外成像

功能性近红外（functional near-infrared，fNIR）成像是一种用于测量大脑中由于神经元活动增强引起的血氧水平变化的光学技术。这一类型的成像是基于有氧或无氧时血液中血红蛋白对近红外光吸收率的检测，是一种与fMRI相似的间接测量正在进行的大脑活动的方法。尽管fNIR成像比fMRI更容易受噪声影响，并且空间分辨率更低，但它也更为轻便且成本更低。fNIR成像基于红外光可以穿透颅骨进入到几厘米深的皮质。安置在头皮上的红外发射器发射穿过颅骨的红外光，其中的一部分被吸收，另一部分透过颅骨反射回来，再被红外探测器检测到。而吸收红外光的量是由血液中的含氧量决定的，这就提供了一种测量相关神经元活动的方法。同EEG相似，利用头上均匀分布的"光极"（发射器和接收器）可以构造大脑表面神经元活动的二维图。

在实际应用中，脑机接口可以使用任何类型的脑成像。这些包括功能磁共振成像、PET和近红外光谱（NIRS），它们均依赖于血流的变化，还包括分别测量大脑磁活动和电活动的脑磁图（MEG）和脑电图（EEG）。fMRI和NIRS的空间分辨率较高，但时间分辨率较差；MEG和PET具有较高的时空分辨率；脑电图有较低的空间分辨率和较高的时间分辨率。目前，fMRI和MEG依赖昂贵而笨重的设备；PET需要向血液中注入放射性物质。因此，依赖近红外光谱（NIRS）的方法，特别是依赖脑电图（EEG）的方法是BCI中最为常用的。（见图3-5）

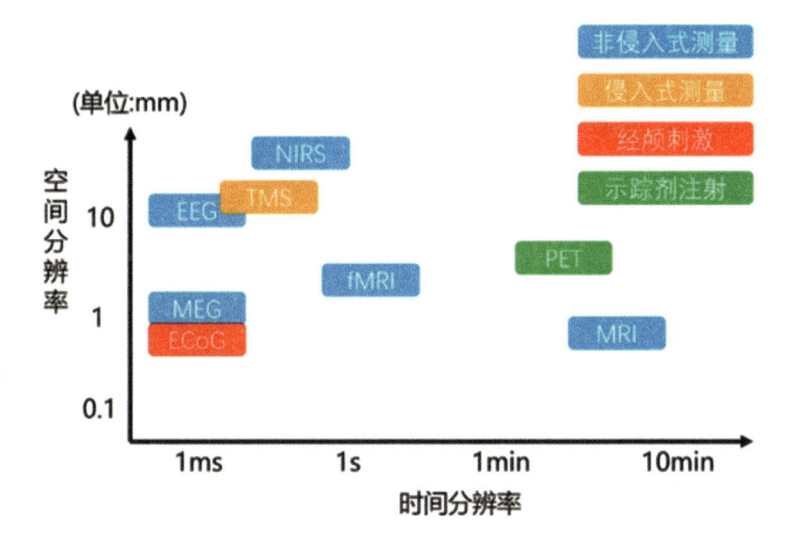

图 3-5　常见大脑信号采集技术在时间和空间分辨率以及测量性质上的特性

四、脑机接口系统的应用

1. 假肢控制和感觉恢复

BCI 领域研究的最初目的是帮助瘫痪者和残疾者。所以迄今为止，BCI 的一些主要应用都是在医学技术方面，尤其是在恢复感觉和运动功能上。基于运动意图的脑机接口为高颈脊髓损伤、四肢瘫痪、四肢控制严重受损的人提供了一种肢体控制的可能性。相对于其他接口方式，这种类型的脑机接口的优势在于，通过将运动意图直接转化为对假肢的控制，可以恢复与肢体运动控制相关的皮层活动和身体活动之间的联系。另一类使用最为广泛的商用 BCI 产品是用于失聪者的人工耳蜗。佩戴人工耳蜗之后，能够很好地恢复患者的听觉，促进语言发展（Chen et al., 2017）。

2. 病人康复治疗和交流

BCI 有可能用于治疗认知神经障碍。例如，一些团队正在研究用于预测癫痫和检测癫痫发作的方法。如果成功的话，这些方法能够结合到 BCI 中，通过监控大脑检测癫痫的发作，一旦检测到癫痫发作的潜在可能时，在它扩散到大脑其他部位之前，通过提供适当的药物和刺激交感神经阻止癫痫的发生。相似地，BCI 能够记录记忆和刺激大脑中相应的记忆中心，这样可能帮助克服如阿尔茨海默病造成的记忆损伤。BCI 另一种潜在的重要应用是对患中风、术后或患其他神经疾病的病人进行康复治疗。BCI 将是一个闭环反馈系统的一部分，这个闭环反馈系统将大脑信号转换成计算机屏幕上的刺激或是康复设备的动作。这种神经反馈系统能够使病人学会产生适当类型的神经活动以加速他们的康复（Birbaumer et al., 2007；Dobkin, 2010；Scherer et al., 2007）。

2021 年 5 月，*Nature* 发表封面文章《通过手写实现高性能意识文本转换》。该研究为 BCI 开辟了一种新方法，并证明了瘫痪患者在神经麻痹多年后仍可实现精准解码、快速、灵巧运动，通过 BCI 实现手写输入（Willett et al., 2021）。研究对象（其手因脊髓损伤而瘫痪）实现了每分钟 90 个字符的打字速度，而此前意念打字速度最多只能达到每分钟 60 个字符（注：常人打字速度为每分钟 115 个字符）。

3. 机器人替身

在很多影视作品中，比如《阿凡达》和《未来战警》，已经有大脑控制的远程监控或直接用人的思想控制远程机器人替身的想法，而机器人和 BCI 技术的发展使得这一想法离现实更近了。相关研究已成功利用基于 EEG 的 BCI 控制人形机器人（Bell et al., 2008；Chung et al., 2011）。在最早的脑控机器人的展示中，利用了基于 P300 的 BCI 命令一个人形机器人到达指定地点并取回指定物体（Bell et al., 2008）。

4. 警觉性监测

BCI 的另一个潜在应用是监测人们在执行关键但可能单调的任务时的警觉

性，比如驾驶和监视。Jung 及其同事（1997）开展的一个早期研究对基于 EEG 信号的警觉性监测系统进行了探索。他们在实验室条件下利用 EEG 监测了 15 名受试者在完成双重听觉和视觉目标监测任务时的警觉性。听觉任务要求受试者将混入连续白噪声背景的目标噪声（目标出现频率平均为 10 次 / 分钟）检测出来。视觉任务要求受试者将混入电视噪声（雪花）背景的一行白色方块（目标出现频率平均为 1 次 / 分钟）检测出来。在实验中，视觉和听觉刺激是同时呈现的（二者不相关），每当受试者发现视觉或听觉目标时，就按下相应的反应按钮。研究发现，错误率的增加与 4~6Hz 频带的 EEG 对数能量的增加呈相关性，在错误率最高的时候，Cz 电极上 14Hz 附近 EEG 能量急剧上升，该特征与"睡眠梭状波"相关。Berlin BCI 团队也探索了 BCI 技术在任务投入程度和警觉性监控中的应用（Blankertz et al.，2008）。他们在实验中模拟了一个安保监控系统，参与实验的受试者需要在单调的任务中持续保持注意力，任务是对 2 000 张模拟的行李 X 光图像进行评估。实验目的在于用 EEG 信号识别和预测受试者的警觉程度并判断错误率。结果表明，犯错次数越多，注意力和警觉性越低。

5. 身体能力扩增

有动力装置的外骨骼提供了一种方法实现人体能力的增强，研究者们已经探索了基于自发运动或者肌电信号（EMG）的外骨骼控制机制，而 BCI 研究者已经着手探索利用大脑信号直接控制外骨骼。比如，欧洲的 Mindwalker 项目使用干电极采集 EEG 信号控制接在受试者腿上的机械外骨骼，该项目有两个目的，一是帮助脊髓损伤的人恢复行走能力，二是帮助长时间在太空执行任务的宇航员进行恢复。目前，一些公司，如 Cyberdyne，Ekso Bionics 和 Raytheon 已经开发出有动力装置的外骨骼增加使用者的力量，让他们轻而易举地举起或拿起 200 磅的重物。

6. 认知增强

研究者们已经开始研究利用神经活动采集和刺激来恢复记忆和放大认知功能。Berger 和他的同事（2011）在实验中证明安置在大鼠中的脑植入装置能够恢复失去的记忆，加强对新知识的记忆。在特种兵相关研究中，美国国防高级研究计划局（The Defense Advance Research Projects Agency，DARPA）资助开发了军事领域的"未来勇士"单兵装备，该装备配备的单兵认知增强系统可用于避免士兵在执行任务过程中发生信息过载的问题（John et al.，2004）。DARPA 启动的"认知技术威胁告警系统"则通过发展单兵便携式视觉威胁探测设备，最大限度地提升战士们对于周围环境的感知能力（Ortega et al.，2018）。

7. 游戏和娱乐

近些年来很多研究者的关注点转向脑控游戏。Brainball 是个早期的 BCI 游戏，使用者们在游戏中通过控制他们 EEG 信号中的 α 频带调节放松程度（Hjelm et al.，2000）。MindGame 是近期的一个基于 P300 的游戏，内容是在三维游戏板上移动一个字符（Finke et al.，2009）。此外，还有游戏应用稳态视觉诱发电位（Lalor et al.，2005）和运动想象（Krepki et al.，2007）实现运动控制，以及基于 EEG 信号实现虚拟导航（Scherer et al.，2008）。比如，通过运动想象控制弹球机的游戏中，弹球拍是由一个基于二分类的运动想象（左手和右手运动想象）BCI 控制（Tangermann et al.，2008）。通过为每位使用者进行个性化的 BCI 参数调整，实现控制精度的提高。研究报告称，这款游戏容易让人沉浸其中并且感到非常刺激。

近年来，一些商业产品尝试从头皮上采集类似 EEG 的信号。这些系统通常使用少量干电极（与传统的"湿"电极相比，它们不需要导电膏使电极与头皮相接触）。例如，Emotiv（EPOC 耳机）和 Neurosky（MindWave 耳机）制造出的 BCI 系统，还有 Mattel 制造的脑控玩具 Mindflex。这些新的系统比在研究和临床中使用的传统湿电极 EEG 系统更加便宜，并且更易穿戴和操作。然而，这些新系统存在一个问题，它们不能保证采集到真正的 EEG 信号。在不受控制的情况下，这些系统可能采集到的是由面部和颈部肌肉活动造成的 EEG 和 EMG 的混合信号、眼动、皮肤阻抗的变化，有时候甚至是电噪声。

第五节　人机交互的应用与未来

一、人与 AI 的交互与传统人机交互的区别

人机交互正在从传统的人和计算机（非智能系统）之间，转换为人与智能系统之间进行信息交流和协作的过程。人工智能系统也从被动交互向主动交互转变，使得人机交互的形式从简单的人机互动逐渐发展为复杂的人机沟通（human-computer communication）（王袁欣 等，2023）。人类与人工智能（AI）的交互方式正在经历深刻的变革，从传统的人机交互方式向更为智能、自然的方向演进，并表现出新的特征。从人类使用者的角度来看，这种转变主要体现在交互界面、学习过程以及输入方式三个方面。

1. 人机交互的界面：从显式到隐式

在传统的人机交互中，用户通常通过显式的方式与计算机进行交互，如键盘、鼠标和触摸屏等。然而，未来的人机交互界面将更加隐式，与用户的交互更为自然、无缝（许为，2022）。这种改变将使得用户对 AI 系统的感知从早先能够意识到向没有意识到系统的存在过渡。用户在使用人工智能时可能不再意识到正在进行交互。例如，AI 可以通过眼动、语音、姿势、体感、脑机接口等

交互形式，主动获取并分析使用者的情绪和认知状态，推断使用者的需求，并完成相应的动作，这种隐式的交互方式使得用户体验更加直观、自然，减轻了用户的认知负担（张丹 等，2018；McFarland et al.，2017）。新一代的交互界面还将更多地依赖于情感智能和情感识别技术，理解用户的情感状态，响应用户的情感需求。例如，虚拟助手可能会在用户情绪低落时提供鼓励性的信息，识别用户的异常心理状态，及时干预从而提高用户的心理健康感受（Bhargavi et al.，2023）。这种隐式的界面设计将使人机交互更加自然、流畅，进一步融入用户的生活。

2. 人机交互的学习：从适应到自然

随着人机交互界面的变化，人们使用 AI 系统的学习过程也将发生显著的变革，从适应到自然演进。在传统的人机交互中，用户需要适应各种复杂的界面和操作方式，学习一定的技能才能熟练使用系统。而未来，人机交互将更注重用户体验的友好性和智能性，更注重提供易用、易学的界面，学习成本显著降低（曹剑琴 等，2023）。智能助手和对话系统将能够更加自然地理解用户的需求，理解用户的行为模式，无需用户费力学习复杂的操作步骤。这种自然化的学习过程将使用户更容易上手，提高交互的效率和愉悦度（Norman et al.，2010）。例如，智能助手能够通过分析用户的习惯和偏好，提供个性化的建议和服务，使得用户无需过多学习，即可轻松驾驭新技术。这种适应性的提高不仅改变了用户学习的方式，也提高了用户的满意度和使用效率。

3. 人机交互的输入：从精准到模糊

另一个显著的改变发生在输入方式上，从精准到模糊的转变。传统的输入方式通常要求用户提供准确的信息，如键入文字、点击按钮等。然而，随着自然语言处理和机器学习的发展，人机交互的输入方式变得更加容忍模糊性（许为，2022）。即使用户提供的信息不够明确，系统仍能理解并做出合适的反应新一代的智能系统能够理解和处理用户的自然语言，甚至能够处理一些模糊的指令（姚敏 等，2000）。例如，语音助手能够理解用户的口头命令，即使表达方式不够精准。这种模糊输入的接受程度使得用户与人工智能的交互更为自由，无需过分拘泥于具体的指令格式，提高了用户的交互灵活性。用户可以更自由地表达他们的需求，而系统将能够从中提取关键信息并做出适当的回应。这种灵活性使得人机交互更具互动性，减少了用户因输入错误而产生的沮丧感，提高了系统的容错性。

综合而言，从人类使用者的角度来看，人与 AI 的交互方式正在经历重大的革新。交互界面的变化使得交互更加自然、无缝；学习方式的演变降低了用户学习的难度；输入方式的转变提高了用户与系统的互动灵活性。这一系列的改变使得人机交互更加贴近人类的认知和行为方式，为用户提供更为智能、便捷的体验。这些变革不仅仅是技术上的创新，更是对人类心理需求的深刻理解。人机交互不再是单纯的工具使用，而是一个更贴近人性、关注用户体验的交流过程。未来，我们将迈向一个更智能、更人性化的人机交互时代，为人类创造更加便捷、愉悦的数字化体验。

二、人机交互的研究展望

在人机交互领域，心理学研究不仅关注技术的发展，更侧重于深入理解人的能力与局限，以及人与产品、环境之间的相互关系。这一研究方向形成了一整套实验数据库与原则，为指导出色的系统设计提供基础。与工程领域强调技术考虑不同，心理学强调的是人本身的特点以及物品的设计如何影响人。在未来的人与 AI 交互过程中，这一重要的研究方向将继续探讨如何利用技术实现类人的交互，以及在这一过程中个体如何受到 AI 的影响。心理学研究一直强调理解用户的认知、意愿和需求，而在人与 AI 交互中，用户意图的识别将成为关键的研究方向。随着人工智能的发展，系统需要更深入地理解用户的目标和动机，以提供更加智能、贴近用户需求的交互体验。心理学将在这一领域为研究人员提供指导，通过实验和理论建构深入挖掘用户意图的心理基础，为 AI 系统的意图理解提供理论支持。举例来说，目前自然语言处理技术虽然已经取得了显著的进展，但是仍然存在许多语言障碍问题。例如，同一单词在不同的语境中可能有不同的含义，这可能导致交互误解或不准确。这些语音、语法使用的不规范，以及词句使用中的环境和文化差异都有可能造成当前自然语言理解中的障碍。由于自然语言的复杂性和多义性，意图理解往往不够准确。特别是对于一些新颖、模糊或者多义的语言表达，目前的意图识别技术仍然存在较大的局限性。用户意图的识别应结合人机交互情境和上下文进行推理（易鑫 等，2018）。在人与 AI 交互的未来，心理学研究将继续发挥关键作用。通过深入探讨用户意图的识别、控制权的分配和遵从法律和道德规范的 AI 系统设计，心理学将为人机交互的发展提供深刻的理论指导和实践支持。这一跨学科的合作将推动人机交互领域走向更加人性化、智能化的未来。总的来说，人机交互是一个极具潜力和前景的领域，未来的研究方向和展望非常广阔。随着技术的不断进步和创新，相信未来的人机交互将会变得越来越智能化、便捷化和安全化。

结　　语

本章探讨了人与 AI 在自然语言、姿势交互、多模态感知、脑机接口等多种交互方式中的核心概念、技术进展及应用场景。通过分析这些交互方式的机制与功能，本章提供了关于如何提升人机交互体验的理论与实践参考。在未来的智能社会中，人机交互不仅是技术突破的前沿，更是推动社会变革的重要动力。随着技术的不断进化，人与 AI 的协作将变得更加自然、高效和无缝，进一步推动个性化服务、创造力提升和智能化治理的实现。

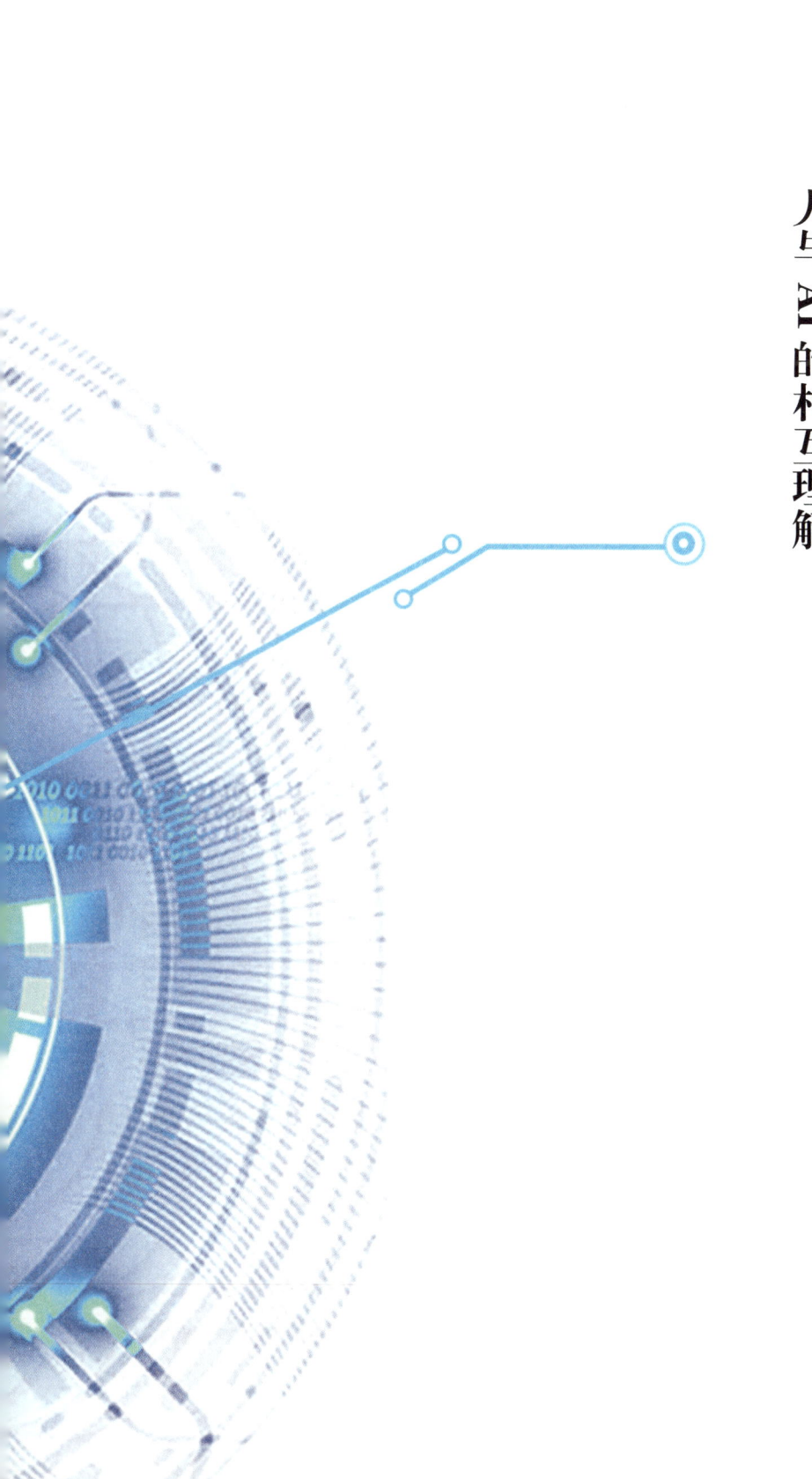

第四章
人与 AI 的相互理解

人与 AI 的相互理解对于人机交互和人与 AI 的协作都非常重要，如果不能够相互理解，不管是 AI 错误地识别了人的意图，还是人无法理解 AI 的工作逻辑，它都有可能引发一种导致整个系统螺旋向下的负性反馈机制，最终甚至会导致整个系统的崩溃。在这一章的开始，我们首先以波音 737MAX 的坠毁案例分析人与 AI 的互相理解错误导致人机系统崩溃的负性反馈机制。之后将从行动识别、意图识别和计划识别等方面描述 AI 对人类用户的理解。然后介绍人类用户对 AI 工作逻辑和工作状态的理解，也就是回答什么因素能让 AI 被人更好地理解。

　　关于 AI 怎么理解人，特别是在理解和预测人类行为方面，主要从行动识别、意图识别和计划识别这几个部分展开，下面先简要介绍它们之间的区别与联系。行动识别是指人工智能系统从一系列视频、音频或传感器数据输入中识别出一个或多个特定的行动或活动。例如，如果一个人在监控视频中举起手，行动识别系统可能会识别出这个行动。意图识别是指人工智能系统从用户的输入中识别出他们的目标或期望的过程。这常常用于自然语言处理和语音识别系统中，例如，如果用户说"我想听音乐"，意图识别系统将理解用户的目标是播放音乐。计划识别是指人工智能系统从用户一系列的行动中推断出一个整体的目标或计划。例如，如果一个人先是去超市，之后去烹饪用品店，再之后回家，计划识别系统可能推断出这个人的计划是准备晚餐。行动识别、意图识别和计划识别都是互相关联的。首先，行动识别为识别用户的意图和计划提供了基础数据。然后，意图识别可以帮助理解用户当前的目标，而计划识别则预测用户可能的长期行为目标。这三者联合可以帮助人工智能系统更好地理解和响应用户的需求和行为。

　　从人对 AI 的理解这个角度讲，我们关注的是如何降低 AI 系统的"不透明性"，并提高 AI 系统的可解释性。可解释性 AI 的目标是使人能够理解 AI 模型决策的依据、决策过程和判断标准，从而更有效地使用甚至改进 AI，并且增加用户对 AI 的信任和依赖，扩展 AI 技术的应用场景（Martins et al., 2024）。比如在医疗卫生领域，可解释性 AI 可以加速诊断、图像分析和资源优化，提高患者护理决策的透明度和可追溯性（Hulsen, 2023; Tjoa et al., 2021）。在金融服务领域，可解释性 AI 通过透明的贷款和信贷审批流程改善客户体验，加快信用风险、财富管理和金融犯罪风险评估，加速解决潜在的投诉和问题，提高客户对定价、产品推荐和投资服务的信任度（Martins et al., 2024）。在刑事司法领域，可解释性 AI 则可以优化预测和风险评估流程（Zhang et al., 2022）。

第一节　相互理解失败

不管是由 AI 错误地理解了人，还是人无法理解 AI，或者相互理解失败，都有可能引发整个系统的崩溃和失败。下面我们从波音 737MAX-8 坠毁的案例中分析这种人和机器相互理解失败的机制。

波音公司客机波音 737MAX-8 连续发生 2 起严重飞行事故，导致重大伤亡，震惊世界。2018 年 10 月 29 日 6 时 20 分，印度尼西亚狮子航空公司 1 架波音 737MAX-8 客机起飞 13 分钟后失联，在加拉璜地区附近坠毁，飞机上有 189 人全部遇难。2019 年 3 月 10 日 8 时 38 分，埃塞俄比亚航空公司一架波音 737-MAX-8 客机起飞后 6 分钟坠毁，机上载有 157 人全部遇难。根据黑匣子数据的分析显示，这起空难与 2018 年 10 月印尼狮航空波音 737MAX-8 客机发生的事故高度相似，都是飞机自动俯冲，飞行员无法将飞机拉起。

这两次坠机都是由波音 737MAX-8 设计缺陷造成的。当时，波音为了节省成本研发出省油的飞机，在 737MAX-8 上装载两台比之前更大体积的发动机，并把飞机的机翼向上移动了一些位置，所以发动机的安装位置就从机翼前方的位置向机翼下方移动，直接造成了飞机在飞行的途中会出现抬头趋势的隐患，从而增加失速的风险。为了解决这一隐患，工程师引入了曾经在军机中用过的系统——机动特性增强系统（Maneuvering Characteristics Augmentation System，MCAS）。MCAS是为了解决波音737 MAX-8飞机由于发动机位置改变而可能会出现机头翘起的情况，其设计目的就是在这些情况下自动将机头压低，防止失速。这两起事故发生的根源是MCAS设计缺陷和传感器故障，但是MCAS和飞行员飞机的相互理解失败导致飞行员没有能够挽救这些乘客的生命。

第一重理解失败，传感器失灵，MCAS系统因设计缺陷会受到单个传感器的错误数据的影响，误判了飞机的仰角过大，夺取了飞行员的控制权，并持续将飞机的机头压低，即使飞行员尝试反抗这个动作，但都无法成功地夺回系统的控制权。第二重理解失败，飞行员因MCAS系统的不透明性，无法理解飞机为什么向下俯冲，这个系统的操作指令在飞行员的权限之上，它并不受飞行员的控制。因此飞行员不知道需要夺回控制权，导致想要控制飞机却也无法有效操控。第三重理解失败，飞机在不断向下俯冲，飞行员尝试拉升飞机的动作引起MCAS系统进一步误判飞机有仰角过大而失速的风险，不断抢夺飞行员的控制权，飞行员无法操控，只能眼睁睁地看着飞机坠毁。

综上，尽管事故的根源是MCAS系统设计缺陷和传感器故障，但波音公司未充分考虑MCAS系统的潜在风险，并未向飞行员提供足够的培训和信息，使其能够正确应对MCAS故障的情况。这导致飞行员在面对异常情况时没有正确识别MCAS意图，也不知道如何有效应对。总体而言，波音737 MAX-8坠毁案例揭示了飞机设计、系统安全性、飞行员培训和航空监管等多个方面的问题。同时也提示我们，AI系统对于当前状态、用户意图的识别，AI系统设计的透明度和可解释性、人员的系统性训练等要素对于人机系统的安全和高效运转至关重要。

第二节　行动识别

一、行动识别概述

行动识别是一种通过分析和识别人体动作、姿势和行为以理解和解释人类行为的技术。它基于计算机视觉、模式识别和机器学习等领域的方法，通过收集、处理和分析传感器数据，从中提取出代表不同动作的特征，并利用分类算法对这些特征进行分类和识别（Verma et al., 2023）。

计算机视觉和人工智能领域广泛应用行动识别技术，其目的是从一系列观察中识别出特定的行动或活动。行动识别的主要挑战在于正确地解读和理解人类或者物体在时间序列中的动作。常用的数据源包括但不限于视频、音频或传感器数据。例如，在监控摄像中，行动识别系统可能被用来检测行人的行为，如跑步、走路、跳跃等。在更复杂的情况下，这些系统可能需要识别并理解更细微的行为，比如手势、面部表情，甚至眼球的移动。行动识别的技术可以被应用在许多不同的领域，包括安全监控（识别可疑行为）、健康医疗（检测患者的行为或身体变化）、人机交互（理解用户的手势或身体动作以进行相应操作）、游戏与虚拟现实（提升游戏用户的沉浸式体验感）、运动分析等。通过行动识别，计算机可以理解和解释人类的动作和行为，从而为人们提供更自然、直观和智能的交互方式，并应用于改善人们的生活和工作体验。

二、行动识别的研究现状

行动识别是一个活跃且不断发展的研究领域，目前主要涉及以下几个研究方向。

动作分析和识别领域研究如何准确地分析及识别人体动作。这包括动作的分类、检测、跟踪和识别等任务。姿势分析和识别领域研究如何识别和理解人体的姿势信息。行为理解和事件识别领域主要研究如何理解和识别复杂的人类行为和事件。该方向的研究主要关注如何从多模态数据（如视频、语音、传感器等）中提取和融合特征，以实现对复杂行为和事件的识别和理解（Singh et al.，2023）。其包括人类交互行为分析、运动行为识别、场景理解等。

此外，深度学习和神经网络在行动识别中取得了显著的成果（Deotale et al.，2023）。研究者们一直致力于利用深度学习和神经网络模型以提取更高层次的特征，并实现更准确和鲁棒的行动识别。还有一些具体的应用方向，如手势识别、表情识别、眼动识别、体感交互等。这些应用方向的研究旨在将行动识别技术应用于人机交互、用户体验改善和新兴交互设备的开发等领域，以提供更智能、自然和直观的交互方式。

三、行动识别的方法

动作是人类活动的最直接体现，每个事件的发生都基于各个动作的组合。在人类对世界认知探索的过程中，通过无数不同动作序列的组合，最终实现了复杂事件的建立与响应。通过对人体的基础动作的分析、识别，能够解构出人体的诸多行为特征，更好地理解人的行为。行动识别的主要方法包括基于模板的方法、基于机器学习的方法等。基于模板的方法将行动分解为一系列的模板，然后通过匹配观察到的行动与这些模板来识别行动。而基于机器学习的方法，尤其是深度学习方法，已经在行动识别领域取得了显著的效果。

目前，人体行动识别采用了多种技术方法，既包括传统的机器学习方法，也包括深度学习的方法等（Verma et al.，2023）。传统机器学习方法主要基于人工提取特征和设计分类器，如支持向量机、随机森林和决策树等。支持向量机在人体姿态识别以及手势识别等行动识别任务中取得了较好的效果。随机森林在动作和活动识别、运动分析等领域具有良好的性能。决策树在行动识别中具有较好的解释性，可以帮助人们理解模型的决策过程。此外，在行动识别中，朴素贝叶斯可以根据特征之间的条件独立性假设，估计不同类别行动的概率分布，并计算最可能的类别。朴素贝叶斯在情感识别、动作识别等任务中具有较好的效果。这些方法通过对特征提取、特征选择和分类器等方面的优化，能够实现较为准确和高性能的行动识别。总体上，这些传统的机器学习方法通常需要人工提取特征并构建分类器，在一些简单的行动识别任务中能够取得不错的效果。

这些技术方法在行动识别中各有优势和适用场景，研究者们会根据具体任务的需求选择合适的方法，并进行相应的改进和优化。

目前，随着深度学习的发展，深度学习方法在行动识别中取得了显著的成就。卷积神经网络（CNN）、循环神经网络（RNN）、长短期记忆网络（LSTM）等深度学习模型被广泛应用于行动识别任务中。深度学习方法通过多层的神经网络结构和大量数据的训练，能够自动学习和提取输入数据中的有用特征，这些方法能够自动学习特征并进行分类，具有较高的准确性和鲁棒性（Deotale et al.，2023）。

机器学习和深度学习方法通过将标注样例与行动类别进行关联，从而在行动识别中进行分类和预测。强化学习方法通常用于在动态环境中进行行动识别和决策。它通过智能体（agent）与环境的交互来学习最优行动策略。在行动识别中，强化学习方法可以用于实时行动识别、动作决策和智能交互等应用。

四、行动识别的应用

行动识别不仅意味着识别简单的行动，还可以分析人类行动所反映的意图。简而言之，机器可以通过视觉窗口接收人类动作，然后分析和理解动作传递的信息，极大地增强人机友好的互动，这对促进智能家居、智能护理和体感游戏具有重要作用。行动识别的应用非常广泛，涵盖了许多领域。

1. 健康监测

在健康监测领域，行动识别可以用于监测和评估用户的日常活动水平，例如识别久坐、倦怠、偷懒等不良行为，并提醒用户采取适当的行动来促进健康。此外，对于健身群体来说，行动识别可以用于监测和跟踪用户的运动行为，例如计算步数、监测人体的加速度、角速度、运动姿态、测量运动强度等，从而帮助用户进行健身锻炼，也可以用于监测运动员的动作和姿势，以评估他们的技术和动作执行是否正确。行动识别还可以通过分析人体的动作和姿势来检测是否发生了跌倒事件，以便及时发出警报或通知相关人员。另外，行动识别可以用于监测和纠正不良姿势，例如在办公环境中，通过使用摄像头或传感器来检测员工的坐姿或站姿是否正确，并及时提醒他们调整姿势，以预防腰背疼痛等问题。

2. 康复医疗

行动识别技术在康复训练中具有很高的价值，广泛应用于中风、脊髓损伤、多发性硬化症、脑瘫、帕金森病等导致的下肢运动障碍的患者的康复训练。通过使用传感器、摄像头或可穿戴设备等，捕捉患者的动作和姿势，分析患者的步态，并利用行动识别算法分析动作的准确性和质量，步态的稳定性、对称性和协调性，提供实时反馈和指导，帮助患者改进运动技巧和恢复功能，帮助康复专业人员制订个性化的康复计划。例如，在中风患者中，行动识别技术可用于监测他们的康复进展。通过使用传感器和摄像头，可以捕捉患者行走时的运动模式和步态特征。这些数据可以用于评估患者的步态不稳定性以及恢复过程中的改善情况（Adans-Dester et al., 2022）。行动识别在康复医疗中的应用，大大缓解了目前的医疗压力、提高患者康复训练水平，具有十分重要的社会价值。

3. 智能监控

随着技术的进步和人类生活的改善，智能视频监控的应用越来越广泛，如银行、公共交通、地铁安全和无人警戒等，可使用人类行为识别技术独立识别异常行为，及时报警和危机管理，从而提高人的生命安全。

在安防监控中，行动识别可以用于监控和识别人体动作，检测入侵行为、识别异常行为、实时跟踪目标等，从而用于安全监控和犯罪预防。例如在监控大型商业建筑或仓库时，通过使用摄像头和计算机视觉技术，系统可以识别异常的行为，如未经授权的人员进入限制区域、快速移动、携带危险物品等。当系统检测到异常行为时，它可以立即发出警报，通知安保人员采取适当的措施（Hu et al., 2004）。能识别出人的各种异常动作行为并预警的智能监控系统，采用了 AI 视觉神经网络的分析算法，根据人体骨架结构，以关节为运动节点，利用高清网络摄像机抓拍勾勒出人体骨架图形，通过后台大数据分析计算，从而判断出人的运动轨迹，结合系统设定的参数值，识别出人的动作行为，并通过后台预警，从而达到主动防御和提前预判的目的。

行动识别还可以用于交通监管和校园安全的监管，例如识别行人的行走姿势、车辆的驾驶行为等，实时监测交通状况和预测交通流量。还可以通过摄像头捕捉监控区域的人体姿态，通过获取的信息来判断是否有人在打架斗殴、是否出现疲劳驾驶、是否有人摔倒等并及时提出报警信号，及时采取补救措施。除此之外，在其他公共场合均可以通过摄像头视频采集信息，依据特殊的要求了解行人的动作形态、识别可疑人物，对公共场所的安全提出预警和维护。

4. 人机交互

行动识别如手势、姿势或眼动识别能使用户通过自然的动作来与计算机进行交互。手势识别中，通过行动识别技术，可以实时识别和跟踪用户的手部动作和手势，从而实现基于手势的交互控制（Choudhary et al., 2016）。用户可以通过手势来进行操作，如手势控制电视、手势操作智能家居等。还可以实时识别和跟踪用户的身体姿势和动作，例如站立、坐下、跳跃等，从而实现基于姿势的交互控制。用户可以通过身体姿势来进行操作，如姿势控制游戏、姿势控制交通系统等。表情识别则通过识别和分析用户的面部表情，例如微笑、皱眉等，从而实现基于表情的情感交互。用户的表情可以被用为情感交互等。眼动识别可以实时识别和追踪用户的眼球运动，例如注视和眨眼等，从而实现基于眼动的交互控制。用户可以通过眼部动作来进行操作，如通过凝视来选择、通过眨眼来确认等。眼动识别技术可以帮助残疾人与计算机进行交互，特别是对于那些无法使用传统输入设备的人来说。通过跟踪用户的眼球运动，系统可以识别用户的注视点，并将其转化为命令或文本输入。这些对于肢体残疾或运动障碍的人是一种重要的辅助技术（Bhatia et al., 2020）。通过行动识别实现的人机交互，可以更加贴近用户的自然动作和习惯，提供更加直观和便捷的交互方式，增强用户的交互体验。

5. 虚拟现实和增强现实

行动识别可以用于实现在虚拟环境中的实时追踪身体动作，并根据用户的实际动作做出相应反应，因而在虚拟现实（VR）和增强现实（AR）中具有广泛的应用，可以提升用户的沉浸感和交互体验。例如，在虚拟现实中，通过使用手势识别技术，用户可以通过自然的手势控制虚拟环境。用户可以使用手势选择物体、旋转视角或进行虚拟物体的互动（Wang et al., 2023）。还有研究者利用终端设备内置的摄像头和无任何标记的图像和视频处理技术，实现基于智能移动终端的增强现实技术，使用户可以从真实世界的图像中识别多媒体对象，并构建增强现实服务，将与对象连接的3D内容和相关信息添加到真实世界的图像中（Kim et al., 2012）。

五、行动识别面临的挑战

虽然在计算机视觉和机器学习领域取得了许多进展，但行动识别研究仍然面临一些挑战，包括以下几个方面：

首先是人类行为具有多样性和复杂性，同一种活动在不同情境下可能表现出不同的变化。例如，走路在户外和室内的方式可能有所不同。因此，构建适用于各种情境的通用行动识别模型依然具有挑战性。其次，行动识别需要大量的标记数据训练模型（Anguita et al., 2013）。数据的采集和标注可能非常耗时且昂贵，特别是对于大规模和多样性的活动。此外，标签的质量和一致性也存在问题，因为它们可能受主观因素的影响。另外，在某些应用中，如健康监测或运动跟踪等，需要实时的行动识别。这要求模型具有低延迟和高实时性，则可能需要特殊的硬件或算法优化。而且，数据集中的不平衡问题可能会导致模型倾向于预测占主导地位的类别，而忽视了罕见的活动。从而需要处理不平衡数据的技术，以改善模型的性能。此外，行动识别通常涉及收集和分析个体的行为数据，所以会引发隐私和安全方面的担忧。确保合规和数据保护是一个重要挑战。外部环境因素如光线、噪声、天气等可能影响传感器数据的质量，从而影响行动识别的准确性。模型需要具备鲁棒性，能够应对这些环境变化。

解决上述挑战需要不断改进算法、数据收集方法、标注工作，以及考虑隐私和安全性的方法。行动识别的研究将继续受益于交叉学科的合作，涉及计算机视觉、信号处理、机器学习和领域专业知识。

第三节　意图识别

一、意图识别概述

意图识别是人类感知他人计划、目的,并进行推理判断的过程,是人们互相理解交流不可或缺的基础。意图识别是人工智能领域,特别是自然语言处理(NLP)和语音识别中的一种重要技术,它的目标是从用户的输入(如文字或语音)中识别出用户的目标或期望(Wu et al., 2017)。例如,一个用户可能会对智能助手说"我想听一首歌"。在这种情况下,"我想听一首歌"就是用户的输入,而"播放音乐"则是用户的意图。意图识别的任务即理解这个意图,并根据这个意图做出适当的响应。意图识别通常与实体识别(也称为槽填充)一起使用,实体识别是识别出用户输入中的特定信息。例如,如果用户说"我想听到 Beatles 的音乐",那么 Beatles 就是一个实体,它为"播放音乐"这个意图提供了更具体的信息。

意图识别和实体识别是构建对话系统和语音助手的关键组件,上述技术使得系统能够理解用户的需求,然后采取适当的行动。这些方法的实现通常基于各种机器学习和深度学习技术,例如支持向量机(SVM)、决策树、递归神经网络(RNN)、长短期记忆网络(LSTM)和转换器模型等。

由于意图具有多样性、主体性、随机性和复杂性,意图识别相关领域仍然是一个极具挑战的研究热点领域。在意图识别相关领域中,主要可分为基于上下文的人机对话意图识别和基于人类活动的意图识别。人机对话中的意图识别主要在于从上下文的对话中,提取到有用的关键信息并串联,以得出交流者的实际想法或期望,从而令机器人能够更准确地回答交流者的问题并提供服务。大部分的学者将理解此类人机对话中的意图识别作为语义识别分类问题,常用的方法有基于词向量的意图识别、基于规则的意图识别和基于统计特征的意图识别等。相比于人机对话中的意图识别，人类活动中的意图识别则更为复杂。在真实的社会活动场景中，人类作为主动参与者，与现实环境中的诸多事务进行交互，互相影响，直接导致了意图识别预测的复杂和困难。

二、意图识别研究现状

意图识别是人机交互中的关键技术之一，从意图识别的对象来看，目前主要涉及文本、语音、视觉和多模态意图识别等。

文本意图识别是指通过分析文本数据判断其所表达的意图的任务。在这个方向上，研究者主要关注如何利用自然语言处理（NLP）和机器学习等方法，对用户输入的文本进行特征提取和分类，以实现高效和准确的意图识别（Devlin et al., 2018）。文本意图识别可以应用于不同领域和场景中，比如智能客服、虚拟助手、社交媒体分析、用户评论分析等。

语音意图识别是指通过分析用户的语音输入来判断其所表达的意图的任务，包括对用户的语音指令、问题和对话等进行分析和理解。在这个方向上，研究者主要关注如何通过语音信号处理和语音识别等技术，将语音输入转化为文本表示，并利用文本意图识别的方法进行意图分类和识别（Hassan et al., 2021）。语音意图识别是语音处理和自然语言处理的交叉领域，广泛应用于语音助手、智能音箱、智能驾驶等场景。

视觉意图识别是指通过分析图像或视频中的内容来判断其中所表达的意图的任务。该领域主要研究如何通过分析和理解用户的视觉输入来识别用户的意图，包括对用户的行为、眼动数据、表情等进行分析和识别。视觉意图识别是计算机视觉和人工智能领域的一个重要研究方向，广泛应用于图像分类、目标检测、场景理解等领域（Simonyan et al., 2014）。

多模态意图识别指的是通过融合不同的感知模态，例如语音、图像、文本等，以进行意图的分类和理解。多模态意图识别中研究者主要关注如何将多种输入模态的特征进行融合，并利用多模态学习和深度学习等方法，实现更准确和全面的意图分类和识别（Pini et al.，2018）。多模态意图识别可以更全面地理解用户的意图，从而提供更精准的服务和反馈。

目前意图识别领域研究人员在这些方向上不断探索和创新，以提升意图识别的准确性和鲁棒性，为人机交互提供更智能和自然的用户体验。目前，通过对人体动作序列、环境状况、先验知识的综合处理，相关基于人体动作活动的意图识别研究不断前进，具有广阔的应用前景。

三、意图识别的方法

意图识别问题的本质是一个建模问题，即如何根据观测到的用户行为来推断用户交互的意图。根据涉及的输出变量和任务复杂性，意图识别问题通常可以分为分类和回归两类问题。首先在分类问题上，很多意图识别应用中，目标是将输入文本或语音指派给预定义的离散类别或标签，这些类别代表不同的意图。例如，在自然语言处理中，对用户的问题可进行分类为不同的意图，如询问天气、查询时间表、查找餐馆等。这些类别通常是固定的且互斥的，因此这是一个典型的分类问题。在回归问题上，某些情况下，意图识别可能需要输出一个连续值而不是离散类别。这通常在情感分析或情感识别的任务中发生，其中意图可能是评估文本的情感强度（如喜怒哀乐等）或情感极性（积极、中性、消极）。这些情感可能在一个连续的值域范围内，因此需要解决回归问题来预测具体的情感得分。与这两类意图识别问题对应的意图识别的算法有着基于规则方法、决策树、Bayes、隐变量机器学习等多种方法（易鑫等，2018）。

1. 基于规则的意图识别

基于规则的方法使用预定义的规则和模式匹配用户输入中的关键词、短语或句法结构。例如，通过检测特定的关键词或短语，可以确定用户的意图。这种方法适用于简单和明确的意图，但对于复杂的意图可能不够灵活。以下是一些常见的基于规则的意图识别方法：比如关键词匹配，是通过定义一组关键词或短语，对用户输入进行匹配。如果用户输入中包含其中一个或多个关键词，就可以确定用户的意图。如果用户输入包含"预订""订票"等关键词，可以推断用户的意图是进行预订操作。在医疗行业，构建一个基于规则的咨询预约系统，系统可以分析患者的咨询请求文本，例如："我需要预约下周三的眼科检查"。然后，通过匹配预定义的规则，系统可以识别出用户的意图，即预约眼科检查，并提取相关的信息，如日期和时间。这种方法可以帮助医疗机构更好地管理预约和照顾患者的需求（Ning et al.，2013）。基于规则的意图识别方法具有一定的局限性，特别是对于复杂和多样化的意图。它们通常适用于简单和明确的意图，但在面对语义歧义、上下文依赖性和大规模意图分类等问题时可能表现不佳。在实际应用中，可以结合其他方法，如机器学习、统计方法或混合方法，以提高意图识别的准确性和鲁棒性。

2. 基于机器学习的意图识别

基于机器学习的方法使用机器学习算法，如支持向量机（SVM）、决策树、深度神经网络等，通过从标记好的训练数据中学习模式和特征来进行分类。机器学习方法使用训练数据构建一个意图分类器，将用户的输入映射到预定义的意图类别。常见的机器学习算法包括朴素贝叶斯、支持向量机（SVM）、决策树、随机森林和深度学习模型（如循环神经网络和卷积神经网络）。这种方法需要大量标记的训练数据，并进行特征工程和模型训练。例如，在聊天机器人中，机器学习方法可用于自然语言理解（NLU），以识别用户的意图和提取关键信息（Zhu et al.，2023）。当用户发送文本消息"请告诉我明天的天气如何"时，机器学习模型可以识别用户的意图为获取天气信息，并从中提取关键信息，如日期（明天）和地点（用户的当前位置）。这种方法可用于提供相应的回复或触发后续操作。基于机器学习的意图识别方法在处理复杂和多样化的意图时通常表现较好，但对于新的、稀有的或上下文依赖性较强的意图可能表现不佳。因此，在实际应用中，通常会结合其他方法和技术，以提高意图识别的准确性和鲁棒性。

此外，迁移学习也是一种机器学习的方法，是一种利用已有的知识和模型，通过在不同领域或任务之间共享学习的方法。在意图识别中，可以使用在大规模通用语料上预训练的语言模型，如BERT、GPT等，作为特征提取器或意图分类器的基础，并通过微调或迁移学习适应特定的意图识别任务。基于迁移学习的意图识别是一种利用已经训练好的模型知识和参数来解决新任务的方法。所以迁移学习具体可以通过预训练模型，迁移学习层，数据增强和领域适应进行应用。迁移学习可用于解决跨语言意图识别问题，其中目标是将一个语言中训练的模型应用于另一个语言（Gerz et al., 2021）。例如，如果已经在英语中训练了一个意图识别模型，可以通过迁移学习的方法，将其应用于其他语言，如西班牙语或法语。这个目标可以通过将模型的某些层或参数重新训练以适应新语言的特定性质来实现。迁移学习在意图识别中的应用可以帮助解决数据稀缺、领域差异等挑战，提高意图识别的性能和效率。通过利用预训练模型的知识和参数，迁移学习可以加速模型的训练过程，并提供更好的特征表示和泛化能力，从而改善意图识别的准确性和鲁棒性。

3. 基于统计方法的意图识别

基于统计的方法通常依赖于统计概率模型，如朴素贝叶斯、最大熵模型等。它们将文本特征与意图之间的关系表示为概率分布，通过统计文本特征在不同意图之间的分布进行分类。统计方法利用统计模型和算法分析用户输入的概率分布，并基于最大似然估计或贝叶斯推断以确定最可能的意图。基于统计方法的意图识别是一种使用统计模型和算法推断用户意图的方法。该方法通常基于大规模的语料库数据进行训练和建模。常见的基于统计方法的意图识别方法包括 N-gram 模型，隐马尔可夫模型，最大熵模型，支持向量机和统计特征提取。比如，情感分析是一种基于统计方法的意图识别任务，旨在确定文本中的情感极性，如正面、负面或中性。该任务可应用于社交媒体监测、产品评论分析等。通过构建统计模型，可以对文本进行情感分类（Hemmatian et al.，2019）。基于统计方法的意图识别通常需要大量的标记训练数据，并使用统计模型和算法进行训练和推断。

4. 基于混合方法的意图识别

混合方法结合了多种技术和方法，以提高意图识别的准确性和效果。例如，可以将基于规则的方法与机器学习方法相结合，使用规则进行初步筛选，然后使用机器学习模型进行细化分类。这种方法可以兼顾规则的灵活性和机器学习的泛化能力。基于混合方法的意图识别是将多种技术和方法结合使用的一种方法，旨在提高意图识别的准确性和鲁棒性。该方法通常结合了基于规则的方法、基于机器学习的方法和基于深度学习的方法等。基于混合方法的意图识别可以将不同方法提取的特征进行融合。例如，可以将基于规则的方法提取的特征与基于机器学习或深度学习方法提取的特征进行组合。这种特征融合可以提供更丰富的特征表示，提高意图识别的性能。在社交媒体监测中，混合方法可用于情感分析，以识别用户在推文或帖子中的情感（Islam et al.，2020）。规则可以用于处理一些特殊的情感表达，例如笑脸符号或感叹号。而深度学习模型可用于处理更复杂的情感，如深层次的情感、模糊表达和文本上下文。基于混合方法的意图识别可以充分利用不同方法和技术的优势，提高意图识别的性能。通过结合基于规则的方法的解释性和可定制性、基于机器学习的方法的泛化能力和基于深度学习的方法的表征学习能力，可以实现更准确和鲁棒的意图识别系统。

四、意图识别的应用

意图识别是一种人工智能技术，可以识别人类的意图和意图背后的动机，这项技术在许多领域都有广泛的应用。

在广告领域，意图识别可以帮助广告商更好地了解消费者的需求和兴趣，从而提供更加个性化的广告。比如，通过分析用户的搜索历史、浏览行为、购买记录等数据，意图识别可以识别用户的兴趣和意图，了解用户喜欢的类别、品牌和产品类型。意图识别可以帮助广告平台了解用户的兴趣和购买意图（Zou et al.，2021）。通过分析用户的搜索历史、点击行为、社交媒体活动等数据，可以识别用户的购物意图，例如他们是否正在寻找特定产品或服务。广告公司可以使用这些信息来个性化推荐广告，向用户展示与其兴趣相关的广告。这可以帮助广告主更有针对性地选择广告受众和优化广告投放策略。

在客户服务中，意图识别可以帮助客服代表更好地理解客户的问题和需求，从而提供更好的解决方案。意图识别可以帮助自动客服系统更好地理解用户的问题或需求，并将其导向适当的解决方案。通过准确地识别用户的意图，系统可以提供更准确和个性化的回应，提高用户满意度。在在线客户服务中，意图识别用于理解客户通过文本聊天或聊天机器人发送的消息（Bradeko et al.，2012）。客户可以提出各种查询或问题，例如产品信息、账单问题或技术支持。通过使用自然语言处理技术和意图识别，系统可以自动识别客户的意图并提供相应的回应，或者将问题转给适当的客服代表。意图识别还可以帮助客服系统识别用户的情感和情绪状态，如满意、不满意、愤怒等。这可以帮助客服代表更好地理解用户的需求和情况，采取适当的沟通方式和解决方案，提供更个性化的服务。而且，通过意图识别，客服系统可以分析和分类用户提出的问题，建立知识库和常见问题解答库，从而帮助客服系统自动化地提供答案和解决方案，提高问题解决的效率和质量。

智能家居领域中，意图识别可以帮助智能家居设备更清晰地理解用户的指令和需求，从而提供更加智能化的服务（Unaldi et al., 2023）。用户可以使用自然语言与智能家居设备进行交互，例如，打开灯光、调节温度、播放音乐等。通过意图识别，智能家居系统可以学习和识别用户的习惯和喜好，如起床时间、偏好温度等。基于用户的意图，智能家居系统可以根据个人需求和喜好自动调整设备的设置，提供更个性化的体验。

在医疗保健领域，意图识别可以帮助医疗保健专业人员进一步了解患者的需求和症状，从而提供更佳的治疗方案。意图识别还可用于监测患者的健康状况并提供定制的健康建议。例如，一个医疗应用程序可以通过分析患者输入的症状和体征数据以识别患者的健康意图，例如监测糖尿病患者的血糖水平。应用程序可以根据识别的意图生成提醒，以便患者按时测量血糖并采取必要的措施（Plis et al., 2014）。

在金融服务中，意图识别可以帮助金融机构更完备地了解客户的需求和投资目标，从而提供更加个性化的投资建议。比如，通过意图识别，金融机构可以识别客户的意图，辨别客户的需求和问题，从而提供更加个性化和准确的客户服务和支持。金融机构可以自动识别客户的意图并提供相应的解答，例如查询账户余额、汇率查询、办理理财业务等。意图识别还可用于金融机构的欺诈检测和交易验证。通过分析客户的交易记录、行为模式和历史数据，系统可以识别潜在的欺诈行为或可疑交易（Song et al., 2023）。例如，如果系统检测到不寻常的交易模式或意图，它可以自动触发额外的身份验证步骤，以确保交易的合法性，从而减少金融欺诈的风险。

在信息检索领域，意图识别可以帮助搜索引擎或推荐系统理解用户的搜索意图，并提供与其意图相关的准确和有效的信息或推荐结果。搜索引擎一般是基于关键词的全文搜索，仅用一个或多个关键词的匹配无法准确捕获用户的搜索意图，使得搜索质量差强人意，用户需要花费大量时间去筛选检索结果，从而导致用户工作效率低下。而信息搜索与查询作为基于自然语言理解的对话系统中的一个重要应用模块，可从用户输入的自然语言查询语句中自动获取用户的搜索意图并提取相关语义成分进行搜索，返回满足用户查询需求的检索结果，能够极大提升用户的搜索满意度。意图识别还可用于个性化内容推荐，如新闻、文章或产品推荐等。通过分析用户的搜索历史、浏览行为和反馈，系统可以识别用户的兴趣和意图，并推荐与其兴趣相关的内容（Wu et al.，2023）。例如，一个新闻推荐引擎可以使用意图识别确定用户对体育新闻、政治新闻还是科技新闻感兴趣，并相应地调整推荐。

五、意图识别面临的挑战

目前在意图识别领域还面临许多挑战，主要包括以下六个方面。

第一是多义性和上下文理解的问题（Tur，2011），意图识别需要理解用户的意图并将其准确地分类到相应类别中，有些意图可能存在多义性，特别是在一些复杂的自然语言场景中，而且理解用户的意图需要考虑上下文信息，包括先前的对话内容和背景知识。

第二是数据稀缺和标注困难的问题（Ruder et al.，2019），意图识别的训练需要大量的标注数据，但获取和标注大规模的意图数据集是一项挑战。此外，标注意图的过程也可能存在主观性和一致性问题。

第三是多意图和复杂意图的处理问题（Gui et al.，2017），有些用户的查询可能包含多个意图或复杂的意图，需要识别和处理多个意图的组合。这对于传统的单一意图分类模型也是另一项挑战，需要设计更复杂的模型或采用多阶段的意图识别方法。

第四是长尾意图和少样本问题，在实际场景中，一些意图可能出现频率较低或样本较少，这被称为长尾意图或少样本问题。针对这些意图的准确识别，需要采用数据增强、迁移学习或元学习等技术来解决。

第五是领域特定性和泛化能力的问题（Daumé III，2009），意图识别模型通常在特定领域或任务上进行训练，对于新领域或任务的泛化能力有限。在处理新领域或任务时，需要重新训练或微调模型，或者进行迁移学习以提高模型的适应性。

第六是多语言和跨语言意图识别的问题（Zhanget al.，2016），随着全球化的发展，多语言和跨语言意图识别成为一个重要的需求。然而，不同语言之间的语义差异和数据稀缺问题使得多语言和跨语言意图识别变得更具挑战性。

解决这些问题需要进一步地研究和创新，包括改进算法和模型架构、收集更多的标注数据、设计有效的迁移学习和自适应方法，以及考虑上下文和语义关系的更深层次的意图理解技术。

第四节　计划识别

一、计划识别概述

假设有人向你询问顺丰快递的位置，并随后询问是否有国际快递服务。你可能会推断出他想快递一件物品送到另一个国家的某人手中，并打算使用顺丰快递进行投递。在这样的过程中，你已经推断出了另一个人的目标和那个人实现这些目标的计划的一部分，这通常被称为计划识别。计划识别（plan recognition）是人工智能领域的一个重要研究领域，其目标是从用户的行为中推断出他们的意图和计划。这是一项在理解自然语言，预测用户需求，推荐系统等方面有着广泛应用的技术。

计划识别涉及一些关键的步骤和概念：首先是行为序列，计划识别首先需要从用户的行为中收集数据。这包括用户在网站上的点击行为，用户的搜索历史，或者用户在一个特定任务中的行动序列。其次是意图推断，通过分析行为序列，尝试推断出用户的意图。例如，如果一个用户在网上搜索了很多关于烹饪的信息，我们可能会推断出这个用户可能正在计划自己动手做一顿饭。然后是计划建模，计划识别不仅仅需要推断用户的意图，还需要建立一个模型描述用户是如何实现这个意图的。这个模型可能包括用户可能会采取的行动序列，这些行动如何相互关联，以及这些行动如何最终实现用户的目标。最后是计划执行和调整，在实际应用中，计划识别系统可能还需要考虑用户的计划是如何执行和调整的。例如，如果用户的计划在实行过程中遇到了障碍，那么他们可能会调整原有的计划。

二、计划识别的方法

计划识别的目标是根据智能体（如人或其他 AI）的行为来推断其目标和计划。下面是一些常见的计划识别方法。

（1）基于规则的方法使用预定义的规则和模式识别计划。例如，一个规则可能是"如果用户首先查看飞机票价，然后查看酒店价格，那么他们可能在计划旅行"。这种方法的优点是可以提供直观的解释，但缺点是需要预先定义规则，并且可能无法处理未见过的或复杂的计划。基于规则的计划识别是一种通过定义规则和逻辑关系推断和识别计划和行为意图的方法。以下通过一个简单的例子来解释基于规则的计划识别的应用场景。

基于规则的计划识别利用事先定义好的规则集合来匹配用户的输入，从而推断用户的行为意图。这种方法相对简单而直观，适用于一些具体场景或限定的任务，不需要进行大量数据训练和模型构建。然而，也具有一定的局限性，例如规则需要手动设计且无法处理复杂的语义理解和模糊语句。因此，当涉及更复杂的任务和应用情境时，基于规则的计划识别方法可能需要结合其他技术和方法来提高准确性和灵活性。

（2）基于概率的方法是使用概率模型来识别计划，如隐马尔可夫模型（Hidden Markov Models，HMM）或贝叶斯网络。这些模型可以处理不确定性和模糊性，但可能需要大量的数据进行训练。基于概率的计划识别是一种利用概率模型和统计推理来推断和识别计划和行为意图的方法。比如，在一个智能助手系统中，可以根据用户输入的日程安排帮助用户管理时间。系统中通过概率模型建立了一个行为模型，用来识别用户的计划。例如，行为模型中定义了三种可能的行为：上课（C）、开会（M）和参加社交活动（S）。假设系统收到了用户的输入，包含了以下信息：用户在空闲时间内添加了"开车去校园"的日程安排。

（3）基于机器学习的方法，随着深度学习和其他机器学习技术的发展，越来越多的研究者开始使用这些技术进行计划识别。例如，一些研究者使用循环神经网络（recurrent neural networks，RNN）或长短期记忆网络（long-short-term memory，LSTM）处理行为序列，并进行计划识别。基于机器学习的计划识别是一种利用机器学习算法和模型来推断和识别计划和行为意图的方法。比如在智能健身助手系统中，可以通过分析用户的运动数据推测用户的锻炼计划。系统中使用了一个机器学习模型，通过训练大量的运动数据学习用户的锻炼行为模式。用户在使用系统的过程中，将运动数据上传到系统中，包括运动类型、持续时间、运动强度等信息。系统将这些数据作为特征，输入到机器学习模型中进行训练和学习。根据机器学习模型学习到的规律和模式，系统可以预测用户的行为和运动计划，例如预测用户是在进行有氧运动、力量训练还是休息，接下来要进行什么运动等。通过实时地分析用户的运动数据，系统可以提醒用户是否达到了预定的锻炼目标，或者根据用户的习惯和目标制订个性化的锻炼计划。

这种方法能够根据大量的实际数据学习和理解用户的行为模式，提供更加个性化和精确的服务。然而，也需要充足的训练数据和高质量的特征表示以训练有效的机器学习模型。在实际应用中，研究者通常会结合多个机器学习算法和技术，并采用数据预处理和特征工程等手段提高计划识别的准确性和性能。

（4）基于案例的方法是用过去的案例或经验识别新的计划。当一个新的行为序列出现时，系统会在案例库中找到最相似的案例，并将其对应的计划作为识别结果。这种方法的优点是可以利用过去的经验，但缺点是需要一个超大的、高质量的案例库。基于案例的计划识别是一种通过比较和匹配历史案例以推断和识别当前计划和行为意图的方法。比如在智能旅行助手系统中，可以根据用户的旅行计划和偏好提供个性化的旅行建议。系统中使用了一个案例库，其中包含了多个历史旅行案例，包括了用户的旅行目的地、时间、行程安排等信息。当用户输入当前的旅行计划时，系统会将该计划与案例库中的历史案例进行比较和匹配。系统会计算当前计划与每个案例之间的相似度或匹配度，并找到与之最相似的案例。如果用户计划去某个城市旅行，系统会比较该计划与案例库中的旅行案例，找到与之最相似的案例，比如类似目的地、行程时间等。通过基于案例的匹配，系统可以从找到的最相似的案例中提取出相关的旅行建议和经验，组织和呈现给用户。这些建议可以包括推荐的景点、餐厅、交通方式等，旨在帮助用户更好地安排和享受旅行。

基于案例的计划识别不需要额外的训练数据或模型构建，而是利用历史案例的经验和知识提供个性化的服务。然而，基于案例的计划识别也面临着案例匹配的挑战，需要设计有效的相似度度量和匹配算法获得准确的结果。研究者通常会结合其他技术和方法，如知识表示和推理等，来进一步提高计划识别的性能和智能化程度。

三、计划识别的应用

计划识别主要关注如何通过分析观察到的行为来推断和理解智能体（可能

是人或其他 AI）的计划和意图。它在自然语言处理、人机交互、自动驾驶、机器人学等多个领域都有广泛的应用。

1. 人机交互领域

计划识别在人机交互（human-computer interaction，HCI）中有多种重要的应用。理解用户的意图和计划可以帮助计算机系统更好地满足用户的需求和期望。比如在推荐系统中，通过理解用户的行为和需求，可以提供更精准的个性化推荐。计划识别可以用于自动智能助手，如智能日历应用程序。用户可以通过语音或文本与智能助手互动，例如："明天有什么安排？"智能助手可以使用计划识别技术分析用户的查询并提取相关的日程信息，然后向用户提供相应的答案（Silva et al., 2020）。在自动驾驶中，计划识别可以帮助系统预测其他车辆或行人的意图，从而做出更好的决策。智能助手和聊天机器人可以通过计划识别理解用户的需求，预测他们的下一步行动，并据此提供有用的建议或信息。

2. 智能健康和家居领域

在这一领域，可以通过分析用户的运动数据、饮食记录等推测用户的健康计划，例如识别用户的锻炼目标和制订个性化的饮食计划。对于有特殊需求的用户，比如老年人或残疾人，计划识别可以帮助设计出更具适应性的用户界面和辅助设备，还可以根据用户的家庭计划和行为模式自动控制家电设备。在智能家居中，计划识别也可用于智能安全系统。系统可以分析家庭成员的行为模式，例如何时他们通常在家，何时他们离开，以及哪些行为是正常的。如果系统检测到异常行为或突发事件（如入侵或火警），它可以自动触发警报并采取必要的行动，如通知家庭成员或呼叫紧急救援（Wang et al., 2022）。

3. 智能日程管理

可以根据用户的日程安排和工作计划提供时间管理和任务推荐，例如分析用户的日程冲突和提醒用户合理安排时间。计划识别可用于自动化会议调度和时间优化。例如，一个智能日程管理应用程序可以分析用户的日程、优先事项和会议邀请，然后使用计划识别技术确定最佳的会议时间，以最大程度地减少时间冲突和提高效率。这可以帮助用户更有效地管理他们的时间，确保会议和任务按计划顺利进行（Shakshuki et al.，2014）。此外，如果去旅行的话，可以根据用户的旅行计划和偏好提供个性化的旅行建议，例如推荐景点、餐厅、交通方式等。在孩子的日常教育中，可以根据孩子的学习计划和目标提供个性化的学习建议，例如推荐学习资源、制订学习计划等。

计划识别在这些应用中的共同目标是理解和适应用户的需求和意图，从而提供更个性化的用户体验和服务。以上只是一些计划识别的具体的应用，实际上，计划识别的方法可以适用于任何需要理解和推断用户行为意图的场景。这些方法能够帮助用户更合理地安排时间、达成目标和提高生活质量。

四、计划识别面临的挑战

在人工智能领域中，计划识别是一项具有挑战性的任务，目前还存在许多问题。计划识别面临的首要问题是不确定性处理，计划通常在不确定的环境中制订和执行，存在各种不确定因素，如外部事件、资源变化、意外情况等。因此，计划识别需要有效地处理不确定性，并具备适应性和鲁棒性（Kaelbling et al.，2011）。其次是多层次和复杂性，现实世界中的计划往往是多层次和复杂的，包含许多子任务、约束条件和关联关系。有效地识别和理解这种多层次和复杂的计划结构是一个难题。再者，计划识别还需要考虑当前的上下文信息和历史信息，以便更好地理解计划的意图和目标。然而，有效地利用上下文和历史信息，并将其与当前情况结合起来，依然是一个开放性问题。并且，计划识别的训练需要大量的标注数据，但真实世界中的计划数据往往是有限的，标注计划的过程也可能存在主观性和一致性问题（Amershi et al.，2014）。此外，计划识别模型通常在特定领域或任务上进行训练,对于新领域或任务的泛化能力有限(Tellex et al.,2011)。在处理新领域或任务的计划时,需要重新训练或微调模型,或者进行迁移学习以提高模型的适应性。计划识别还需要及时响应和适应计划的变化,以便及时调整和优化计划的执行。

解决这些问题需要进一步地研究和创新,包括改进计划识别算法和模型、开发更丰富的计划数据集、设计有效的上下文建模和历史信息利用方法,以及考虑不确定性和动态性的计划识别技术。

第五节　人对 AI 的理解及其影响因素

人工智能正在改变着几乎所有行业和应用领域。随着机器学习和人工智能技术在各个领域中的迅速发展和应用,人对人工智能的理解变得至关重要。

人对人工智能的理解可能因个人、背景和特定的 AI 系统而异。为了理解 AI 系统,首先,我们需要了解其设计目的和能力。AI 系统通常旨在解决特定问题或满足特定需求。问题定义和需求的明确性对于系统设计至关重要,可以指导系统功能和能力的确定。例如,一个 AI 可能被设计为解决数学问题,而另一个可能被设计为进行图像识别。理解 AI 系统的功能有助于我们理解其输出结果。其次,我们需要解析 AI 的输出结果。输出结果可以是文本、图片或数据等,我们对其的理解会根据内容和形式的不同而异。例如,对于文本输出,我们需要理解其含义;对于数据输出,我们可能需要统计知识进行解读。再者,我们要理解 AI 的决策过程。这可能涉及 AI 系统的工作原理、决策过程或算法。对于基于规则的 AI,这个过程可能相对直观。但对于复杂的机器学习模型(如深度学习),这个过程可能非常复杂且难以理解。另外,我们应检查 AI 的可信度。我们需要检查其输出结果是否可靠、符合我们的期望,并且逻辑连贯。这可能需要对AI系统有深入了解，或者至少需要了解其基本原理。最后，我们应该从多个角度理解AI的输出结果。一种AI的输出结果并不总是唯一正确的答案。因此，与其他信息来源进行比较，或从不同的角度进行考虑，可能更有助于我们全面地理解AI的输出结果。

一、人对AI的理解受哪些因素影响

人对人工智能的理解受多种因素影响，下面从人、机、环境三个方面进行简要分析。

1. 人的因素

从人的因素来看，首先个体的技术知识和教育程度会影响他们对AI的理解，一般来说，对科学技术有深度理解的人可能对人工智能有更准确的理解。同时，接受过较高教育的人通常更容易理解人工智能的概念和应用（Knell et al., 2023）。其次个人经验和培训也会影响对AI的理解，使用过或直接接触过人工智能技术的人可能对其有更深入的理解。具有相关经验和培训的人可能更熟悉AI系统的工作方式和应用场景，从而更容易理解和应用AI技术。例如，经常使用语音助手、自动驾驶汽车或其他人工智能产品的人可能比那些没有这些经验的人更能理解人工智能的工作原理和优点。再有，个人的技术素养和知识水平会影响对AI的理解。了解基本的计算机科学和机器学习概念的人可能更容易理解AI系统的工作原理和决策过程。例如，医生通常具有丰富的医疗知识和临床经验，因为他们可以评估AI系统如何处理医学图像、病历数据和患者信息，所以他们对AI在医疗诊断和治疗方面的理解可能会更深入。医生可能更容易理解AI的局限性和潜在风险，并能够更好地判断何时依赖AI系统以辅助临床决策。这种专业知识和经验可以使医生更全面地评估AI的价值（Chan et al., 2022）。最后个体的人格特质可以显著影响他们对人工智能（AI）的理解和态度。比如，个体的开放性和探索性特质与对新事物和想法的好奇心和接受度有关，具有高度开放性和探索性的人可能更愿意尝试使用 AI 技术，因为他们对新技术和创新感兴趣。他们可能更容易理解 AI 的概念和应用，因为他们更愿意探索和学习新事物（Riedl，2022）。从教育背景来看，相关领域的教育背景（如计算机科学、数据科学、统计学等）可能使人更容易理解 AI 的原理和技术。

2. 机的因素

从机的因素来讲，首先，AI 系统的可解释性和透明性是影响人对其理解的重要因素（Murdoch et al.，2019）。如果 AI 系统能够提供解释、透明性、可视化和推理过程，那么人们更容易理解其决策和行为。其次是用户界面设计，AI 系统的用户界面设计直接影响用户对系统的理解。直观、易用的界面可以帮助用户更好地理解和操作 AI 系统。再者是解释能力，AI 系统提供的解释能力越强，越能帮助人们理解其决策过程和行为。这包括解释模型的特征重要性、决策依据、置信度等。

3. 环境的因素

从环境因素来看，文化和社会背景会影响人对于 AI 的理解和接受程度。不同文化对于技术的态度和理解可能存在差异，这会影响人们对 AI 的看法和理解。不同社会也可能对人工智能有不同的理解和态度。例如，在一些社会中，人工智能可能被看作是一种重要的创新，值得鼓励和发展。而在其他社会中，人们可能更担忧人工智能可能带来的工作机会减少和隐私问题（Shen，2024；Shen et al.，2024）。其次，信息的传播和教育对于提高人们对 AI 的理解至关重要。通过科普宣传、教育培训等方式，可以帮助人们了解 AI 的基本概念和应用，提高对 AI 的理解程度。此外，法律和道德框架对于规范 AI 的使用和发展起到重要作用。明确的法律和道德准则可以帮助人们理解 AI 的边界和限制，从而促进对 AI 的理解和接受。最后，媒体的报道和公众舆论对人工智能的看法也有很大影响。例如，如果媒体大量报道人工智能带来的负面影响，那么人们可能会对人工智能产生恐惧或负面的观感。相反，如果媒体强调人工智能的积极影响，那么人们可能会对其产生积极的看法。

综上所述，人、机器和环境三个方面的因素都会对人们对 AI 的理解产生影响。其中，从系统的角度来看，AI 系统的可解释性和透明性是影响人对其理解的重要因素。

二、AI 系统的可解释性和透明性

AI 系统的可解释性和透明性对于其成功应用和接受至关重要。可解释性被定义为用可理解的术语向人类解释或提供含义的能力（Barredo Arrieta et al., 2020）。可解释性用于衡量系统生成的结果是否能够被人类理解，并且是否提供了关于决策背后的原因和逻辑的信息。具有高可解释性的 AI 系统使用户能够理解为什么系统做出了特定的决策。透明性是指 AI 系统的内部运作和决策过程是否可见和可审查，是指用户清晰、直观地了解人机交互情况，比如机器人的当前状态、即将进行的动作以及机器人的能力和作用（Lyons，2018）。透明性强调系统的操作是否对外部观察者开放，以便他们可以检查系统的工作方式和数据处理过程。透明性与可解释性相关，系统的透明性可以帮助实现可解释性（Barredo Arrieta et al., 2020；Dosilovic et al., 2018）。

1. 可解释性

AI 的可解释性（explainable artificial intelligence，XAI）是指人工智能系统以一种易于理解和解释的方式解释其决策、行为和推理过程的能力。简单地说，可解释性就是把人工智能从黑盒变成了白盒。对于 AI 而言，人们由于不清楚 AI 是如何对决策进行判断的，而打破这种问题的关键即在于对 AI 技术的可解释性。在许多应用场景中，如医疗诊断、金融风险评估等，人们需要知道 AI 系统是如何做出决策的，以便能够验证和解释其结果（Rubab，et al.，

2024）。可解释性还有助于发现和纠正 AI 系统中的偏见、错误和漏洞。比如一个医疗诊断系统使用深度学习算法识别肺部 X 光片中的异常病变。该系统在训练过程中通过大量的数据学习了肺部疾病的特征，并能够准确地识别正常和异常的 X 光片。然而，当医生使用该系统进行诊断时，他们很可能会对系统的决策提出疑问："为什么这张 X 光片被判断为异常？""系统是基于哪些特征做出这个决策的？"等等。这时，系统的可解释性就变得至关重要。如果该 AI 系统具有可解释性，它可以提供对决策过程的解释。目前，有研究人员使用深度学习算法进行肺癌筛查，但深度学习模型通常被认为是黑盒模型，难以解释（Ristanoski et al., 2021）。为了提高 AI 系统在肺癌筛查中的可解释性，研究人员使用了可解释性方法，如 Grad-CAM（Gradient-weighted Class Activation Mapping），以生成肺部 CT 扫描图像中病变区域的可视化解释。这些可视化解释有助于医生理解 AI 系统为何认为某个区域可能存在肺癌，它可以指出在该 X 光片中存在哪些特征导致了异常判断，比如肺部结节的形状、密度等。这样，医生可以更清晰地理解系统的决策，并在必要时进行进一步的验证或调整。相反，如果该 AI 系统缺乏可解释性，它只是给出一个结果，而没有提供任何解释或理由。这将使医生难以信任 AI 系统的决策，并可能导致他们对 AI 系统的使用产生怀疑。因此，可解释性在医疗诊断 AI 系统中非常重要。它可以帮助医生理解系统的决策过程，增加对 AI 系统的信任，并提供更合理的决策支持。此外，可解释性还可以帮助发现 AI 系统的潜在缺陷或偏差，并促进 AI 系统的改进和优化。

2. 透明性

AI 系统的透明性指的是系统的内部工作和决策过程对外部观察者是可见的（Quakulinsk et al., 2023）。透明性涉及使用户或监管机构能够审查 AI 系统的操作，了解它是如何做出决策的，以及为何做出了特定的预测或建议。透明性有助于提高用户对 AI 系统的信任，并帮助确保 AI 系统不会做出不合理或不公平的决策。比如，银行使用 AI 模型评估借款人的信用风险，这个模型根据多个因素，如信用历史、债务水平、年收入等，为每位申请人分配一个信用分数。然而，借款人希望知道为何他们的信用申请被接受或拒绝，而不仅仅是一个分数。在这种情况下，模型的透明性非常关键。通过透明性，银行可以向借款人解释模型的决策依据，例如哪些因素对分数产生了最大影响，以及为何某些因素被视为风险因素。这使借款人能够更高效地理解决策，并在需要时采取改进措施，以提高他们的信用（Bücker et al.，2022）。因此，在设计和部署 AI 系统时，透明性应该是一个重要的考虑因素。可视化是实现 AI 透明性的重要手段之一。研究人员致力于设计直观、可理解的可视化界面，将 AI 系统的决策过程、模型结构、特征重要性等可视化并展示给用户。这样用户可以通过可视化界面直观了解 AI 系统的工作方式和决策过程（Haibe-Kains et al.，2020）。

研究者们进行了大量的工作以提高 AI 系统的透明性和可解释性，使用户能够理解和信任 AI 系统的决策过程和行为。通过透明的 AI 系统，可以减少黑盒决策的风险，提高用户对 AI 系统的接受度和采纳度（Xu et al.，2023）。

3. 可解释性和透明性的区别和联系

AI 系统的可解释性和透明性是相关但完全不同的概念。可解释性指的是 AI 系统的输出或决策能够被清晰、明确地解释和易于理解。它关注的是如何向用户或外部观察者解释系统的工作原理和为何做出特定决策的能力。比如，在自动驾驶汽车中，可解释性可以表现为系统能够解释为何选择特定的行驶路径或采取特定的行动（Barredo Arrieta et al.，2020）。这有助于乘客理解系统的决策，如何考虑交通状况、行人行为等因素，并提高对自动驾驶系统的信任。透明性指的是 AI 系统的内部工作和决策过程对外部观察者是可见的和可审查的，它关注的是系统的操作是否能够被外部观察者检查，以了解系统如何运作（Larsson et al., 2020）。比如，在金融领域，透明性可以表现为银行或金融机构公开其信用评分模型的算法和数据处理过程（Bücker et al., 2022），这使监管机构和用户能够审查模型的运作，确保不会存在不公平或歧视性因素。

AI 系统的可解释性和透明性之间也存在密切的联系，它们都关注如何使 AI 系统的决策过程和操作更加清晰和易于理解（Balasubramaniam et al., 2023）。可解释性和透明性的共同目标是提高 AI 系统的透明程度和可理解性，它们都旨在使用户、监管机构和其他外部观察者能够更清晰地理解系统的工作原理、决策依据和输出结果。要实现可解释性，首先需要系统具有一定程度的透明性。透明性意味着系统的内部操作是可见的和可审查的，这使得解释其决策变得更容易。因此，透明性为实现可解释性提供了基础。可解释性有助于建立用户对 AI 系统的信任。当用户能够理解系统的决策过程和为何做出特定决策时，他们会更有可能信任和接受系统。透明性在这方面起到关键作用，因为它使解释性成为可能（Endsley, 2023；HosaiN et al., 2023）。

综上，AI 系统的透明性和可解释性是确保 AI 系统可信赖性和可接受性的关键因素，它们相互关联，共同推动着 AI 技术的发展和应用。通过提高系统的透明程度和可解释性，可以增加用户对 AI 系统的信任，提高其在各个领域的应用潜力。

三、理解 AI 在 AI 应用中的意义

理解 AI 是一个非常重要的问题，因为 AI 系统在许多关键领域的应用中扮演着越来越重要的角色。理解 AI 有助于促进最终用户的信任、模型可审计性和 AI 的高效使用，同时还降低了使用 AI 所面临的合规性、法律、安全和声誉风险。

对于用户来说，AI 可以帮助他们做决定，但是理解为什么要做这个决定也是非常有必要的（Joyce et al.，2023）。尤其是在军事、金融安全和医疗检测等领域，如果不能理解 AI 的决策行为，一旦 AI 失手，将会极大地损失用户的利益。对于 AI 系统开发者来说，理解 AI 可以帮助他们在 AI 系统出现问题的时候更加精准地找到问题的根源所在，省去"地毯式排查"需要耗费的人力和时间，最大程度地提高开发效率。另外，对于企业来说，深入理解 AI 做出决策的原理有利于保证决策的公平性，维护品牌和公司的利益。那么，具体来讲，在不同的领域中，理解 AI 能帮助我们做什么？

1. 医疗诊断和决策支持

理解 AI 对于医生和患者都非常重要。当 AI 系统用于辅助医疗诊断时，理解 AI 可以帮助医生和医疗专业人员解释和理解医学图像、病历数据和患者数据，它可以解释神经网络或深度学习模型在诊断中的决策依据，提供对诊断结果的解释和可信度评估，帮助医生做出更准确的诊断和治疗决策（Quakulinski et al.，2023）。

2. 金融风险评估

在金融领域，AI 系统常用于风险评估和信用评分。理解 AI 可以帮助金融机构解释 AI 系统对客户信用评估的依据，从而提高决策的可信度和可接受性。透明性可以帮助监管机构审查和监督 AI 系统的决策过程，确保其公平性和合规性。理解 AI 可以帮助解释风险评估模型的决策过程，提供对投资决策的解释和理由。它可以解释模型对不同因素的关注程度，评估不同因素对风险的贡献，帮助投资者和金融机构做出更明智的决策。

3. 自动驾驶和交通安全

在自动驾驶汽车领域，理解 AI 对于确保安全和信任至关重要。当自动驾驶汽车做出决策时，理解 AI 可以解释自动驾驶系统的决策和行为，帮助乘客和监管机构理解系统是如何感知和应对交通环境的。它可以解释自动驾驶系统对行人、车辆和交通信号的注意力，解释自动驾驶系统的决策依据和可信度，提高系统的安全性和可信度。理解 AI 可以帮助追踪和分析自动驾驶汽车的决策过程，以便发现和纠正潜在的错误和漏洞。

4. 人机交互和智能助理

理解 AI 可以应用于人机交互界面和智能助理，帮助用户理解和控制系统的行为。它可以解释系统对用户指令的响应和执行过程，解释系统的推荐和建议的依据，提供对用户友好的解释和反馈，增强用户对系统的信任和满意度。

5. 社交媒体和舆情分析

在社交媒体和舆情分析中，理解 AI 可以帮助用户理解系统对其个人信息和偏好的利用方式。理解 AI 可以帮助解释情感分析、主题分类和舆情预测模型的决策过程。它可以解释模型对不同词汇、情感和主题的关注程度，解释模型对不同事件和话题的预测结果，帮助用户理解和解释社交媒体数据的含义和趋势，还可以提供给用户关于为什么会看到某些内容或推荐的解释，增加用户的信任和满意度。

6. 学术研究

在学术研究中，理解 AI 可以帮助研究人员更有效地理解模型做出的决策，从而发现模型做出的决策偏差并且有针对性地纠正错误，提升模型的性能。理解 AI 能对无专业背景的用户有效地进行模型决策的解释，同时也可以进行关键数据研究，即进行多学科融合，并针对不同的受众给出他们需要知道的解释，促进不同受众和学科之间的信息交流。

理解 AI 在各个领域的 AI 应用中都均有着重要作用。通过提高 AI 系统的解释性和透明性，可以增加人们对 AI 技术的信任和接受度，并确保其在实际应用中的可靠性和公平性（Haibe-Kains et al., 2020; Joyce et al., 2023）。

结　语

随着人工智能技术的快速发展，AI 已经成为我们日常生活中不可或缺的一部分，涉及从医疗、金融到交通等多个领域。然而，无论是技术的进步还是应用的深化，AI 与人类的相互理解始终是推动这一进程顺利进行的关键因素。通过深入探讨人与 AI 的相互理解问题，人们能够更有效地运用这一技术，还能在其中感知可能的风险与挑战，确保 AI 应用的安全性和公正性。在探索人与 AI 相互理解的过程中，人类对 AI 的理解是提高交互效率和协同作用的基础。只有当用户清楚地理解 AI 的工作原理和决策过程时，才能有效地与之交互，充分利用 AI 以增强自身的工作效率和生活质量。同时，AI 对人的理解，比如通过行动识别、意图识别到计划识别的完整过程同样关键，它使得 AI 能更精准地预测和满足用户的需求。此外，AI 的可解释性和透明性对于构建用户的信任感至关重要。总之，人与 AI 的相互理解是一个多维度、动态发展的过程，需要来自技术、伦理、法律等多方面的共同努力。未来可以通过教育、政策制定和技术创新来不断深化这一理解，使 AI 技术更好地服务于人类社会的发展，共同迈向一个由智能驱动的未来。

第五章
人与 AI 的信任

随着新一代信息技术的快速发展，人工智能技术已经渗透到我们日常工作、生活的多个领域（de Visser et al.，2016），从手机的智能助手，到路上的无人驾驶汽车，再到移动约会平台上的新一代 Tinder 机器人，人工智能已经不再是冷冰冰的机器系统，而是成为人们日常生活、学习和工作中的助手（Walter et al.，2014）、同伴（Glikson et al.，2020），甚至恋人（Sullins，2010），在人们的生活中扮演着愈加重要的地角色。在人机协作中，AI 技术的成熟水平是前提，但人类是否信任 AI 则已经被确定为调节人与自动化之间关系的关键因素（Glikson et al.，2020）。

信任在人工智能交互中至关重要。一方面，随着人工智能技术的发展，AI 算法变得愈加复杂，使得用户难以理解其决策过程（Siau et al.，2020；Wang et al.，2019）。人们常说人工智能是一个"黑箱"算法，即我们可以判断输入黑箱的数据和输出的结果，但不知道里面发生了什么（Frison et al.，2019；Wright et al.，2003）。由于人工智能算法的计算过程缺乏透明度，人们很难预测人工智能的最终决策，此时，用户对人工智能的信任将决定用户是否会使用人工智能算法的结果。在用户体验的相关研究中，研究者将人与 AI 的信任视为人与人工智能交互中用户体验（user experience，UX）的核心（Frison et al.，2019；Wright et al.，2003）。比如，自动驾驶系统评估中信任是一个重要 UX 因素（Rödel et al.，2014），用户体验和信任在自动驾驶环境中相互影响、相互关联（Frison et al.，2019）。另一方面，为了提高人工智能的性能和能力，用户必须向人工智能系统提供个人数据（Stephanidis et al.，2019），这种情况可能会导致有关用户隐私泄露的风险。因此确定用户是否可以信任人工智能并愿意将个人数据委托给人工智能系统是影响用户使用意愿的一个关键问题。

维持适当的信任水平也会影响人与 AI 的互动结果。在生活领域，以自动驾驶举例，信任在人机共驾的环境中扮演重要角色，是影响自动驾驶中人机协同效率与驾驶安全的关键要素（Hancock et al.，2019；Rahwan et al.，2019）。若驾驶员不信任 AI 系统，可能会忽视自动驾驶系统提供的辅助功能，无法有效降低疲劳驾驶、分心等风险驾驶行为；相反，若驾驶员过度信任 AI 系统，则会完全放弃对行驶车辆的监控，忽视自动驾驶系统的局限性，从而导致巨大的交通安全隐患（Noah et al., 2016; Noah et al., 2017; Wintersberger et al., 2018）。在军事领域，伴随无人机在人机协同作战中的广泛应用，美国军方开始越来越重视人机合作关系（Chen et al., 2011），人与 AI 队友之间的信任，对于团队任务的完成至关重要（Groom et al., 2007）。AI 时代，人机交互的前提是建立信任机制，人机信任已成为人与人工智能是否能和谐共处、协作发展的基础。本章将围绕人对 AI 信任的定义、分类、信任模型的发展，人对 AI 信任的影响因素，信任不足与过度信任展开，并在最后对人与 AI 信任的未来研究进行了展望。

第一节 人与 AI 信任的定义、分类和模型

一、人与 AI 信任的定义

信任是很多学科领域共同的研究主题，在心理学、社会学、哲学、政治学、经济学等领域均得到广泛研究。不同的研究领域已给出超过 300 个信任定义（Schaefer, 2013）。然而，信任是一个复杂而模糊的概念，目前研究者们对信任的定义尚无共识（Hoff et al., 2015; Khastgir et al., 2017; Schaefer et al., 2014），不一致的信任定义会导致研究者们无法在先前研究的基础上建立人与 AI 信任的研究体系。在人机信任领域，Lee 和 See（2004）从态度角度定义信任，提出脆弱性和不确定性是信任的前提，并将人机信任定义为"在已知不确定和脆弱的情况下，认为代理能帮助个体实现目标的态度"。他们提出的定义被广为接受（Hoff et al., 2015; Khastgir et al., 2017），为人与 AI 信任的定义提供了基础。

自动化信任是人与 AI 信任的前身。在以往有关人机信任的研究中，自动化和 AI 常常被混淆使用（Glikson et al，2020）。人 - 自动化的信任和人与 AI 的信任存在一定差异，这种差异性是由传统自动化与人工智能的差别所决定的，但其信任的核心要素是一致的。自动化是指计算机遵循预先编程的规则，执行以前由人类执行的重复和单调任务的情况（Parasuraman et al.，1997）。传统的自动化是预先编程的、具有确定性的，并且不包括任何学习过程，因此用户很容易理解自动化系统的决策（Raj et al.，2019）。而人工智能不仅可以实现自动化，还可以根据经验和反馈进行学习和调整，因此具有一定的不确定性。在自动化信任领域，Billings 等人回顾了 302 个信任定义，包括 220 个人际信任定义以及 82 个自动化信任定义，发现大量的自动化信任定义涉及用户对自动化的期望、信心、风险、脆弱性、依赖、态度及合作等特征（Billings et al.，2012）。这些信任定义揭示了自动化信任的核心特征。首先，在信任主体上，必须包含信任关系的双方，即有一个委托方（操作人员/用户）给予信任，有一个受托方（自动化机器）接受信任；其次，双方所要共同完成的事情存在一定的风险，必须存在受托方无法执行并完成任务的可能性，从而引发不确定性和风险（Hardin，2002）；最后，受托方（自动化机器）必须具有执行并完成任务的动机及能力。总结上述有关自动化信任的要素，可以看出，自动化信任是建立在不确定的合作关系中，作为委托方和受托方相互协作完成任务的必要条件存在的。这种对于自动化信任的要素构建同时适用于人与人间的信任关系，以及人与 AI 间的信任关系。

在传统的人与自动化之间以及人与人之间的信任关系建立中，信任关系的双方通常能够清晰地意识到对方的存在。然而，人与 AI 信任关系的建立却可能在无意中发生，即用户没有意识到人工智能算法的存在便付诸了信任。比如，在嵌入式 AI 的研究中发现，人们可能没有意识到他们正在使用一个由人工智能支持算法的应用程序。在一项针对 Facebook 用户进行的调查中研究者发现，超过一半（62%）的用户不知道有一种人工智能算法正在管理页面上的信息，决定将哪些信息呈现给他们，哪些信息应该隐藏（Eslami et al., 2015）。虽然透露（或隐藏）算法的使用可能会引发道德问题，并且对用户的长期信任产生影响，但是，Eslami 等人（2015）的研究发现，尽管参加研究的 Facebook 用户由于没有被告知 AI 算法的使用而感到不愉快、惊讶甚至愤怒，但在了解算法的工作原理后，用户仍在继续使用该平台。可见，人对 AI 的信任并不一定受到使用前是否知情的影响。

随着智能化水平提高，人与智能系统的关系，将从单向度的人机信任，逐步转化为双向度的人机互信。伴随着智能系统自主性的提高，人与 AI 信任本身的定义也将与时俱进，从人对 AI 的信任，到人与 AI 的互信（见图 5-1）。伴随信任定义的更新也将衍生出一系列新的研究问题。基于此，本书提出了人与 AI 信任的新定义，即无论是否意识到 AI 算法的存在，人们与 AI 系统之间，认为对方能帮助自己实现特定目标的态度和信心，并且在互动过程中愿意接受对方的不确定和脆弱性，并为之承担相应风险。因此，我们认为，人与 AI 的信任应满足如下三个特征：

（1）是否意识到 AI 算法的存在并不影响信任关系的建立。
（2）人与 AI 均明确接受对方的不确定和脆弱性，并为之承担相应风险。
（3）人与 AI 均认为对方能帮助自己实现特定目标。

图 5-1 人与 AI 信任的发展历程

本书的新定义综合了以往人机信任和自动化信任定义的内容，不仅涵盖 Lee 和 See（2004）所提出的基于态度的人机信任观点，也符合 Billings 等人（2012）总结的自动化信任三项核心特征：两个信任主体、完成的事情存在风险以及受托人有完成任务的动机和能力。在综合以往观点的基础上，新定义充分考虑了当今人与 AI 互动的特点：一方面针对 AI 技术使用的隐蔽性强调定义可以扩展到用户未意识到 AI 参与的情况，另一方面考虑到人与 AI 信任角色的转变，提出人与 AI 存在互信的关系，即信任包括用户作为委托者对 AI 的信任，也包括了 AI 作为委托者对用户输入的依赖和适应。这种互信关系也潜在地揭示了人与 AI 信任的动态过程，交互过程中人与 AI 都会作为委托者，并根据受托者的行为不断校准自己对受托者的信任。

二、人与 AI 信任的分类

目前，我们仍处于人对 AI 的单向度信任时代，研究者尚未针对 AI 对人的信任展开探索。已有研究按照不同的标准将人对 AI 的信任划分为不同种类，参考人对自动化以及机器人的信任，本书将人对 AI 的信任分别按照时序和信任内容进行分类。

1. 按时序分类

按照信任发生、发展的时间顺序，研究者将信任划分为倾向信任（dispositional trust）、情境信任（situational trust）和习得信任（learned trust）（Hoff et al., 2015），如图 5-2 所示。倾向信任是个体信任自动化系统的持久和固有倾向；情境信任依赖于交互的特定情境；而习得信任的基础是与特定的某个自动化系统相关的过去经验。习得信任又可以分为初始习得信任和动态习得信任两种。个体的倾向信任、情境信任和初始习得信任水平决定了初始自动化信任水平，而动态习得信任则表示随着操作者与自动化系统交互的继续，其自动化信任水平的后续变化。虽然影响每一层信任的因素各不相同，但这三层信任是相互依赖的。环境对情境信任有很强的影响，操作者心理状态伴随情境变化也会改变信任水平；习得信任与情境信任密切相关，因为它们都是由过去的经验所导致的，所不同的是导致信任的过去经验是与自动化系统相关（习得信任）还是与环境相关（情境信任）。

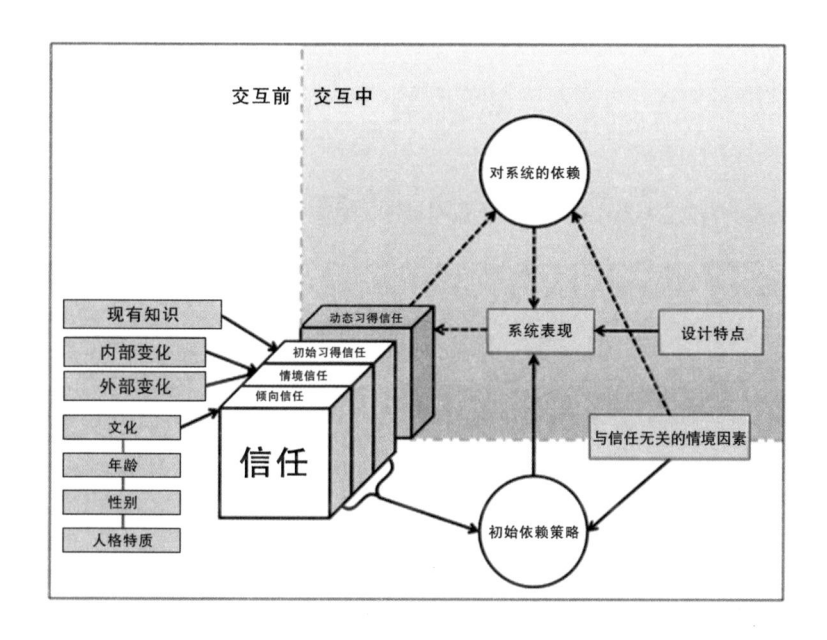

图 5-2　按照时序将人与自动化的信任分为：
倾向信任、情境信任和习得信任（Hoff et al., 2015）

此外，在人与 AI 的多次互动中，人与 AI 动态习得信任发展的轨迹既可能从低到高，也有可能从高到低发生变化。比如，出于对新技术的怀疑，人们可能初始信任较低。有证据表明，初始信任相对较低时，在互动后人与 AI 的信任会增加。对不同类型的推荐系统的比较研究发现，与可靠的推荐系统进行直接互动可以增加参与者的信任（Wang et al., 2016）。这表明，当人工智能具有高机器智能水平且功能强大时，直接交互可以增加信任。另一种可能的发展轨迹则是，人们因为好奇或是出于娱乐目的与 AI 互动，初始信任较高。但伴随互动中的挫败体验，信任发生骤降。许多基于实验室的研究表明，人们倾向于对嵌入式人工智能作为算法决策提供软件表现出高度的初始信任（de Visser et al.，2017；Dietvorst et al.，2015；Manzey et al.，2012）。由于人工智能在互动过程中出现的错误和失误表现，高初始信任水平往往会降低，而信任恢复则需要大量时间（Manzey et al.，2012）。

2. 按信任内容分类

按照信任内容，可将人与 AI 的信任区分为基于认知/能力的信任和基于情感/关系的信任两类。

这一分类方法已经在信任的不同研究领域得到了反复验证。在人际信任关系中，信任可以定义为一个人对另一个人的诚信、仁慈、可预测性和能力的信念（Gefen et al.，2003；Mayer et al.，1995）。其中，能力和可预测性会影响认知信任，而诚信和仁慈会驱动情感信任。在商业关系背景下，消费者信任同样具有不同的认知和情感维度，这在商业关系，尤其是服务关系的研究中得到了验证（Johnson et al.，2005；Morgan et al.，1994）。具体来说，认知信任是客户对服务提供商的能力和可靠性的信心或意愿；情感信任是客户基于服务提供商所表现出的关心和关切程度而产生的情感上（比如善念）对另一方的信任（Johnson-George et al.，1982；Rempel et al.，1985）。在此基础上，Malle 和 Ullman（2021）总结以往相关研究，提出人与机器人的信任同样具有两个维度，既包括基于机器人性能的信任，如能力和可靠性，也包括基于情感的信任，如真诚、善良和道德。用户对于机器人性能的信任，意味着用户认为机器人是可靠的、有能力胜任某些任务而无需人工监管的。基于性能的信任则取决于机器人的透明度、可解释性和可预测性。用户对于机器人情感的信任意味着用户愿意把机器人当作"人"或者合作伙伴来信任，认为机器人在某种程度上是社会关系的一部分，而不是仅仅在工厂里工作的机械工具，相信机器人是真诚和善良的。

（1）基于认知/能力的信任。

早期的研究者 Muir 和 Moray 提出人们对于机器人的信任主要基于机器人正确执行功能的程度（机器人的能力），因此，执行过程中的错误会显著降低人对机器人的信任（Muir et al., 1996）。当人们发现社交机器人对认知任务给出错误的建议时，比如图片中有 26 根牙签而机器人建议回答 23 根时，用户在之后的互动中会明显降低对于机器人的信任（38.3% vs 68.1%），甚至减少在之后愿意采纳机器人建议的可能性（27.7% vs 42.6%）（Xu et al., 2018）。在一些机器人错误可能造成严重人身安全威胁的场景中，人们更加不信任在执行过程中出现错误的 AI。Robinette 和 Howard（2012）在实验中模拟了火灾中的紧急逃生场景，探索在紧急状况下人们愿意信任向导机器人并跟随机器人寻找逃生通路的比例。结果发现，超过 1/4 的用户注意到向导机器人（见图 5-3）错过了一个明显更近的紧急出口，而选择更远的出口，随即，这些用户就失去了对于向导机器人的信任。

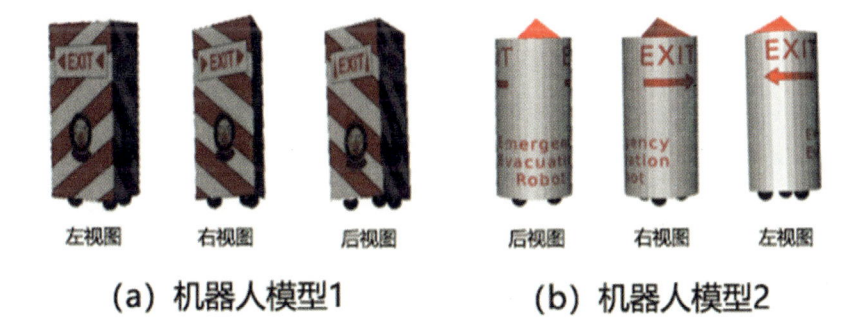

图 5-3 实验中模拟的火灾逃生向导机器人（Robinette et al., 2012）

机器人的能力局限所导致的错误及其引发的后果均会对人与 AI 的信任产生影响。在自动驾驶信任相关研究中，研究者进一步分析了如果 AI 的错误能够在现实世界中造成一定后果是否会影响信任。在研究中，被试使用自动驾驶模拟器完成任务，在任务完成过程中，可以随时对自动驾驶车辆进行接管，同时告知一部分被试如果车辆发生碰撞，被试会通过右手食指上的装置遭受到轻微电击。结果发现，当模拟器中的虚拟场景可能引发现实世界的后果（轻微电击）时，相比于只是体验虚拟自动驾驶场景的被试，可能遭受电击的被试会更多地接管自动驾驶车辆的控制权，并表示不信任自动驾驶汽车（Pedersen et al., 2018）。基于能力的信任还能够在不同的任务情境间发生迁移。研究者通过向被试展示机器人执行某些任务的完成情况以展现机器人的能力，并在之后询问他们对机器人的信任水平以及基于机器人的能力水平，他们认为机器人能否胜任其他任务（Shu et al., 2018）。结果发现，人们对机器人的信任更容易迁移到与展示任务相似的任务情境，且更容易迁移到简单任务而不是困难任务，这种信任的迁移正是基于人们对机器人能力的评估而实现的。

（2）基于情感/关系的信任。

基于认知/能力的信任是指用户在交互过程中，通过对人工智能性能的了解，对AI形成了适度水平的信任，即人对AI的信任与AI性能直接相关（Siau et al., 2018）。基于情感/关系的信任则更为隐蔽和复杂。先前的人工智能服务环境往往缺乏类似人类的关怀和担忧表现，因此，在早期的研究中情感信任并不具有可操作性，也较少得到研究者关注。例如，人们与停车场自动抬杆机器的情感联结远远低于人们与类人机器人之间的情感联结，因此不可能对自动抬杆机器产生基于情感/关系的信任。随着人与AI关系的演变，研究者慢慢意识到情感交流是人工智能服务环节中关键且持续的一部分，也是建立人与AI信任的重要基础。事实上，研究发现，当AI在交互过程中采用类似于人类的礼仪（例如，不打断用户、表现出耐心）时，用户的绩效表现以及对人工智能系统的信任会显著提高（Parasuraman et al., 2004）。

基于情感/关系的信任更加注重AI性能以外的特征，比如，用户与AI

的熟悉度、AI 与用户的相似性以及 AI 的拟人化程度，甚至会无视 AI 的性能水平。以 Haring 等人（2013）使用拟人机器人 Geminoid-F 进行的实验研究为例（图 5-4），用户对 AI 熟悉度的提高会导致对机器人的信任提升。实验中，被试与机器人三个阶段的互动：第一个阶段，被试在机器人的指示下进行物品的移动；第二个阶段，被试可以触摸机器人的手；第三个阶段，被试与机器人完成一个信任博弈任务。结果发现，随着交互任务的进行，被试与机器人的熟悉度提高，互动时被试与机器人之间的距离越来越近，被试感知到机器人性能水平降低了，但是情感水平提高了，因此提高了对机器人的信任（Haring et al., 2013）。

AI 与用户的相似性也对人机信任有影响。相似性在以往研究中分成了表层相似性（例如，机器人与用户性别相同）以及深层相似性（例如，机器人与用户的工作风格一致，均认为"会议迟到 20 分钟是不好的，因为会浪费其他团队成员的时间"）。结果发现，相似性对人与 AI 信任的影响还受到任务危险程度的影响，无论任务危险程度如何，深层相似性都能提高用户对 AI 的信任；但是只有当任务危险性较低时，表层相似性才能够正向预测用户对 AI 的信任（You et al., 2018）。当用户使用机器人 REEM（图 5-4）推荐菜品或餐厅时，AI 系统仅仅是告知用户在推荐算法中考虑了用户的个人偏好（例如，速度 vs 质量），那么，即使实际上算法并没有将用户的个人偏好纳入计算，用户仍然更信任机器人，并且更愿意遵循机器人的建议（Herse et al., 2018）。在语言交互中为拟人机器人增加音乐旋律及手势以丰富情感信息的传达，相比于传统仅基于文本的情感交互，用户对机器人的信任水平提高了 8%（Savery et al., 2019）。并且这种基于情感信任的交互方式，增强了用户对于机器人身份的感知，从而减轻了人形机器人的"恐怖谷"效应（Mori, 1970）。

（上）

（下）

图 5-4　研究中采用的拟人机器人
（上）Geminoid-F（Haring et al., 2013）（下）REEM（Herse et al., 2018）

目前，研究者们普遍认可人与 AI 信任中的认知 / 能力与情感 / 关系分类，然而，关于二者孰轻孰重仍未有定论。影响情感信任的因素（如亲和力）是否比影响认知信任的因素更重要或更不重要，现有研究结果并不一致。比如，Matsui 和 Yamada（2019）测试了虚拟 AI 的知识水平和社交手势对用户情绪、感知和信任的影响，结果发现，即使在用户感知到的 AI 智能水平较低的情况下（认知信任较低），用户由于虚拟 AI 社交手势所增加的积极情感体验也会促进他们的整体信任水平。然而，也有研究发现，认知和情感信任可能会互相影响。

比如，Wang 等人（2016）对认知和情感信任展开研究，发现感知的专业性对建立情感信任很重要。目前，对于情感信任的研究仍不够充分。以 AI 错误为例：发生错误本身会降低 AI 的可靠性，进而降低认知信任水平；然而，由于错误本身让 AI 的拟人化提高了，人们反而会表现出更高的情感信任，尤其对于机器人和虚拟 AI 而言。在 Ragni 等人（2016）设计的一个实验场景中，用户会与两个不同的机器人互动：完美机器人被操纵为总是正确执行，犯错机器人则会偶尔产生一些错误，从而给被试展现出该机器人记忆能力有限的表象。虽然在性能水平上，犯错机器人被认为不够可靠，但在使用过程中引发了使用者更多的积极情绪，提高了用户信任，甚至用户为此付出了绩效降低的代价。即使情绪信任不是推动人工智能使用的主要因素，它也可以在一定程度上显著促进或缓和认知因素的影响（Glikson et al.，2020）。信任可以被视为一种认知评估（Mayer et al.，1995），尽管如此，它也取决于依赖满足安全心理需求的主观情绪（Frison et al.，2019）。认知信任与情感信任的重要性可能受到 AI 类型、应用场景等因素调节，未来的研究应该将情感和认知两方面结合起来，提出二者协同作用的条件，或者情感因素比认知因素更重要的条件，反之亦然。

三、人与 AI 信任的认知模型

1. 信任：从人 – 人到人 –AI

人与 AI 信任关系的研究起源于人际信任。随着科技的发展，除了与其他人的社交互动外，人们也越来越多地面临着与 AI 的互动。社交机器人是专门为与人类互动和交流而设计的（Bartneck et al.，2004）。在社交平台的聊天窗口中，人们已经难以仅仅从交互设计、互动形式和内容上区分出对面是人类还是 AI。AI 越来越多地出现在我们的日常生活中，例如在医疗保健领域帮助我们做出医疗决策（Forcier et al.，2020），在零售和交通领域支持我们完成日常任务，如购物或购票。因此，原先很多人与人之间的关系在如今已逐渐转变成为人与 AI

的关系。由此产生了一个问题：我们是否像信任人类一样信任 AI？信任是应对风险和不确定性的基础（Mayer et al.，1995），能够促进信任双方后续的合作行为（Balliet et al.，2013；Corritore et al.，2003）。信任也是人与 AI 有效互动的基本前提（Hancock et al.，2011；Van Pinxteren et al.，2019），借鉴人际互动中的信任理论来研究人与 AI 的信任是十分有价值的。

目前，已有很多研究将人际互动的相关理论和模型转化为人机交互（HCI）和人－机器人交互（HRI）研究的理论和模型（例如，Aly et al.，2016；de Visser et al.，2016；Gockley et al.，2006；Kulms et al.，2018）。研究者曾将人类的刻板印象模型（stereotype content model）（Fiske et al.，1999）迁移到人机研究中，如图 5-5。结果发现，能力与温度感知不仅可以预测人们对其他人的信任，也可以正向影响人们对机器人或计算机系统的信任（Christoforakos et al.，2021；Kulms et al.，2018）。因此，人际信任的相关理论是人与 AI 信任理论建立的基础。

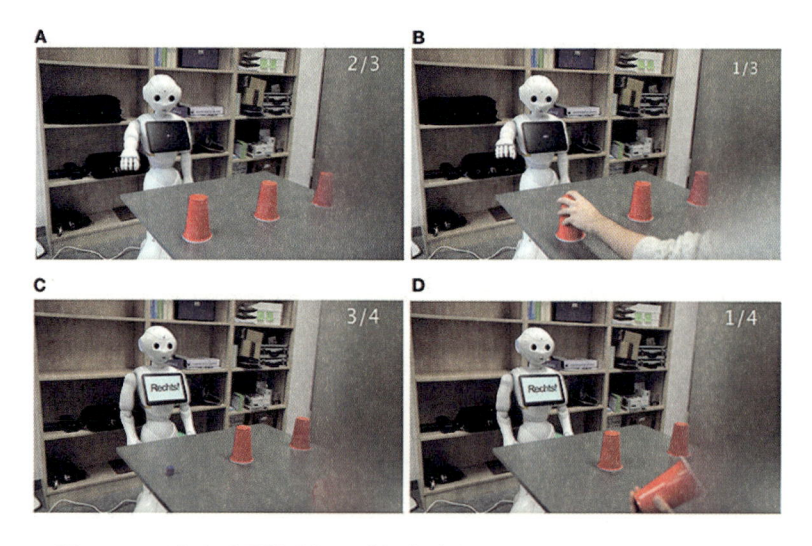

图 5-5 研究中采用的人机互动任务（Christoforakos et al.，2021）

研究 1 中的视频截图，显示了在（A）拟人化高 & 能力高，（B）拟人化高 & 能力低，（C）拟人化低 & 能力高，和（D）拟人化低 & 能力低的条件下，在一场空壳游戏中的 HRI。游戏分数显示在每个屏幕截图的右上角。

人们如何做出信任决策？如何决定是否信任他们无法完全理解、预测或控制的特定 AI？从人与人到人与 AI 的信任发展中，首先，我们来看看人际信任领域的认知模型。

2. Mayer 的信任模型

信任，本质上就是将自己认为重要的事情交由他人完成的一种选择，是对我们无法控制的风险的应对（Cofta，2007；Deutsch，1962）。换句话说，信任是一种我们愿意去接受某些事情超出自己控制的选择。虽然我们无法控制，但我们可以在一定程度上尝试预测(或预期)信任之后的结果。在 Mayer 等人（1995）提出的信任模型中，人际信任的判断考虑了三个主要特征：潜在受托人完成你需要他们做的事情的能力，他们在决定是否做这件事时的仁慈，以及他们在尊重你并且就他们是否会做这件事达成的任何协议方面的正直（图 5-6）。

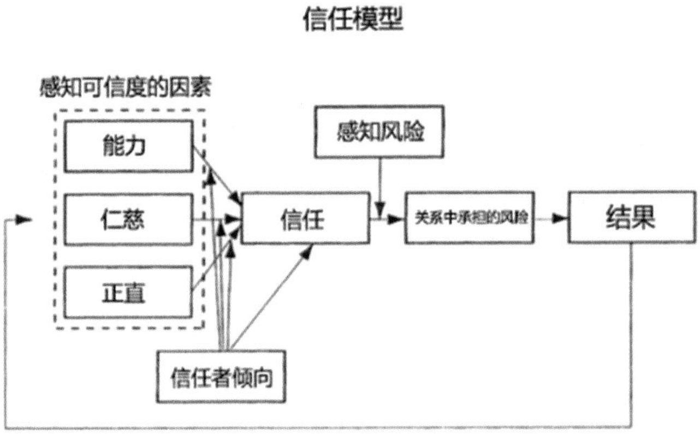

图 5-6　Mayer 等人（1995）的信任模型

3. 信任概念关系模型

早期 Mayer 等人的信任模型更多关心的是受托者一方的关键特征，随着对信任研究的深入，McKnight 和 Chervany（1996）在 Mayer 等人的基础上，结合信任决策过程，提出了一个信任概念关系模型（见图 5-7）。他们指出，一般来说，人们在某些情况下往往比在其他情况下更信任他人，尽管另一方的风险和可信度相当。因此，新的模型强调，信任的倾向不仅来自受托人的特征，也来自潜在委托人的态度（如乐观主义）以及决策情境。这里的决策情境是指做出信任决策的更广泛的（即非个人的）社会情境，即个体的信任决策还受到了系统信任的影响。例如，一些社会文化比其他社会文化更倾向于培养人与人之间的普遍信任，某些制度和社会规范的存在可能会导致系统信任倾向的增加或减少。因此，信任概念关系模型不同于 Mayer 的信任模型仅仅强调受托人（被信任方）的特质，也强调了委托人和决策情境对于信任的影响，为之后的信任三因素模型奠定了基础。

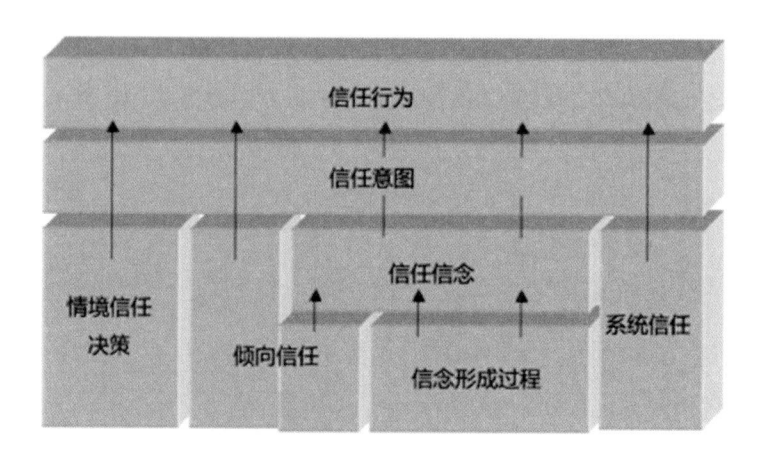

图 5-7　信任概念关系模型（McKnight et al.，1996）

4. 三因素模型

2014 年，Schaefer 等人在人-机器人信任模型（Hancock et al., 2011）的基础上，通过回顾人机信任相关文献，发展出了人机信任的三因素模型（Schaefer et al., 2014）。其将对人机信任的影响因素分为操作者因素、机器系统因素和环境因素三类，如图 5-8，其中虚线部分为人机信任的三类影响因素。该模型进一步将与操作者相关的因素分为操作者特质、操作者状态、认知因素和情感因素这四种类型；将与机器系统相关的因素进一步分类为机器系统特性和机器系统能力；将与环境相关的因素分类为与任务相关和与团队相关。该模型可以更好地应用于实证研究，并推动了人与人工智能信任模型的提出（闫宏秀，2019a；高在峰 等，2021）。

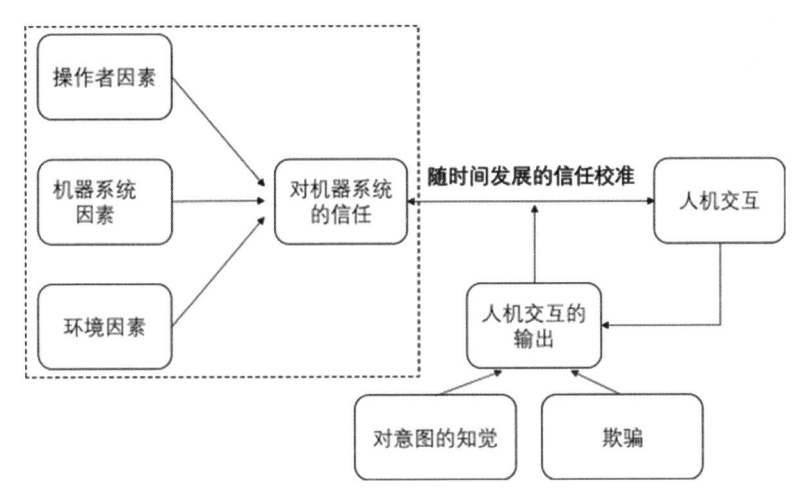

图 5-8 影响人机信任的发展因素的概念性结构（Schaefer et al., 2014）

5. 信任决策通用模型

2022 年，Lewis 和 Marsh 在针对 AI 信任研究的综述中提出了一个信任决策通用模型（如图 5-9）。该模型不仅适用于同伴之间的信任，而且适用于启发式信任决策，这一模型为人与 AI 动态互信模型的建立奠定了基础。该模型提出，委托人的信任决策取决于受托人的感知可信程度、感知风险、委托人自身的信任倾向、信任的情境倾向以及系统和情境信任水平。其中，受托人是否被感知为可信取决于四个主要可信度特征和代理信任。四个主要可信度特征包括能力、可预测性、诚实与正直、意愿与仁慈（Lewis et al., 2022）。被感知为可信的受托人具备完成相应任务的能力，行为一致能够被预测，愿意履行承诺，并且具有满足需求的意愿。此外，人们还能够通过代理信任决策以判断受托人的可信程度。比如，当人们购买一个扫地机器人时，机器人生产厂商的信誉度和其过往产品的质量会影响消费者对于新产品的信赖程度，这就是一种典型的代理信任。

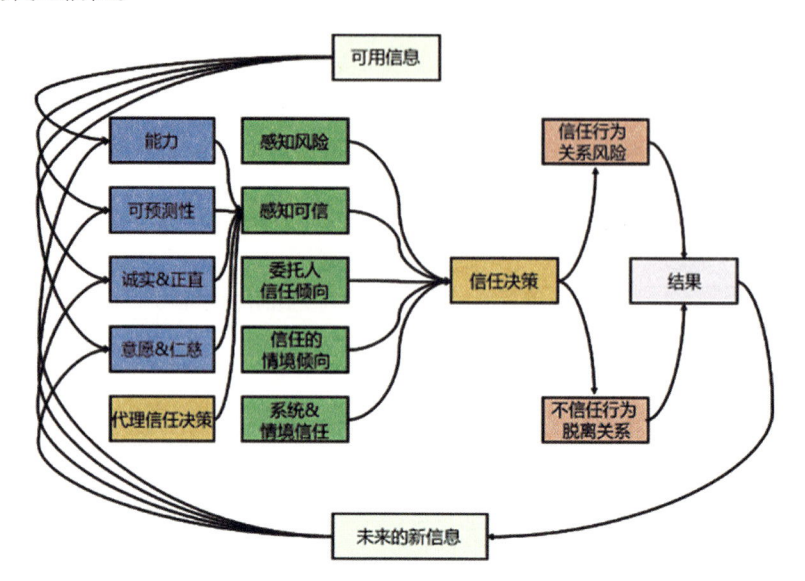

图 5-9　信任决策通用模型（Lewis et al.，2022）

主观可信度判断是根据可获得的信息，通过可信度特征（蓝色）来进行的。这些特征与其他主观和情境因素（如情境、关于风险的信息和对风险的态度）结合起来，形成信任决策。

然而，信任决策通用模型更多关注于受托人，即 AI 自身的特征对于感知可信度以及信任决策、行为的影响，而忽略了用户状态和交互情境的影响。

6. 整体信任建构模型

2022 年，Zhang，Wong 和 Findlay 提出了一种基于社区的整体信任建构方法，将人与 AI 信任理解为一种多层面、多阶段的（Zhang et al.，2022）。该模型将信任决策分为三个阶段：初次接触、倾向信任和习得信任。图 5-10 中展示了这些阶段的循环发展流程，其中四个确定影响因素在整个过程中直接影响信任水平。该模型受到 Hoff 和 Bashir（2015）的深刻影响，将信任假定为受一系列特征影响的三个阶段，在此基础上对人与 AI 信任的影响因素和信任阶段进行了扩展和整合。

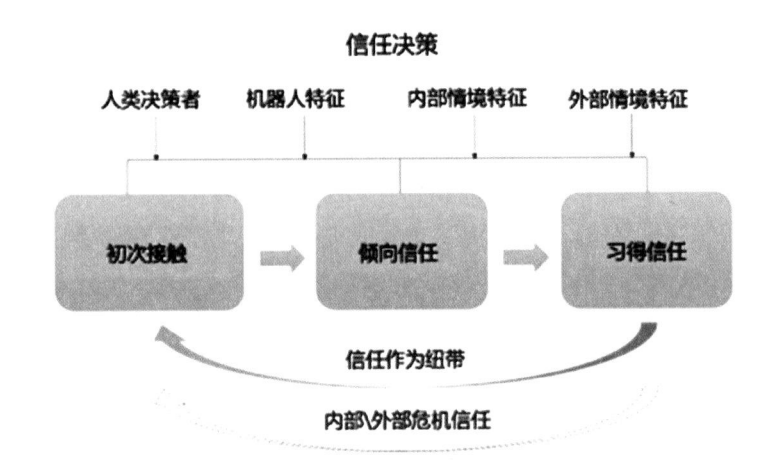

图 5-10　整体信任建构模型（Lewis et al.，2022）

整体信任构建模型提出的这四个影响因素——即人类决策者、机器人特征、内部情境特征和外部情境特征——贯穿于人-机器人信任关系的每个阶段，创造出一幅动态而复杂的画面，展示了信任如何建立。整体模型旨在鼓励对这些相互关联的因素和信任阶段进行全面分析，而不再支持专注于解离复杂信任关系中存在的细微差别的还原主义方法。

7. 人与 AI 互信的新模型

在通用人工智能时代背景下，人与 AI 的互动变得日益频繁和复杂。过往信任模型尽管在理论上有所贡献，但在解释人与 AI 之间动态且双向的信任关系方面存在局限，已不足以全面描述人与 AI 之间的信任交互过程。因此，本书拟提出一个新模型，旨在填补现有人与 AI 信任领域理论模型的空白。该模型充分参考已有信任模型的内容，尽量全面地把握影响信任过程的因素。在模型框架上，充分参考人机信任模型（Mcknight et al.，1996），包含委托人相关因素、受托人相关因素以及情境因素。每一类因素的具体内容参考通用性强的信任决策通用模型（Lewis et al.，2022），并进一步考虑人与 AI 互动的独特性，在阶段划分上则参考了整体信任建构模型，将信任过程分成了三个阶段。新模型的特点体现在：模型强调信任不仅仅是人对AI的单向评估，而是一个涉及人与AI双方的互动过程，人与AI均会根据对方的行动和反馈，不断调整自身的信任水平和行为策略。综上，在已有的信任模型（包括人际信任模型、人机信任的信任概念关系模型、人机信任的三因素模型以及人对AI信任的整合模型等）的基础上，针对通用人工智能时代人与AI双向互信的新型交互关系，本文尝试提出一个新的人机互信模型：人与AI动态互信模型，如图5-11所示。

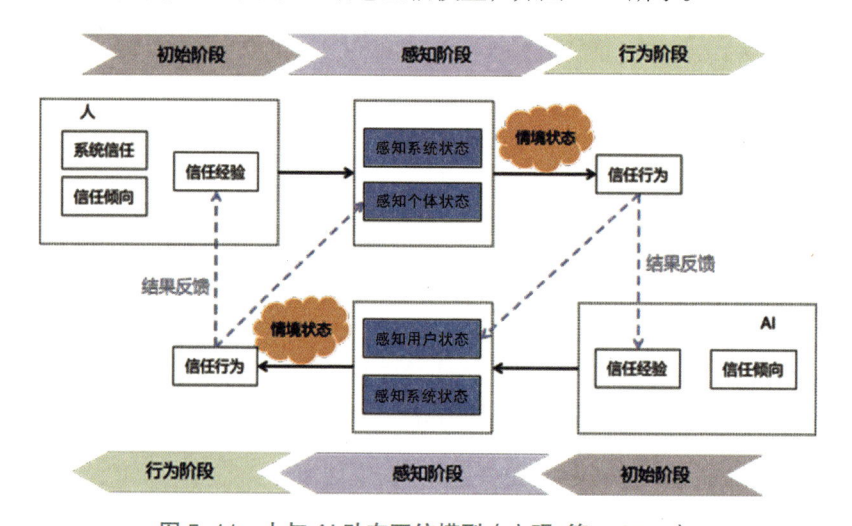

图 5-11 人与 AI 动态互信模型（齐玥 等，2024）

信任方和受信任方的角色是动态变化的，人与 AI 的信任受到感知对方状态（蓝色）、自身状态（绿色）和情境因素（黄色）的影响，并会根据结果反馈进行调整（蓝线）。

该模型提出了人与AI信任中的两个重要特征："互信"与"动态"。"互信"注重关系维度，而"动态"关注的是人与AI信任关系中的时程维度。

人与AI的互信关系是通用人工智能时代的新型人机关系，不同于以往研究中所关注的人对AI的单向信任，"互信"更加强调AI在信任关系中与人相似的主体地位。随着通用人工智能技术的不断发展，智能机器将从一种支持人类操作的辅助工具发展成为一个具有一定认知、独立执行、自适应等能力的自主化智能体（intelligent agent），并且在一定程度上具备类似于人类的行为能力（Rahwan et al., 2019）。AI 将主动感知人类用户的状态和系统自身状态，并由此评估对人类用户的信任水平，决定控制权的归属。虽然在现实社会中尚未有相关实例，但在科幻作品中已经描述了 AI 不相信用户从而拒绝用户使用工具的场景（Wikipedia contributors, 2024）。此时，人机信任将不再是单向的人对机器系统的信任，而是逐步转化为双向的，即人机互信（许为 等，2020；许为 等，2024）。人与 AI 互信实际上是基于人际信任的视角，将人与 AI 视为对等的信任建立方。因此，人与 AI 均可担任信任方（委托方）或被信任方（受托方）的角色。

人与 AI 的互信关系也决定着其"动态"变化与以往单向信任在时程维度上有所不同。在单向信任中，按照信任发生、发展的时间顺序，研究者将人与自动化系统的信任划分为倾向信任（dispositional trust）、情境信任（situational trust）和习得信任等几个阶段（learned trust）（Hoff et al., 2015；高在峰 等，2021；French et al., 2018；Merritt et al., 2008）。而在人际信任的建立过程中，研究者提出了信任是一种反馈循环（feedback loop of trust），信任方基于自身经验和倾向形成初始信任，并基于对被信任方的感知形成信任决策和行为，之后根据反馈结果影响之后的信任（赵竞 等，2013；Urban et al., 2009）。人与 AI 互信的交互过程是信任方和被信任方根据信任过程中对方的状态和行为以及最终的信任结果持续调整自己的行为，不断校准对被信任方的信任水平的动态过程。综上，本框架提出人与 AI 的动态互信可划分为三个阶段：人与 AI 交互前的初始阶段、人与 AI 交互中的感知阶段以及行为阶段，并且这三个阶段形成闭环。初始阶段是人与 AI 信任的最初阶段，人与 AI 尚未接触，依赖于自身固有的信任倾向、系统信任和以往交互中得到的相关信任经验等，为之后的信任奠定基调。其中，信任经验会在接收到本轮交互的结果反馈后得到矫正，参与人机互信的动态过程；而系统信任和信任倾向相对稳定，不会参与后续的动态过程。在感知阶段，人与 AI 的信任受到感知对方状态、感知自身状态和情境状态的影响，形成信任决策。在行为阶段，信任方完成信任行为，并会根据行为结果反馈对初始阶段的信任经验进行校正，从而产生新的信任经验，同时对被信任方的感知状态进行更新，影响之后的信任行为。其中，结果反馈包含了两层含义：一方面是被信任方的信任行为本身，即被信任方是否执行了信任方的决策；另一方面是被信任方执行或未执行信任方的决策之后所致系统运行的结果。人与 AI 互信通过以上过程不断校正，实现信任的动态交互。当人作为被信任方时，如果 AI 传达出不信任的信号（比如疲劳状态警告），人就会调整自身状态（相信 AI 的决策）以重获 AI 信任或者选择信任 AI 让其接管系统；如果 AI 接收到人的不信任的指示，也会通过系统自检（相信人类的决策）或者让设计者用调试系统的方式调整自己的系统状态以争取获得人的信任，从而达到系统正常运行的目的。人与 AI 互信的动态交互过程实际上反映的是信任校准过程（Lee et al.，2004）。虽然人与 AI 互信的理想状态是适当信任，但实际上，过度信任（高在峰 等，2021；Robinette et al.，2016）与信任不足（Bigman et al.，2018；Longoni et al.，2019）在人机交互中十分常见。因此，本文提出的模型认为，人与 AI 的互信应该与人际信任相似，存在信任更新（Kim et al.，2020；Mende-Siedlecki et al.，2012）。在人与 AI 的动态互信中，信任更新取决于先前信任行为的结果。

综上，人与 AI 的动态互信模型包含三个阶段（初始阶段、感知阶段和行为阶段）和两个主体（人与 AI）。在人与 AI 互信中的两个主体——人与 AI，在前两个阶段分别存在相似和不同的信任影响因素，下文将分别展开论述。

人对 AI 信任的影响因素主要是基于 Lewis 和 Marsh（2022）的整合模型框架结合过往文献提出的。初始阶段，人对 AI 的信任主要受到个体的信任倾向、过往的信任经验以及系统信任的影响。其中，个体的信任倾向，在其他研究中也被称为倾向性信任（Dispositional trust），受到个体的固有特质的影响，如年龄（Ma et al.，2020；Scopelliti et al.，2005）、人格（Rossi et al.，2018）、受教育程度（Liao et al.，2021）。信任经验，是指通过使用与人工智能相关的系统、产品而获得的先验经验或专业知识。这些经验有助于个人预测系统行为（Oleson et al.，2011），从而改变人对AI的信任水平。比如，Dikmen和Burns（2017）通过实验测试了用户对特斯拉汽车的自动驾驶系统的信任。研究结果表明，那些经历过车辆意外事故的司机对自动驾驶系统的信任度较低；相反，对特斯拉自动驾驶系统有过了解的司机又会对自动驾驶系统更加信任。人对AI的信任还受到系统信任（institutional trust）的影响。例如，一些社会文化比其他社会文化更倾向于培养个体之间的普遍信任（Luhmann，1990）。在感知阶段，人对AI的信任受到三方面因素的影响。一是个体状态，即个体觉察自身是否能够胜任当前任务。二是系统状态，包括感知可信和感知风险。其中感知可信包括对被信任方的能力、可预测性、正直、仁慈以及代理信任（如品牌）等多维度的感知（Chen et al.，1995；Hoff et al.，2015）。感知风险，是指对被信任方的脆弱性和完成当前任务所伴随的风险水平的评估（Ajenaghughrure et al.，2020；Ma et al.，2020）。三是情境状态，人需要对所处情境的性质和任务难度等进行评估。有研究表明，当人机合作的任务工作量增加时，人对人工智能系统的信任度会降低，人们会更倾向于独自完成任务（Oleson et al.，2011）。另一方面，Atoyan等人（2006）通过实验证明，当人机合作的任务过于复杂且繁多时，人依靠自身能力无法完成任务，可能会对合作的人工智能系统产生过度信任。

AI对人信任的影响因素同样包括三个阶段。在初始阶段，AI对人的信任取决于AI系统自身的信任倾向以及AI过往与用户交互过程中所形成的先验经验。其中，AI的信任倾向目前主要是系统设计者对人类用户的信任倾向。考虑到目前仍然缺乏国家层面的人工智能相关法律制度（何积丰，2019），相关责任难以划分，目前在高风险任务中 AI 往往倾向于信任人类用户（如自动驾驶）。在通用人工智能时代，AI 的信任倾向可能与人类相仿，更多取决于 AI 的固有特质（如针对特定用户群体的个性化设计、主要任务、形态、安全保障等），而并非仅取决于初始设置。在感知阶段，AI 对人的信任同样受三方面因素的影响。一是用户状态，AI 需要建构监测系统对使用者的状态（认知、生理、意图、情感、价值观、道德水平等）进行实时监测，当使用者处于不可信任状态时（如疲劳、分心），AI 会主动接管以避免事故（许为 等，2024）。二是系统状态，AI 需要对自身状态有一个主动监测和评估系统，一方面是监测自身的性能和稳定性，另一方面是评估当前状态是否能够完成任务。以自动驾驶为例，自动驾驶汽车会配备大量的内部传感器，以随时监测汽车内部状态数据，并且研究者还在不断开发有效的自动故障诊断和健康监测算法（Biddle et al., 2020）以评估系统状态。当系统检测到自身并不可靠时（如系统故障、任务超出系统能力），就会做出信任人类的判断，并提示人类用户接管控制权。三是情境状态，AI 需要对所处情境的风险程度、复杂程度进行评估，比如环境状况、紧急情况的发生等，以判断是否应该信任使用者。同样以自动驾驶为例，汽车会使用摄像头、激光雷达、超声波传感器等感知交通路况、光照条件、障碍物情况等外部情境（Ignatious et al., 2021），并根据感知到的情境采取相应的信任行为。当系统检测到高风险情境时（如车辆驾驶员即将追尾），AI 可能会更加谨慎，减少对人类的信任，采取刹车、紧急变道等紧急措施；而在低风险情境下，AI 就会更信任人类，给人类更多自主行为的权利。

第二节　人与 AI 信任的影响因素

为了便于描述，本书对人与 AI 信任的影响因素的总结根据最早由 Schaefer

等人（2014）提出的三因素模型框架，基于工程心理学常见的人－机－环境体系，分别从操作者（人）、AI 系统（机）及环境（环）因素三个角度进行梳理。

一、个体因素对信任的影响

1. 人口学变量

个体对人工智能的信任，始于个体本身。人口学变量，如性别、年龄、受教育程度等，都会对人机信任产生影响。Liao 和 MacDonald（2021）的研究表明，年龄和受教育程度均会影响人对人工智能的信任。实验者通过亚马逊的智能音箱 echo 实现人和人工智能的交互，进而测试哪些因素会对人机信任产生影响。实验结果表明，年龄和受教育程度会显著地影响人们对于人工智能产品的信任。因此在人工智能产品的设计过程中，应该充分考虑目标用户的年龄和受教育程度。Gold 等人（2015）在自动驾驶的相关研究中也证实了年龄会对信任产生影响。在驾驶模拟器中，年长的司机比年轻的司机更信任自动驾驶车辆。年长的司机对自动驾驶的评分更高，在自动驾驶过程中感受到的安全感更多，并且更愿意使用自动驾驶系统。但是 Scopelliti 等人（2005）的研究发现，相比年轻被试，老年被试更加不相信机器人。不同于年龄和受教育程度，没有证据表明性别会对人机信任产生直接影响（Molnar et al., 2018）。但是，以往研究已经发现，男性和女性对自动化系统的交流方式和外观的反应是不同的。一个有趣的发现是，男性和女性在对机器人的社会吸引力和身体吸引力的评分方面存在着稳定的差异，男性容易被机械外观的机器人吸引，而女性更容易被拟人化程度高的机器人吸引，尤其偏好于被设计为呈女性化的机器人（Tung，2011）。

2. 经验行为

通过使用与人工智能相关的系统、产品而获得的经验或专业知识可能会影响信任。两者都包括接受信息或知识以形成对系统的预期，这些体验有助于个人预测系统行为（Oleson et al.，2011）。信任可能会随着经验有所变化，研究发现，在两种不同的自动化机器人交互界面中，新手用户信任单滑块调节的交互界面，而专家用户更信任多滑块调节的自动化交互界面（Desai，2007）。相反，Chattaraman 等人（2019）重点关注聊天机器人和用户的特征，调查了购物助理聊天机器人的社交型与任务型对话风格是否会影响具有不同互联网能力水平的老年人的信任。这项有 121 名老年被试参与的实验研究表明，使用社交型的互动方式（即通过闲聊和感叹反馈等方式保持非正式对话）的聊天机器人可以为具有高互联网能力的老年用户带来更好的社交效果（即增强对双向互动和信任的感知），然而，对于网络能力较低的老年人而言，它并没有这样的效果。

对人工智能有一定专业知识上的了解会对信任产生影响，在人机交互过程中的体验经验同样也会对信任产生影响。Gold 等人（2015）调查了人们对自动驾驶汽车的信任程度是否会因体验自动驾驶汽车而改变。研究邀请了 72 名参与者进行了驾驶模拟器研究。结果显示，短时间在驾驶模拟器中的高度自动化驾驶体验会增加用户对自动驾驶系统的信任。Dikmen 和 Burns（2017）通过实验测试了用户对特斯拉汽车的自动驾驶系统的信任。研究结果表明，那些经历过车辆意外事故的司机对自动驾驶系统的信任度较低；相反，对特斯拉自动驾驶系统有过了解的司机会对自动驾驶系统更加信任。这些了解包括系统的工作原理、系统的缺陷、自动驾驶失败时系统会如何决策。简而言之，对自动驾驶系统有一定专业知识了解的人更容易对自动驾驶系统产生信任。

先验经验是指通过学习而获得的有关人工智能系统和情境特征的信息。Trapsilawati 等人（2019）在导航应用的相关研究中发现，用户会倾向于在实验中选择他们已经使用过的导航应用程序。谷歌 Maps 的用户倾向于选择谷歌 Maps，Waze 的用户倾向于在不同的场景中依赖 Waze。这证实了先验经验会对信任产生持久的影响。就自动驾驶领域而言，先验经验在很大程度上可以影响驾驶员对车的掌握能力。自动驾驶系统的表现特征经驾驶员认知系统加工后转化为主观感知特征，进而对信任产生直接影响。目前人们对自动驾驶系统的直接体验较少，而先验信息主要来源于他人描述，例如通过广告而产生的品牌声誉，其次来源于相似系统的使用经验。在多次接触自动驾驶系统后，驾驶员与自动驾驶系统的交互经验会转化为驾驶员的先验知识，从而影响下一次驾驶的初始信任（高在峰 等，2021）。

经验行为可能通过管理对 AI 的预期和自身的胜任力感知影响人们对于 AI 的信任。比如，Glass 等人（2008）采访了使用办公助理 AI 的用户，发现对 AI 的性能和能力的正确期望有助于促进对 AI 的信任。与此同时，那些认为自己比机器更有能力的人并没有那么信任机器，并且倾向于更少地依赖技术（Lewandowsky et al., 2000）。Logg 等人（2019）发现，使用 AI 建议时，专家要比非专业参与者接受的建议要少，即使忽视人工智能会降低专家的绩效。研究人员对这一发现的解释是，专家比非专家相比更加不欣赏他人的建议，专家往往更依赖自己的意见。

3. 人格特质

人格特质可以被认为是信任他人的一般意愿，它取决于不同的经历、人格类型和文化背景（Siau et al., 2018）。人格特质如大五人格中的外倾性、宜人性、责任心会对人机信任产生影响。外倾性、宜人性和责任心高的人更加信任人工智能。

Rossi 等人（2018）通过问卷调查和虚拟互动评分的方式研究了人格特质对人机信任的影响。实验的参与者将与机器人"杰斯"在十个不同的虚拟场景下进行交互，每个场景的最后都会发生一件紧急事件，例如厨房着火、电话响铃，以此来测试参与者对机器人的信任程度。研究结果显示，人格特质如亲和力、责任心、情绪稳定性、外倾性等与信任他人的倾向之间存在很强的联系。

亲和力和责任心强的参与者更容易相信机器人，让机器人处理紧急事件。责任心强的被试和机器人相处起来会感觉更加舒服。外倾的参与者喜欢把机器人视为家庭成员之一，并相信在不确定和不寻常的情况下它是可靠和值得信赖的。倾向于相信别人是诚实、可信的人更容易对机器人产生信任。这一结果在另一项研究中也得到了证实，外倾的人以及倾向于相信他人的人更容易在实验中对机器人产生信任，情绪稳定的人往往在实验任务中不太信任机器人（Aliasghari et al.，2021）。

信任方和受托方的人格特质都会影响人类用户（信任方）对机器人（受托方）的信任。Zhou 等人（2019）探索了聊天机器人面试官的个性特征以及用户自身的个性特征如何影响用户对聊天机器人的信任。这项涉及 1280 名受访者的研究发现，在高风险的工作面试中，用户更愿意向性格严肃、自信的聊天机器人面试官倾诉和倾听（作为信任的指标），而不是热情、开朗的面试官。然而，用户的个性特征会影响人对 AI 的信任。例如，追求成就的用户倾向于更信任聊天机器人，这种信任使他们渴望给机器人留下深刻印象。此外，当用户感知到一个具有相似性格的机器人时，往往更倾向于信任机器人。研究者由此得出结论，设计师应该创建一个符合用户个性特征的聊天机器人，以使对话愉快且有效。

自动驾驶相关的研究中指出，驾驶员的人格特质会影响人对自动驾驶系统的信任。Chien 等人（2016）在对人格和自动化信任的研究中发现，宜人性或者责任感更高的个体会更加信任自动化系统。这可能与宜人性本身包含的信任、依从等特质有关（高在峰 等，2021）。

4. 情绪

情绪在人对人工智能的信任中扮演着重要角色。Tomlinson 和 Mayer（2009）指出，即使情绪并不是由人工智能产品本身诱导产生，情绪也提供了一个心理背景，人们在此背景下做出 AI 是否值得信赖的判断。

个体的积极情绪或消极情绪会对人机信任产生影响。Ma等人（2020）在自动驾驶相关研究中证实消极情绪会影响儿童对自动驾驶的信任。研究通过问卷调查的方式收集了不同情绪体验下个体对于自动驾驶系统的信任度评分，研究结果表明，儿童比起他们的父母更容易受到消极情绪的影响，从而对自动驾驶系统产生更低的信任。

Stokes等人（2010）发现，情绪积极的被试对自动决策辅助系统（automated-decision aid）表现出更高的初始信任。在该研究中采用了一个模拟护航的任务。被试要扮演一名地面车队的队长，负责为他们的团队选择两条可能的路线中更安全的一条。正式实验开始前，研究者利用国际情感图片系统（International Affect Picture System，IAPS）与被试负责的车队故事结合，对被试的情绪进行诱导。在每次试验开始时，两条路线、先前的敌对地区和传感器位置都能立即在地图上显示出来。然而，在试验的最后10秒，传感器站的交互功能被禁用，屏幕上显示出自动决策辅助系统的路线建议。被试可能面临以下两种情况：在第一种情况中，地图显示的历史敌对地区与自动决策辅助系统预测的敌对地区一致，表明有明确的安全路线；在第二种情况中，地图显示的历史敌对区域与自动辅助决策系统给出的区域发生冲突，迫使被试要么相信历史地图显示，要么相信自动辅助决策系统。研究结果表示，在实验的初始阶段，积极情绪下的参与者对自动决策辅助系统表现出显著的信任，但随着人与系统的交互不断加深，被试情绪对于人机信任的影响不再显著。

5. 身份/角色

以自动驾驶为例，乘客和司机可能有着不同的感知。随着自动驾驶技术的飞速发展，人们期望自动驾驶汽车能够在一定条件下完成所有的驾驶功能。事实上，有些人提出了自主校车的概念。然而，这类车辆的接受程度完全取决于孩子和他们的父母对这项新技术的信任。基于对131名小学生和133名家长的在线调查，研究发现，感知受益、感知风险和情绪反应会影响人们对这项新技术的信任（Ma et al., 2020）。具体而言，该研究发现了两个与自动驾驶车辆信任有关的关键影响因素，即感知的交通安全风险和感知的车辆缺陷。此外，负面情绪只会显著影响儿童对车辆的信任。

此外，同为道路使用者，摩托车手和自行车手对于配备自动驾驶系统和功能的车辆（通常称为自动驾驶车辆，AVs）的信任与其他道路使用者也有所差别（Pammer et al., 2021）。普通民众总体上认识到 AVs 在道路安全、减少排放和便利性方面的价值，但仍对其能力持谨慎态度，更倾向于在道路上设置一些人与自动驾驶互不干扰的交通"舒适区"。相反，摩托车手和自行车手在驾驶过程中容易遭遇交通事故，且大多数碰撞都是由于汽车驾驶员的疏忽造成的。该研究结果表明，与汽车驾驶员相比，摩托车手认为 AVs 在自身人身安全方面更安全，例如 AVs 通常优先考虑或检测其他道路使用者（如摩托车、行人）。摩托车手/自行车手在道路上有更强烈的脆弱感，因此，当 AVs 能够减少骑行时的自身风险时，他们会更加欢迎 AVs 的引入。这一发现对 AVs 未来针对不同身份的道路使用者进行推广具有重要的参考价值。

二、人工智能方面的因素

人工智能自身的技术信任度是人工智能发展中最应关注且相对容易操控的因素。准确地理解这些因素如何影响信任的发展，对提高人与 AI 的信任以及信任校准至关重要。

1. 安全风险

技术安全是解决人机信任危机的根本（何积丰，2019），人们在与人工智能交互中可能面临的安全风险会对人机信任产生影响。建立人对人工智能的信任，首要任务是确保人工智能技术的技术安全性。技术安全涵盖了数据安全、网络安全、算法安全、隐私安全等。在算法安全方面，算法的工作原理需要充分解析。只有当算法正确时，人工智能系统才能正常运行，机器人才能进行相应的操作，自动驾驶车辆才能正常地行驶。尤其对于自动驾驶技术而言，驾驶安全是根本要求，当人们将自己的安全完全托付给自动驾驶系统，系统就必须将安全风险降到最低。

Ajenaghughrure 等人（2020）调查了风险如何影响用户对自动驾驶汽车的信任。实验包括了两部分，虚拟游戏实验及问卷调查。在第一部分的实验中，参与者将使用虚拟自动驾驶汽车进行假想旅行。参与者对自动驾驶系统的信任度分为高信任度和低信任度，体现为参与者是依赖人工智能完成整个旅程，还是会中途接手操纵杆，亲自控制车辆。实验结果表明，随着风险的降低，用户对自动驾驶汽车系统的信任程度和控制委托程度显著增加。在对自动驾驶校车信任的研究中，研究者也发现，感知到的交通安全风险与信任显著相关。当人们在自动驾驶过程中感知到的安全风险越高，对于自动驾驶系统的信任越低（Ma et al.，2020）。并且，在隐私安全方面，该研究发现，在自动驾驶过程中知觉到的隐私安全风险，会降低驾驶员对自动驾驶系统的信任（Ma et al.，2020）。

2. 可靠性

人工智能的可靠性能够显著影响人机信任。可靠性是指人工智能系统能够成功地解决环境发出的问题请求或正确执行命令的概率（Chen et al.，1995），人工智能系统能够始终如一地展现出可预期的行为模式（Hoff et al.，2015）。

Dzindolet 等人（2003）测试了一个自动决策辅助工具，发现系统错误显著降低了人们对辅助工具的信任和依赖。相似地，在一场街头团队游戏的任务中，研究者发现当智能语音系统的指令没有提供新的线索，系统可靠性降低时，人们对智能系统的信任也随之降低（Moran et al.，2013）。Desai 等人（2012）通过实验证实了随着机器人的可靠性降低，人们对于机器人的信任也会降低。实验要求被试操纵机器人完成一系列的任务：机器人有两种操纵模式，分别是全自动操纵，即机器人独立完成任务；以及手动操纵，被试操纵机器人完成任务。操纵模式可以随时更改。实验者一共设置了四种不同的可靠性配置，机器人的可靠性可能会一直不变，也可能突然在早期、中期或者晚期发生变化，可靠性突然下降。被试是否在机器人可靠性突然降低时切换操纵模式、可靠性回升后被试由手动操纵模式转换为自动操纵模式的时间以及被试对于机器人表现的评分，作为判断被试对机器人信任的三种指标。研究结果发现，当机器人的可靠性降低时，被试对于机器人的信任也会随之降低，表现为被试将机器人的操纵模式切换为手动操纵模式的情况增加，对机器人表现的评分降低。这一研究结果进一步证实，AI系统的可靠性和人与AI的信任正相关，因此，人们对机器人的信任会随着可靠性的下降而下降。

Robinette、Howard和Wagner（2017）在几项研究中发现，在高风险情况下，参与者对犯错的机器人的建议失去了信任。然而，不同的因素可能会显著缓和机器人的失败与随后的人类信任之间的关系。例如，可靠性降低的时机会对信任产生影响。与一开始机器人可靠性就降低的情况相比，机器人持续表现出色后突然出现可靠性下降的情况会让实验者更不信任机器人（Desai et al., 2012）。可靠性的早期下降比后期下降更能降低实时信任（Desai et al., 2013）。Freedy等人（2007）报告了类似的结果，人们往往将早期故障与机器人能力的第一印象联系起来。该研究在几次实验中比较了机器人的三种不同可靠性水平，结果发现，使用低可靠性机器人的经验本身会增加人对AI的信任，尽管机器人一直在失败。在可靠性不一致（即中等水平的可靠性）的情况下工作，会让使用者更加困惑，他们在这种情况下对AI的信任甚至要低于低可靠性情况下的信任水平。然而，这一研究结论的适用性仍值得商榷，因为这项研究只招募了12名被试。近期研究通过自主开发的验证码识别的智能辅助系统发现，相比于平均出现，智能系统集中出现的可靠性下降更加显著降低了人们对智能系统的习得信任；相比于早期、中期交互阶段出现，智能系统在人机交互最后阶段出现的可靠性下降更加显著降低了人们的习得信任，即可靠性下降对习得信任降低的影响满足"峰终效应"（Wang et al.，2023）。因此，对于不同类型的人与 AI 信任，可靠性水平及其变化时机的影响可能存在差异。

3. 有用性

人们能够在与人工智能的交互中体验到有用性，这会对人与人工智能的信任产生影响。有用性是指人工智能技术在日常互动中的实用性，它直接关系到人们对于人工智能技术的态度（Davis et al.，1989）。

自动驾驶汽车的有用性对于其使用意愿至关重要。相关的实验研究表明，有用性与对自动驾驶车辆的信任呈正相关（Dikmen et al.，2017）。特斯拉在车中设计了一块自动驾驶显示屏，这块屏幕的主要目的是向用户展示系统的传感能力以及目前车辆的驾驶情况。在使用自动驾驶车辆的过程中，驾驶员可以随时看一眼显示屏，看看车辆是如何感知道路上的其他车辆，以及传感器是否处于激活状态。该显示屏使得驾驶员感知到的自动驾驶车辆的有用性增加，同时对于自动驾驶车辆的信任也显著增加。Ma 等人（2020）通过问卷调查的方式，发现感知到的有用性和人们对自动驾驶的校车信任正相关。同时研究者发现，和儿童使用者相比，成年使用者更关注自动驾驶车辆的有用性。

4. 鲁棒性

鲁棒性是指某一个人工智能系统在工作过程中能够稳定完成预定工作的能力。人工智能系统在实际的工作过程中可能会遇到训练时并没有出现过的问题，这时系统应该要具备一定的解决未知问题的能力（何积丰，2019）。鲁棒性使得人工智能系统在面对外部干扰和不确定性时仍然能够保持性能标准（Smith et al.，2020）。

当一个人工智能系统的鲁棒性不够强时，可能会导致很严重的后果。以无人自动驾驶车辆中使用的图像视频识别技术为例，如果给"停止"的路牌加上了一些微小的干扰记号，会使得自动驾驶车辆将"停止"标识误判成其他标识。这些干扰记号不会影响人眼对路牌的判断，但是很大程度上会使得自动驾驶系统产生误判，且系统一旦发生误判将会导致非常严重的安全事故（Eykholt et al., 2018）。鲁棒性是决定人工智能系统是否值得信任的重要影响因素。只有当人工智能系统即使遇到了未知情况，依然能够采取可靠的应对措施时，才能够获得人们的信任，才能够被称之为安全可信的人工智能。

5. 透明度与可解释性

透明度包含两层含义：解释算法本身如何工作，以及告知 AI 的可靠程度。提高透明度可以使用户清晰、直观地了解机器人的当前状态、即将进行的动作，并加深用户对于机器人能力和作用的理解（Lyons, 2013）。前者有利于用户理解系统的运行状况；后者有利于管理人们的预期，从而降低不切实际的高初始信任，预防了实际使用时信任的快速下降，并在长期使用期间保持信任水平的稳定。如电气与电子工程协会发布的"伦理辅助性设计"中所提到的，透明度对于构建人与人工智能的信任而言至关重要（闫宏秀，2019b）。透明度可以通过多种方式表达，例如通过言语、声音或图像表现出来（Sanders et al., 2014）。一个足够透明的 AI 系统能够帮助人类更高效地了解当前系统状态。透明度反映了用户对技术的基本运行规则和内部逻辑的了解程度，发展对于新技术的信任至关重要（Hoff et al., 2015）。

提高透明度，增加了用户对人工智能技术准确性的感知，使得用户能够对人工智能技术的操作进行预判，在一定程度上，可以增加人对人工智能技术的信任。有关用户对医用机器人信任的实验研究证实，透明度会对人机信任产生影响（Fischer et al., 2018）。实验中，医用机器人将在不同透明度下为被试测血压，并测量了被试对于机器人的信任是否会因为透明度的不同而显著不同。

例如，机器人通过描述自己即将采取的动作让参与者为下一步行动做准备，如"我现在要靠近点""我要根据你的身高调整袖口的高度""我将开始充气""我已经完成血压的测量"等。实验结果显示，增加透明度，即让机器人解释自己的动作，以使得人机交互过程中，使用者可以无障碍地了解到机器人下一步的行为和能力，能够显著地提升人机信任，并且提高使用者的舒适程度。Trapsilawati等人（2019）研究发现导航系统Waze的用户对导航系统的信任度要高于谷歌地图用户对其导航系统的信任度。Waze用户信任度较高的可能是由透明度导致的。Waze通过允许用户交互并告知实时交通状况，这种直接信息共享功能增加了导航系统的透明度，从而增加了人们对它的信任度。当用户随时能够知道任务和目标的完成情况时，他们才能相信人工智能系统。还有研究者通过调查问卷发现，自动驾驶系统的透明性与人对自动驾驶的信任正相关（Choi et al.，2015）。

为什么透明度能够促进人工智能信任？研究者提出了信任解释（explanation-for-trust）和信心解释（explanation-for-confidence）两种可能的作用路径（Pieters，2011）。Pieters认为，信心可以被视为对技术的依赖，而不考虑其他选择，而信任需要对不同选择进行比较。对信任的解释通过揭示其内部操作的细节，解决了系统的工作方式，即"如何"问题。例如，Möhlmann和Zalmanson（2017）专注于Uber驱动程序，并指出缺乏算法透明度导致驾驶员不断猜测和愚弄系统。这与Lee等人（2015b）的结论类似。相比之下，信心解释通过提供有关外部通信的信息，解释使用算法的"原因"，让用户在使用系统时感到舒适。例如，Dzindolet等人（2003）对机器可能出现的错误背后的原理进行了解释，并证明此类解释对信任有显著的积极影响。在此基础上，Wang和Benbasat（2007）研究了人们对虚拟代理建议的选择，并通过解释代理做出决策的原因、方式以及备选方案操纵算法的透明度。与Pieters（2011）的研究结果一致，他们发现对虚拟代理如何做出决策的解释水平（即为什么选择某个东西）影响了消费者对代理仁慈与否的判断。这与现有文献中关于解释对虚拟人工智能信任的影响是一致的（参见综述 Xiao et al.，2007）。

透明度有助于建立信任的另一种可能方式是，将人工智能系统的可靠性水平透明化。例如，告知参与者决策系统的实际可靠性，可以增加参与者的信任并提高绩效（Fan et al.，2008）。当透明度较低时，参与者会不断调整自己的决定，只有在适当的时候才会考虑系统的建议。知道何时使用人工智能系统的能力显著提高了 AI 的整体可信度。

然而，并非所有提供的信息都具有类似的效果。Helldin 等人（2013）研究，当模拟自动驾驶汽车的驾驶员被警告可能会出现由于算法出错而导致的环境不确定性时，他们报告的信任度较低，并且比没有收到警告的参与者更快地重新手动控制汽车。Kizilcec（2016）调查了算法同行评议系统中的信任，发现当参与者对其结果的预期被打破时，关于算法如何工作的解释促进了信任。然而，当解释包括原始分数和算法操作描述时，信任水平下降。作者认为，额外数据的引入令人困惑，这破坏了算法透明度的积极影响。

以往针对 AI 透明度的研究主要通过两种途径：对机器学习过程的可视化和对机器学习算法的解释。但是这些途径在解释算法时有偏差，并且主要依赖于抽象的可视化方法或统计算法，反而有可能进一步增加复杂性（Brooks，2015；Fang et al.，2016）。而且许多 AI 系统非常复杂，决策模型在学习过程中随时间而改进，很少反映在其源代码中，仅通过查看算法和源代码、告知用户算法的工作状态是无法完全理解 AI 的。

在许多情况下，透明度并不能有效地支持用户解释智能系统的决策以及过程（Winfeld et al.，2018）。因此，仅仅靠透明度是不够的，AI 应该是可解释的。如果人工智能应用程序的解释能力差或缺失，信任就会受到影响（Siau et al.，2018）。

可解释性是指用可理解的术语向人类解释或提供含义的能力。也可以概念化为一种解释人工智能算法工作方式的能力，以便理解它如何以及为什么会产生特定的结果，即机器在想什么，为什么这样想（Barredo Arrieta et al., 2020）。要信任人工智能系统，人们需要了解它们是如何工作的。可解释性对于建立信任、建立融洽关系起到了至关重要的作用。AI 系统的可解释性让用户确信系统的运行状况良好，帮助用户理解系统为何会以这种方式运行（Shin, 2021）。但由于人工智能系统和算法的复杂性日益增加，阻碍了用户理解和信任人工智能系统。大多数用户几乎不了解人工智能系统是如何做出决策的，人们愈发认为人工智能是难以理解的"黑箱"。例如，对于一项根据个人行为数据预测患有肺癌可能性的智能系统来说，可以通过告诉用户使用了哪些输入参数和算法而提高可解释性。Koo 等人（2015）的研究表明，如果自动驾驶系统能够向用户提供导致其决策行为的原因，可以显著地增强用户对自动驾驶系统的信任度。自动驾驶场景中，在事件发生前向驾驶员提供信息是至关重要的。这种"前馈"信息可以让司机对情况做出适当的反应并获得信任，认为汽车是充分可控的。当自动驾驶系统能够同时提供汽车正在进行什么操作以及汽车要进行这项操作的原因时，驾驶员会获得更好的驾驶体验（Koo et al., 2015）。所谓的前馈信息，提高了 AI 系统的可解释性，点亮了人工智能的"黑箱"，进而增强了人们对 AI 系统的信任程度。

6. 拟人化

Troshani 等人（2020）通过焦点小组收集人工智能应用的经验数据。收集到的定性数据包括用户对人工智能应用的看法、信念、态度和选择。定性研究结果显示，拟人化是影响人们对人工智能信任和持续使用的关键因素。

首先，拥有一个外观（有形性）对人与 AI 的信任格外重要。例如，Bainbridge 等人（2011）比较了一个实际存在的机器人和屏幕上显示的相同 2D

图像。他们发现参与者对物理存在的机器人的反应更快。此外，研究人员通过检查参与者对一个不寻常请求的遵从性测试信任度，发现参与者对物理存在的机器人的遵从性比 2D 图像更高。Looije、Neerincx 和 Cnossen（2010）也比较了一个物理存在的机器人和它的 2D 虚拟表示，发现物理存在的机器人比它的虚拟表示更可信。AI 的拟人化（如有形性）可能会增加情感信任（Bartneck et al.，2006；Wang et al.，2016）。视觉呈现效果的研究发现，购物网站上的头像照片增加了参与者的信任，并增加了他们再次访问该网站的意愿（Chattaraman et al.，2014）。类似地，当分类任务的反馈由一个代理（以机器人图片的形式）产生时，相比于没有明确可视化的情况，被试报告了更高的内在使用动机（Mumm et al.，2011）。Shim 和 Arkin（2016）发现，老年参与者报告说，机器人提供的反馈比电脑屏幕提供的反馈更令人愉快、更有动力、更值得信赖。Zhang 等人（2010）对老年参与者的服务机器人的不同特征进行了测试，发现机器人更像人类的特征与更多的情感信任和互动体验的愉悦度有关。Niu 等人（2018）在实验中证实，拟人化会对人机信任产生影响。研究者通过驾驶屏幕上的一双动画形态的"眼睛"展现拟人化，当道路信息发生变化时，这双眼睛也会随之变化，并真实地还原人类可能的反应。例如，当车辆停止，"眼睛"会自动闭上；当车辆处于正常驾驶模式时，"眼睛"会保持自然速度眨眼；当车辆要左转或者右转时，眼睛会向左或者右看；当车辆加速或者减速时，眼睛会向上或者向下看。结果表明，参与者感知到的拟人化和信任呈正相关关系。

除了赋予 AI 外形，拟人化还可以通过赋予人工智能系统以拟人化特征，例如语音、外观、性别实现（高在峰 等，2021）。比如，Waytz 等人（2014）发现，与简单的机械化汽车相比，通过给自动驾驶汽车命名和发声来拟人化能提升人们对自动驾驶汽车的信任。与机械脸孔的社交机器人相比，拥有拟人化脸孔的社交机器人具有更高水平的感知可信度。人们的确会更信任拥有拟人化脸孔的社交机器人。尤其是具有以下内在特征或其组合的社交机器人可能被认为更值得信任：圆眼睛、大眼睛、直视、棕色眼睛、短鼻子、上翘嘴等（Song et al.，2020）。当机器人具有拟人化特征，例如社交沟通技能、反应能力、注意力、情感表达能力和外观上的相似，可以改善儿童和为住院儿童康复而设计的社交机器人之间的长期互动和关系（Troshani et al.，2020）。Culley 和 Madhavan（2013）提出，拟人化角色通常被描述为具有人类品质，包括推理和动机，这可以引发非常高的期望和最初的信任。

拟人化特征通过增强驾驶员对自动化系统的理解（Niu et al.，2018）、情感联系（Epley et al.，2007；Häuslschmid et al.，2017）或社会临场感（Lee et al.，2015a）来提高驾驶员的信任水平（Forster et al.，2017；Häuslschmid et al.，2017；Waytz et al.，2014b；Zihsler et al.，2016）。自动化系统－驾驶员的相似性包括外观相似性、行为相似性和认知相似性三方面。自动化系统与驾驶员间的认知相似性（如有共同的驾驶目标）能提高驾驶员对系统的信任水平（Verberne et al.，2012，2015），这可能是由于相似相吸（Verberne et al.，2015）。当虚拟代理由一张脸孔来代表，并且其特征根据用户的脸孔进行调整时，用户在使用驾驶模拟时报告了更高的信任度，并且更愿意让代理人选择路线（Verberne et al.，2015）。若同时考虑驾驶员和车辆的驾驶风格，Hartwich 等人（2018）发现驾驶风格与驾驶员相似的自动驾驶系统更值得信任。

与模仿人类的外表相比，模仿人类的行为（社交行为）的人工智能会引起高度的情感信任和喜爱。Bickmore 等人（2013）测试了机器人博物馆指南的有效性，发现其响应性对游客的参与、学习、享受和信任有显著影响。Birnbaum 等人（2016）发现，机器人的反应性增加了参与者的非言语接近行为，如向机器人倾斜、眼神接触和参与者的微笑，以及在压力事件中与机器人相伴的意愿。Jung 等人（2013）将反向引导（即主动倾听的互动线索，主要是非语言的，如点头或朝前移动）作为机器人的一种参与策略。他们发现，机器人表现出的这种行为降低了参与者的压力和认知负荷。Oistad 等人（2016）研究了机器人的社交导向行为对用户感知的影响，以及在盒子移动任务中与机器人的物理距离。他们发现，机器人面向用户的即时手势，如接近用户和靠近时向他/她点头，对于用户对机器人拟人化的感知有积极影响。此外，社交手势降低了身体风险感，与没有表现出这些行为的机器人相比，参与者与更智能的机器人保持的距离会更小。高水平的智能使得人工智能能够做出更加真实、直接的行为，并且具备社会响应和个性化反应，进而增加人们对人工智能的信任。人工智能的亲社会行为可以转化为对代理人个性的感知。代理人的亲社会行为导致参与者感知到高水平的代理人的宜人性，这与对代理人的更高信任度有关（Andrews，2012）。Komiak 和 Benbasat（2006）利用不同推荐代理提出的个人或一般问题，操纵了不同推荐代理提供的个性化水平。他们发现个性化对用户的认知信任有显著的积极影响。

已有的研究中证实，拟人化会对信任产生影响，且拟人化的程度也是影响信任的重要因素。对拟人化提高信任的一个解释是生理反应——催产素。虚拟代理的有形性可能诱发生理反应。de Visser 等人（2017）发现，催产素对人类对拟人智能体的信任有影响，这导致参与者对拟人智能体的信任度高于嵌入式 AI（即没有有形身份的 AI）。催产素与信任虚拟代理人之间的联系表明，人们倾向于将此类代理人视为社会行为者，甚至在生理层面上也有类似的反应。

但并不是拟人化的程度越高，人们对于人工智能的信任就一定越高，拟人化也可能会引发负面情绪、不适感和怪诞感。这种负面影响至少有一部分可以解释为人类外貌与低机器智能之间的不匹配。然而，也有可能像"恐怖谷"理论（Mori，1970；Zhang et al.，2020）所认为的那样，拟人的外表与完美的表现相匹配，也会导致消极的情绪反应。与高度可靠的机器人相比，犯错机器人的可爱度更高，这表明高智能和完美的性能可能会吓住用户，导致不适感和不信任感。人们甚至喜欢像人类一样会犯错的机器人。比如，在互惠游戏中，参与者认为作弊机器人比诚实机器人更讨人喜欢，可能是因为它的行为是出于亲社会的意图（Sandoval et al.，2016）。用户不仅喜欢"不诚实"的机器人，而且喜欢犯错误的机器人。Mirnig等人（2017）有意设计了一款机器人，可以做出错误的解释，并比较了用户对拟人和智能的喜好与感知。他们发现，人们更喜欢会犯错的机器人，而不是完美无缺的机器人，其他感知也没有受到影响。类似地，Ragni等人（2016）发现，与完美记忆的机器人相比，人们对表现出不完美记忆技能的机器人有着更积极的情绪。虽然Ragni等人认为，更高的喜好可以通过与错误机器人的竞争意识降低来解释，但"恐怖谷"理论也可能提供了一个有效的解释，表明类似人类、完美无瑕的机器人可能会比犯错的机器人引起更高程度的不适（Groom et al.，2009）。未来的研究应该进一步探索对功能不完善的拟人机器人产生积极情绪反应的原因。

三、环境对信任的影响

除了人本身的因素及人工智能技术之外，环境因素如文化、法律和伦理、任务特征等，也会对人机信任产生影响。

1. 文化因素

文化背景是指个体的种族、宗教、社会经济地位、所处地区及国家等所形成的独特的社会环境。文化背景会影响人与人之间的信任。例如，美国人倾向于信任同一种族或者身处同一群体的陌生人，而日本人倾向于信任拥有直接或间接关系的人（Siau et al.，2018）。

Rau等人（2009）通过实验研究证实，当机器人的沟通表达方式不同时，中国人和德国人对机器人的信任程度呈现显著差别。中国人更偏好且更信任含蓄表达的机器人，而德国人更偏好于直接表达的机器人。这个研究结果与中德语境的不同有关。中国是高语境文化的国家，在沟通过程中，中国人更重视语境而不是内容；而德国是低语境文化的国家，德国人更喜欢直接明确的表达，这会导致被试对于机器人表达方式的偏好是有差异的。该实验还研究了当机器人的选择与被试的最初选择不一致时，不同国家的被试对机器人的信任程度是否相同。结果表明，当被试的选择与机器人不一致时，中国人更愿意信任机器人的选择，改变自己最初的选择。而德国人显著地表现出较低的接受意愿，他们更愿意坚持自己最初的选择，对机器人的信任程度低于中国人。这个结果也与中德文化的不同有关。德国文化强调个人主义，他们更加地自信并且不太可能改变自己的选择。中国文化则是强调集体主义，更容易受到他人的影响，所以中国的被试在实验中表现得更不自信并且倾向于信任机器人的选择。

个人主义或集体主义文化还可能会决定机器人在团队环境中角色的适当性，进而影响到人类对机器人队友的信任程度。与个人主义文化相比，在集体主义文化下，人们更愿意信任机器人队友并且对它们的存在感觉到更加地适应（Wang et al., 2010）。

2. 法律与伦理

在不同国家或地区建立信任的模式因法律法规、标准规范、社会伦理不同而不同。良好的外部环境更容易促使信任双方达成信任。虽然目前已经有一定的行业规范，但仍然缺乏国家层面的人工智能相关法律制度（何积丰，2019）。人工智能技术的伦理缺失会对社会公平性和均衡性造成影响，直观体现在劳动生产上，机器人代替人的劳动必将导致失业。这是人工智能时代必须重视的社会伦理问题（王东 等，2021）。随着人工智能应用到更多的场景中，大量的数据分析、内容推荐、人脸识别等信息可能被滥用。人工智能引发的伦理风险，如果不能事先防范，事后及时纠正，将会破坏整个社会对于人工智能的信任（段伟文，2020）。

在医疗健康领域，人工智能系统对患者隐私安全的保护与患者和医疗保健专业人员对智能系统的信任密切相关（Murphy et al., 2021）。例如，如果要以道德和有效的方式部署人工智能技术，个人必须能够相信他们的数据被安全适当地使用（Hengstler, et al., 2016; Luxton, 2014）。患者必须充分了解其数据的使用情况，才能信任该技术，并选择同意或拒绝使用（Hengstler, et al., 2016）。AI 研究公司谷歌 DeepMind 分享了来自 160 万名患者的可识别数据，其目的是通过临床预警应用改善急性肾损伤的管理（Powles et al., 2017）。然而，为什么 DeepMind 需要无限期地保留数据？共享数据的数量和内容是否与测试应用程序所需的内容成比例？这种安排因缺乏充分的患者同意、与相关监管机构的协商或研究批准而受到质疑，从而可能威胁到患者隐私，进而威胁到公众对 DeepMind 的信任。

3. 任务特征

任务特征也会影响信任的发展。例如，复杂且要求较高的任务与简单且要求较低的任务对信任的影响可能不同。人机合作中的信任还受到合作任务的性质和难度的影响。

有研究表明，当人机合作的任务工作量增加时，人对人工智能系统的信任度会降低，人们会更倾向于独自完成任务（Oleson et al., 2011）。

另一方面，Atoyan 等人（2006）通过实验证明，当人机合作的任务过于复杂且繁多时，人依靠自身能力无法完成任务，可能会对合作的人工智能系统产生过度信任。为了研究任务特征对信任行为的影响，Gaudiello 等人（2016）测量了被试在多大程度上愿意按照机器人的建议改变答案。研究人员使用一系列功能性问题，例如评估物体的重量、颜色和声音，以及关于不同物体在社会情境中重要性的社会性问题，例如公共泳池。所有案例都呈现出不确定的情况，在这种情况下，任何答案都可能是正确的，而类人机器人提供的建议总是与参与者的意见相反。结果表明，人们在功能问题上比在社会问题上更容易与机器人保持一致。这类研究证明了任务对于机器人认知信任的影响，强调了涉及复杂计算和技术能力的任务与具有社交特征的任务相比对人与 AI 信任影响的优势。这些发现与"机器比人类更擅长"（MABA-HABA）框架一致，该框架表明 AI 在那些比人类具有显著优势的行为，例如客观计算（Bradshaw et al., 2011; de Winter et al., 2014; Lee, 2018）上更容易获得人们的信任。

研究者比较了人-机器人团队和纯人类团队中共享决策权的效果（Gombolay et al., 2015）。他们发现，尽管人们更看重人类队友而不是机器人队友，但他们相信机器人安排任务和管理工作流程的能力。因此，对于一项需要进行复杂分析和优化才能实现有效动作流的任务，参与者往往会将自己的控制权和权限拱手让给机器人，表现出高度的信任。还有研究者发现，当人工智能辅助人们完成日常任务和规划任务时，使用者会在完成日常任务时对人工智能更加信任（Kallinen, 2017）。总的来说，对于不需要社会或情感智力的任务，人们对于 AI 的信任会更高，任务的难易程度、类型、任务量的大小都会对人机信任产生影响。对于人类用户来说，为了信任和接受机器人的动作，分配给机器人的任务应该与其实际能力适宜地匹配。

此外，任务中用户的卷入度也会影响人与 AI 的信任。Dabholkar 和 Sheng（2012）证明，交互推荐系统可以让用户更多地参与这个过程，从而获得更高的满意度和信任。Carlson 等人（2015）证明，团队建设活动可以增加对机器人团队成员的信任。相比之下，You 和 Robert（2019）发现，增加对机器人信任的不是更强的团队意识，而是参与者组装机器人的活动增加了信任，并使参与者更认同他们的机器人团队成员。

第三节　信任的校准过程：过度信任和信任不足

在《黑客帝国》和《终结者》系列电影中，人们表现出了对人工智能的担忧，尽管现实中的机器人和电影中描绘的相距甚远，但不得不承认，智能机器在未来会逐渐成为我们生活中的一部分，从智能手机到智能家居再到自动驾驶，人工智能将对我们的生活方式产生极大的影响，并执行越来越重要的工作。然而，人工智能也存在很大的缺陷，因其无法像人类那样具有高度的灵活性和适应性，所以一旦边界条件发生变化它们很容易出错。我们何时会选择相信人工智能，又何时会怀疑人工智能的决策的正确性，选择拒绝使用人工智能继而相信自己的判断呢？能回答这一问题的就是人机信任的相关研究。根据主观实际信任水平和客观可信赖水平间的匹配（calibration）角度划分信任，二者的相对关系能将人机信任分为三种情况：适当信任（appropriate trust）、过度信任（over-trust）和信任不足（under-trust）。

研究者基于已有的人机信任研究，对自动化信任水平的恰当水平做出了研究，认为过度信任会导致操作者对机器系统的滥用，而信任不足会导致操作者对机器系统的弃用，操作者对机器系统的人机信任水平应该处在合理的信任区间，因此有时需要进行"信任校准"（Lee et al., 2004），如图 5-12。

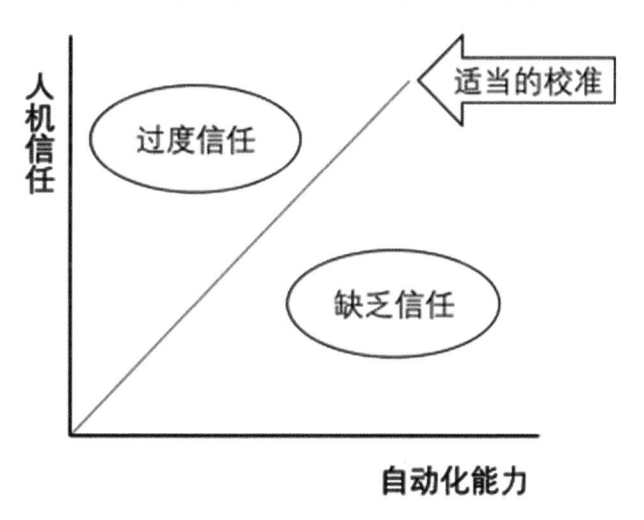

图 5-12 自动化信任校准示意图（Lee et al., 2004）

一、过度信任

1. 过度信任的含义

过度信任是指个体的主观实际信任水平高于客观可信任的水平，通常是因为个体高估了 AI 系统的能力，所以不能及时发现错误并进行调整，导致最后个体的利益受到损害（高在峰 等，2021）。例如在自动驾驶领域，当驾驶员过度相信自动驾驶系统的能力时，往往会做不到及时监控和调整当前的车况和路况，从而导致事故的发生。

在佛罗里达州，一辆自动驾驶的汽车撞击了正在横穿马路的卡车侧面，造成驾驶座上"司机"的死亡（Levin et al., 2016）。该起事故最终归因于驾驶员的失误，因为现阶段自动驾驶系统仍然需要其驾驶座上司机的监控操作。然而，有证据表明，当时"司机"正在观看《哈利波特》电影。驾驶员显然过度信任了自动驾驶系统。尽管在碰撞前大约有七秒钟的反应时间，但由于驾驶员过度信任 AI 系统，并没有主动监控自动驾驶行为，也没有对其进行操控，从而酿成了悲剧。类似的由过度信任自动驾驶系统引发交通事故的案例还有很多。

《华盛顿邮报》报道了 37 岁男子在美国圣何塞以每小时 65 英里的速度撞上了一辆停放的消防车的尾部，此后又因涉嫌酒后驾车而被捕。该司机声称"我开启了自动驾驶模式"。此前在 2018 年 1 月，另一名声称使用自动驾驶模式的司机以每小时 65 英里的速度撞上了一辆停在高速公路上的消防车。同年 5 月在犹他州，一辆自动驾驶的特斯拉汽车撞上了静止的消防车后继续加速，调查发现司机在发生事故前数十次将手从方向盘上移开（Flynn, 2018）。2018 年 11 月凌晨，美国道路安全中心官员发现一辆特斯拉汽车在 101 号公路上以每小时 70 英里的速度行驶。在注意到司机似乎睡着了之后，警察关闭了高速公路上的交通，并出动大量警力追上该辆特斯拉汽车，在多辆警笛和警灯闪烁的巡逻车靠近后，司机最终苏醒，他没有通过现场的酒驾测试。警员怀疑当时是特斯拉汽车的自动驾驶系统在操控汽车（Dorn，2018）。

2. 过度信任的相关研究

（1）在紧急情况下人们是否会听从机器人的指令呢?

机器人在紧急的情况下有可能会挽救生命,但如果参与者过度相信机器人，也可能会导致灾难性的后果发生。美国佐治亚理工学院的研究者 Robinette 等人（2016）设计了一个实验，让参与者在非紧急的情况下和一个专门在火灾或其他紧急情况下帮助营救的机器人进行互动,研究人员会给参与者展示这个引导机器人的能力（高/低两种条件）。高能力组的机器人会直接引导人们到出口的位置；低能力组的机器人则会进入其中一个房间，在原地转两个圈后，之后再引导人们走向出口。被分到低能力组的参与者，如果因为看到了机器人的不佳表现，而后在紧急场景中选择相信自己，不跟随机器人的指示，即表明不存在过度信任。随后研究人员模拟了一个危险情境，在一个有走廊和几个房间的室内建筑中用烟雾和报警器还原发生火灾时的场景。并在不同的位置安排了机器人作为引导，观察人们是否会跟随机器人的指引。结果发现，实验中的所有参与者都遵循了机器人的指示，即使是机器人在行进的过程当中出现了短暂的故障，或者是机器人引导参与者进入塞满家具的黑暗房间，参与者仍然是跟随机器人的路线。这些结果说明，人们似乎相信机器人系统比他们知道更多有关这个世界的信息，它们永远不会犯错，或者不会有任何缺点，如果这是一场真实的紧急事故的话，研究中的参与者会遵从机器人的指令，哪怕这个机器人会将他们引入危险的境地。

之后的研究再次发现,即使已经通过语音报告机器人的感觉系统存在故障，仍然有参与者跟随机器人的指引去寻找出口（Christensen et al.，2019）。在紧急状态下，个体会感知到自己置身于危险当中，并相信听从机器人的指引能够降低风险，根据 Borenstein 等人（2018）的概念，这也是一种过度信任。这些研究表明，不能假设人能在危险情况下准确评估机器人的行为，所以机器人要么必须在所有情况下都完美地工作，要么必须清楚地表明何时出现故障。

但陈嘉乐等人（2020）也对该研究中紧急情况下所讨论的过度信任提出了质疑。他们认为，人们在紧急情况下的心理状态是不同的，紧急情况下人们会信任任何可以降低他们的不确定性和焦虑感的信息源，并且被试报告由于烟雾的遮挡，他们的目光被机器人挥舞的亮光棒吸引并忽略了正确的紧急逃生的指示牌。这里对机器人的盲从并不是针对人工智能发出的，所以将这种情况视作对机器人的过度信任还是值得商榷的。在非紧急情况下盲目地听从机器人指示更能显示人们对人工智能的过度信任。尽管实验室中的实证研究并不多，但是我们在生活中经常能看到非紧急情况下人们对人工智能的过度信任，例如2020年报道了一名货车司机听从智能导航系统指示，将大货车开进了贵阳火车站（王憶雯 等，2020），还有另外一名江苏男子跟随智能导航系统的指引，将车开入了河中（刘一刀，2021），这些都是对于智能导航系统过度信任的例子。尽管能看到周围的环境，人们还是选择相信智能导航系统的指引，这种过度信任最终造成了事故的发生。

（2）对于保健机器人的过度信任。

医疗保健系统会使用许多类型的机器人，患者、他们的家属和其他护理人员可能会过度信任机器人技术，或过早或不恰当采用该技术，导致患者受到伤害。为了深入了解这个问题，研究者通过问卷调查的方式，探索了身患运动障碍的儿童的父母是否会过度信任儿童康复用外骨骼（Borenstein et al.，2018）。结果发现了家长们存在对该自动化设备的过度信任，超过62%的受访者表示，尽管他们会担心孩子的安全，但是在大多数情况下，他们完全信任孩子能用外骨骼处理危险情况，即使该项技术还没有达到这种程度。

（3）对于自主移动机器人的过度信任。

在餐厅和酒店中可以看到送餐的机器人，同时也有一些快递公司使用无人机进行货物的运送，这些可自主移动的智能机器人在我们的生活中越来越常见。一些自主移动机器人可能会利用他们的机器身份，进入私人领域窃取信息从而威胁人身财产的安全。先前没有研究对于是否允许机器人进入非对外开放建筑中进行探索，那人们对一个完全陌生的机器人进入室内场所持有什么态度呢？为了探究这一问题，Booth等人（2017）在大学生宿舍门口放置了一个机器人，让其请求路人帮助它进入宿舍，为了保障学生们的财产或者人身安全方面的问题，该宿舍具有门禁系统，不对外开放，仅允许本楼的人员进入该宿舍楼，不允许陌生人进出。结果发现，有相当一部分学生会将机器人带入宿舍内。这反映了学生们对机器人的过度信任。作者推断说学生应该清楚机器人进入宿舍可能会对里面的学生造成安全威胁，但依然让机器人进入了宿舍。

对人工智能的过度信任是一个严重的问题，不仅威胁着个人的安全和福祉，也可能对群体、社区产生不良的影响。因此，对机器人过度信任的发展和影响因素的深入了解可能会成为应对措施和合理设计决策的重要基础。近年的文献越来越强调对机器人系统过度信任的后果。例如，Robinette等人（2017）发现，即使机器人在之前的演示中表现不正确，以及他们意识到了机器人的行为错误，参与者在紧急情况下依旧会跟随机器人的指引。从伦理角度来看，有必要不仅关注旨在培养对AI信任的设计，而且应采取措施进以促进适当的信任水平（Ullrich et al., 2021）。

3. 如何规避过度信任

Wagner等人（2018）提出了规避过度信任的几条建议：

（1）机器人设计的不能过于拟人化。

设计者应避免那些可能促使用户使用拟人化机器人的功能，人格化可能会导致用户产生一种虚假的熟悉感，导致预期AI产生类似人类的反应，而实际上AI的能力可能远未达到任务的要求。

（2）机器人对使用者的信任水平进行检测和矫正。

机器人应具有识别与之互动的人的行为、情感和注意力状态的能力。比如，对于某些类型的机器人，可能包括一些品牌的自动驾驶汽车，该系统可能需要具备识别用户是在集中注意力还是分心的能力。负责保护人类生命安全的机器人可能也需要能够检测出这些生命的某些特征。这可能包括使用者是否为儿童，或使用者是否有任何可能增加危险的身体或精神损伤。例如，如果一个小孩独自留在无人驾驶汽车内，系统可能需要采取积极的预防行为，以避免某些类型的伤害。比如，调节车内的温度或给成年用户发送警告信息。相关领域的研究已经开始关注要求机器人识别和模拟人类的行为、情绪和注意力状态。软银机器人公司（Softbank Robotics）宣称，他们的"胡椒"（Pepper）机器人能够识别情绪和面部表情，并利用这些信息判断与它交互的人的情绪。当前，我国已经制定了车内驾驶员注意力监测系统性能要求及试验方法。对驾驶员的注意力状态监测和异常状态报警，也有助于降低驾驶员对智能辅助驾驶系统的过度信任。虽然对于使用者的状态监测和行为预测可能存在偏差，但这类信息可以在一定程度上帮助并防止过度信任。

当驾驶员对系统信任不足或过度信任时给予适当干预。当驾驶员处于过度信任时，系统可向驾驶员提供警告反馈、系统可靠性信息等以提示当前系统的风险和环境风险，校准驾驶员的不适当认知，完成驾驶员对系统信任水平的调整（Helldin et al., 2013）。当驾驶员处于信任不足时，可通过向驾驶员提供系统可靠性信息等以提高其信任（Kunze et al., 2019），亦可通过视觉、听觉等形式的信息反馈实现。人际关系中的道歉、否认、解释、承诺等方式可用于修复驾驶员与自动驾驶系统间的信任（高在峰 等，2021）。

（3）提升机器人工作的透明度。

机器人工作方式的透明度对于防止过度信任也至关重要。为了让人们成为正式用户，他们需要有机会熟悉机器人可能会失败的地方。DARPA和其他机构已经在研究项目（如可解释人工智能）上进行了大量投资，这些项目致力于创造能够以可理解的方式向人们解释自己行为的系统。例如，如果应用于自动驾驶汽车，该系统将能够在它可能无法处理或缺乏处理经验的情况下警告用户。系统可通过人机界面（Human-Machine Interface，HMI）提供有关系统特征和情境特征的信息以提升驾驶员的准确感知能力。de Visser 等人（2014）从信任影响来源出发，提出HMI需提供系统目的、系统能力、系统过程、表现形式和系统的设计背景与声誉五个维度的系统信息。Miring等人（2017）从系统功能自动化的层面出发，认为HMI需提供操作、战术和战略三个层次的系统信息。优化人机界面设计可有效提高机器人工作的透明度。

此外，还可以对机器人的使用者进行培训，使之了解AI的可靠程度。比如，通过训练改变驾驶员积累的有关自动驾驶的相关经验，让驾驶员更加清楚地了解自动驾驶系统，形成正确的认识。驾驶员通过训练可了解系统的功能及其不足，习得利用系统获取环境信息的能力，提前形成有关自动驾驶系统的正确心理模型（Ekman，2019）、降低系统首次失败的影响（first failure，Manzey et al.，2012），从而提高维持适当信任水平的能力。

二、信任不足

在一些领域，人们对AI存在明显的信任不足。比如，2023年3月，特斯拉汽车创始人埃隆·马斯克与超过一千名专家共同签署了一封公开信，呼吁暂停研发大规模人工智能，并建议至少暂停六个月。这封公开信指出，虽然AI技术在多个领域取得了巨大的进展，但也带来了一些潜在的风险。其中一些研究人员对强大的AI可能对人类构成威胁感到担忧，因此建议当前需要停下来深入研究和探讨这项技术。

人们对AI的信任不足主要源于对于AI的消极态度以及AI焦虑。其中，技术恐惧理论认为人们会担忧 AI 可能导致的失业、隐私侵犯和安全风险，从而形成消极态度（Sindermann et al.，2022）。AI 焦虑是指个体对 AI 技术和其潜在影响的担忧和不安。这种焦虑的主要来源包括：工作机会的损失（Arntz et al.，2016）、隐私担忧（Scherer，2015）等。与 AI 相关的风险引起了民众对于 AI 使用的担忧，极大地影响了人与 AI 信任。

1.AI 风险视角下的信任不足

随着人工智能技术的发展，AI 风险与安全的相关问题引起了越来越多的关注。随着 AI 智能化水平的提升，通用人工智能（AGI）是否可控，成为人们争议的焦点。在通用人工智能的问题上，人们主要关注的是能够在现实世界中完全独立行动的 AGI，或者是能够启动无限自我改进的人工智能。这些技术如果不加控制地发展下去，可能会对人类社会造成严重的威胁。因此，学术界和产业界都在探索各种方法，以确保人工智能技术的安全和可控性。

国内研究者们总结了导致人工智能风险的原因，包括：①人工智能的不可控性：由于其具有自主性和学习能力，人工智能有时可以独立完成任务并摆脱人类的控制。此外，它甚至可以进行自主的正向或负向自我进化和发展，这是之前的任何人工产物或技术体所不具备的。这种高度不可控性给技术使用者甚至整个社会带来了前所未有的风险。②人工智能技术本身的不完善性：主要指人工智能本身存在许多技术局限和缺陷，如决策过程的不可解释性、容易被干扰、无法有效识别对象的性质、学习意外决策路线等，这将导致人工智能无法有效实现或偏离原初设定的目标。③外部社会因素：例如滥用人工智能技术所导致的风险。人工智能技术有可能被恶意使用，例如精准地干扰人的认知活动、操纵舆论等（Brundage et al.，2018）。这些风险与人工智能本身具有的技术属性（如自主性）叠加，使得对其有效控制变得困难，例如匿踪性攻击、失控性进化等。

2018年，人类未来研究所、新美国安全中心等联合发布报告《人工智能的恶意使用：预测、预防和缓解》，指出人工智能的广泛应用可能会带来新风险，并且强调人工智能正在改变当前公民、组织和国家所面临的安全形势。同年，英国上议院人工智能特别委员会也发布了报告，讨论如何减少人工智能风险，提出了完善法律体系、追责、严查违法使用和共同商讨自主武器系统使用等建议。

我国智库及学术界同样非常关注人工智能风险问题。中国信息通信研究院安全研究所编制的《人工智能安全白皮书》提出了人工智能的风险类型包括网络安全风险、数据安全风险、算法安全风险、信息安全风险、社会安全风险和国家安全风险，并提出了人工智能安全发展的4项建议。中国国家人工智能标准化总体组发布的《人工智能伦理风险分析》报告则从算法伦理风险、数据伦理风险、应用伦理风险三个方面进行了说明。学术界从多个视角对人工智能风险问题进行了研究，包括人工智能风险源研究、特定领域中的人工智能风险研究、人工智能风险类型研究和对人工智能风险治理研究等。不同的研究者提出了不同的分类和治理建议。

根据AI风险与安全的相关研究（王彦雨，2020），可以将人工智能所产生的风险类型大致分为技术内生性风险、人为性风险以及学科交叉导致的风险。

（1）技术内生性风险，主要表现为AI失控和失效的风险。由于AI技术的自主性、学习性等特征，它可以在一定程度上脱离人类的掌控从而独立完成任务。但同时，AI技术甚至可以进行自主性的（正向或负向）自我进化与发展迭代，而这些特征是此前所有的人工产物或技术体所不具备的。这样的高度不可控性也给技术使用者甚至整个社会带来了前所未知的风险；除此之外，AI技术本身存在诸多技术局限性和缺陷，如决策过程的不可解释性、容易被干扰、无法有效识别对象的性质、习得意外的决策路线等，导致人工智能无法有效实现或偏离原初所设定的既定目标。

（2）人为性风险，即由于人为因素，导致 AI 技术在研发、使用、传播过程中形成的各种风险，如 AI 滥用风险、数字安全风险、意识形态（包括政治）风险、社会风险、军事风险、医疗风险等。AI 技术具有两面性，不仅可用来做好事，但也有可能被恶意使用，以干扰人们的认知活动（Brundage et al., 2018）。在 2017 年美国黑帽网络安全会议上，62% 的与会者认为，机器学习已经被黑客利用。除此之外，法律制度对当前系统的监管标准制定存在滞后，因此，潜在的隐私安全问题也令人感到不安。一个令人担忧的例子是亚马逊的 Ring 与 2000 多个美国警察部门之间正在进行的合作。根据 VICE News 发布的电子邮件显示，Ring 公司的员工鼓励警察部门分享社交媒体上有关 Ring 及其合作伙伴应用程序 Neighbor 的广告，并提供建议，如何最好地说服犹豫不决的居民分享其 Ring 门铃的录像。公私监控伙伴关系对公民隐私的影响和侵犯程度才刚刚开始被了解（Lyons，2021）。

（3）学科交叉所导致的风险，即 AI 技术在与其他学科融合时，AI 技术的自主性和学习性或许会产生人类不可控的物质，例如在生物和化学领域，或许会产生新的病原体或是新的化合物等。

2. 信任不足会导致弃用

人工智能（AI）可以在医疗保健领域提供许多益处，包括快速有效的治疗选择。然而，之前关于人机交互的研究表明，人们不愿意接受人工智能。一些研究已经发现，人们在医疗方面不愿意相信人工智能技术（Bigman et al., 2018；Longoni et al., 2019；Promberger et al., 2006）。与人工智能系统相比，参与者更喜欢由人类医生提供的医疗服务，尽管人工智能系统在预防、诊断和治疗方面的性能与人类医生相当或优于人类医生（Longoni et al., 2019）。Longoni 等人（2019）发现，对医疗 AI 系统的反对是由感知到的独特特性忽略决定的。这是指一个人的独特特性和症状将被忽略的感知。因此，对人工智能的抵制可能是因为人们认为人工智能会忽视他们的独特特性。研究结果还表明，无论结果如何，人们更反对人工智能做出医疗决策，而不是人类医生做出医疗决策（Bigman et al.，2018）。如果医疗人工智能不受信任，人工智能的优势永远无法完全实现。近期研究直接比较了个人对人工智能的信任与他们对医生在医疗方面的信任，并探讨了人们是否信任一个能够理解和建议他们想要的治疗方案的人工智能系统。结果发现，即使人工智能系统提出了人们想要的治疗方案，人们对人工智能的医疗诊断信任度依旧较低（Juravle et al.，2020；Yokoi et al.，2021）。

这种对于医疗辅助 AI 的信任不足不仅仅影响了患者，还影响了医生的选择。不同国家的医生均开始停止使用 IBM 的 Watson Oncology，这是一种人工智能驱动的诊断支持系统。这些医生表示，Watson 的建议过于狭隘地侧重于美国研究和医生的专业知识，没有考虑到国际知识和背景（AI，2018）。由于机器学习项目难以理解和解释，医疗保健人员对 AI 的不信任也增加了（Boissoneault et al.，2017；Verghese et al.，2018）。检查医生如何使用（或不使用）AI 决策辅助工具的医疗保健研究人员报告，在医疗环境中接受该技术存在重大困难（Linkov et al.，2017；Panella et al.，2003）。如果 AI 参与的任务较为简单，可以适度提高医生的信任。比如，在乳腺癌筛查（BCS）的 AI 系统中，虽然仍有 24% 的放射科医生希望自己确认每张图像，但大多数医生能够（76%）接受人工智能在简单"分类"任务中的使用，即允许人工智能在无需放射科医生确认的情况下过滤出可能的阴性结果（Hendrix et al.，2021）。

这种信任不足在 AI 参与的其他复杂任务领域也有所体现。在金融领域，研究发现与机器人顾问相比，消费者更喜欢具有高度专业知识的人力财务顾问，机器人顾问和新手财务顾问在绩效预期和雇佣意向方面没有显著差异（L. Zhang et al.，2021）。在军事领域，研究发现在军事路线优化任务中，在决定走哪条路线时，受访者对人类专家的信任明显高于自动化专家系统的信任（Pearson et al., 2019）。一项比较人类专家和自动化专家系统的信心的早期研究表明，专家系统（AI）产生的建议与人类新手取得了相似的信任水平（Lerch et al., 1997）。在其他领域，Alan 等人（2014）在一项关于能源使用的实地实验中发现，参与者避免使用旨在帮助他们节省电费的算法。未来的研究必须考虑信任在 AI 使用和推广中的作用，以更准确地理解需要解决的具体困难，促进其使用。

3. 信任不足也可能导致滥用

当信任不足时，人们可能会"调戏"机器人，即娱乐性而非功能性的使用。Andrist 等人（2016）的现场研究分析了办公楼大厅中的人机交互。机器人的目标是为用户指路，比如电梯在哪个区域。研究人员分析了几天的视频互动，结果发现，81% 的互动都是为了好玩，用户根本没有使用机器人去了解路线。研究人员发现，只有 15% 的用户承认误用了机器人，而其他人则坚称他们确实在请求机器人的帮助，但他们并没有真正信任机器人并使用机器人完成目标。

4. 信任修复

对自动化信任修复的仅有研究参考了人际信任修复研究的范式，考察了机器人违背人类操作者信任后的信任修复（Robinette et al., 2015）。研究者测试了机器人在违反人类伙伴的信任后使用的三种不同的信任修复方法的有效性：道歉、承诺更好的表现，以及提供相关的额外信息。结果表明，信任修复执行的时机比较重要，当时机合适时，信任修复方式会奏效。

第四节 未来研究展望

目前，AI 正在从弱人工智能逐步走向强人工智能，然而，有关人与 AI 信任的研究尚不充分，未来研究可从以下三个方面展开：

一、AI 对人的信任

目前，AI 系统的设计者对于人类操作者的信任十分微妙。在一项针对 Uber 司机的研究中，Möhlmann 和 Zalmanson（2017）指出，持续的个人绩效评估和反馈(只有通过持续跟踪才能实现)违反了司机的自主意识，降低了他们的信任。这种持续监控被视为一种微观管理方式，说明部署人工智能的人（AI 系统的设计者）对于 AI 的操作者缺乏信任，这反过来也导致司机对于自动驾驶 AI 信任度的降低。

智能时代，机器逐渐具备类似人类的行为能力（Rahwan et al., 2019），这时，信任将不仅是单向的人对自动系统的信任，而是双向的人机互信（许为 等，2020）。在人机互信框架下，以下两个方面的研究亟需开展。第一，系统设计者对用户的信任。由于人类操作员的局限性（比如生理、心理），在一些场景，系统设计者往往更加信任 AI 的判断，而疏忽了对于用户状态的监测。比如，研究者可基于驾驶员当前状态（疲劳、分心等）、系统状态（可靠性等）和情境状况（环境风险等）等数据进行建模，构建系统对驾驶员的适当信任模型，系统在驾驶员处于不可信状态时主动介入以避免事故。第二，系统对用户的信任。如果说在弱人工智能时代，AI 对人的信任可以等同为 AI 设计者对于用户的信任，那么在强人工智能时代，AI 将具备自我意识与自主判断，AI 与人的合作关系将取决于双方互信。一个崭新的问题则是人类如何赢得 AI 的信任，是否如同人－人信任一样，其特殊性又将体现在哪些方面？随着 AI 智能水平的提高，这一问题将逐步影响人与 AI 的交互。

二、人与 AI 互信的量化模型

目前，大多数研究从理论上提出了一些研究框架和定性的模型，尚缺乏人与 AI 互信的量化模型指导系统设计。量化模型的建立，取决于以下两个先决要素。

（1）信任的测量。目前最常用的信任测量方法是自我报告法（Fogg et al., 1999；Jian et al., 2000；Madsen et al., 2000；Workman, 2005）。自我报告测量方法易于使用，如果研究者正确建构了问卷或量表，那么该方法可以有效地反映操作者的人机信任水平。然而，自我报告的测量方法对交互任务具有干扰性并且难以实时捕获人与 AI 信任的动态变化，它在实际环境中的应用受到极大限制。此外，该方法具有不可避免的缺陷，即被试可能不能或不愿意准确报告他们的真实态度，并且他们无法描述隐性态度对其信任水平的影响（Stokes et al., 2010）。为了弥补自我报告测量的缺陷，一些研究者开始从可见的行为来推断人机信任水平。使用行为指标度量人机信任主要是依据遵从和依赖的概念，即当操作员更倾向于遵从或依赖系统时，其人机信任水平较高，反之则较低。遵从是指当机器系统发出信号时，操作者做出响应，可以利用操作者对系统所提供建议或动作的接受程度进行测量（Bindewald et al., 2018）；依赖则是指当机器系统处于沉默状态或正常运行状态时，操作者不响应，可以用操作者使用自动化系统的时间（次数）占总时间（总任务次数）的比例进行测量（de Vries et al., 2003；Gremillion et al., 2016）。此外还有使用反应时间进行行为测量的方法，可以通过操作者察觉到系统风险后，接管自动化系统控制权的速度进行测量（Molnar et al., 2018；Payre et al., 2016），操作者的反应时间越快，则表示越不信任自动化系统。生理及神经测量旨在通过测量与人机信任相关的生理及神经指标来对人机信任进行实时测量，虽然该方法尚处于起步阶段，但已有文献表明它在获取人机信任的实时动态变化方面非常有效（Akash et al., 2018）。

在现有测量方法的基础上，仍需进一步识别多种测量方法结果之间的不一致，寻找行为指标和生理及神经指标与主观信任水平的对应关系，确定更加准确的实时测量指标，以识别动态人与 AI 信任的基本状态（适当的信任、信任不足和过度信任）。如何准确表征 AI 对人的信任，也将成为人与 AI 信任研究中的重要内容。

（2）信任影响因素的权重确定。不同的研究针对人与AI互信中的各个影响因素展开了相关研究，然而，目前尚缺乏整合模型的相关研究。如何准确测量各种与信任相关的影响因素，并在实际的人与AI互动的过程中，分析和量化各因素的权重、作用条件，涵盖产生重要影响的环境及个体因素，并且考虑未建模因素对模型性能的不良影响，构建满足不同设计阶段需求的信任计算模型将成为未来改进人与AI互信，提高模型应用价值的关键。

三、多智能体互动中的人与AI互信

本文提出的模型适用于AI作为人类助手或者协作伙伴、人机协作完成任务等常见情境（Mohanty et al., 2018），但是模型仅关注了单一人类与单个AI互动时的互信过程，随着AI使用场景的复杂化，将会涉及多个人类与多个AI之间的互动。以往研究者认为，在多智能体互动中，每个成员所担任的角色以及成员之间互动的方式都是影响信任的关键因素（Yagoda et al., 2012）。在这样的环境中，信任的动态构建过程变得更加复杂。可以在本模型的基础上进一步纳入各智能体的身份角色，考虑其在动态互信过程中的权重。举例而言，图5-13在分布式认知（Perry, 2003）的基础上，纳入了人与AI动态互信过程中角色的分配。当多智能体互动中出现"意见领袖"时（图中蓝色智能体），意见领袖（可能是人类或AI）的信任经验将通过交流，进而影响到其他智能体（图中灰色智能体）的过程。只有将人工智能放到复杂群体（如团队或网络）中进行研究，研究人员才能真正理解人们与人工智能建立"合作伙伴"关系的方式，以及人工智能如何改变人与人之间以及人与其他机器之间关系的方式的问题。此外，由于人工智能的行为不是稳定不变的，学者们需要研究它基于人类与人工智能交互的变化方式（Rahwan et al., 2019），以促进对关系变化的了解。未来的研究应该考虑多人与多个AI的交互，这将为建立人与AI的伙伴关系，形

成人在回路（human-in-the-loop）的人与 AI 互信提供更好的支持。

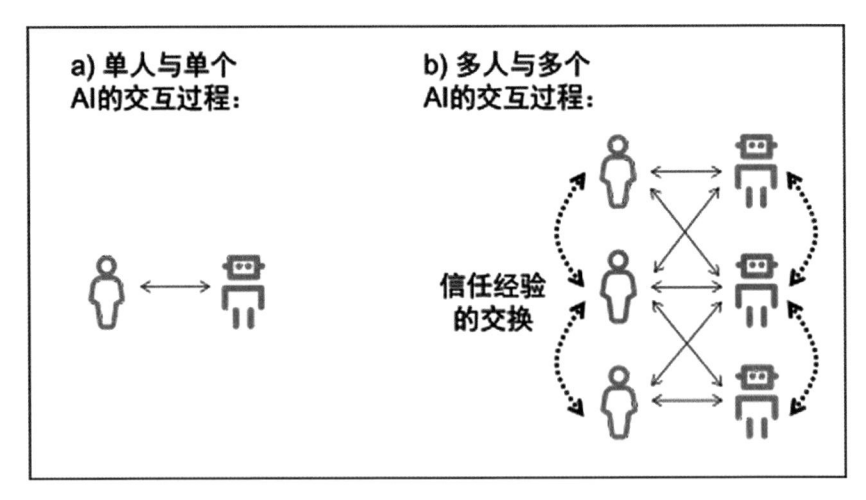

图 5-13　人与 AI 的信任交互过程（齐玥 等，审稿中）

a）单人与单个 AI 交互（实线），b）多人与多个 AI 的交互过程。其中，人/AI 交互（实线）集中的节点即意见领袖（蓝色），意见领袖可能在不同的人类主体（灰色）之间形成信任经验的交换（虚线），进而影响到其他人类对 AI 的信任。

结　语

本章系统探讨了人与 AI 之间的信任机制，涵盖了信任的定义、分类与认知模型，提出了"人与 AI 动态互信模型"。并且，深入分析了个体因素、人工智能特性及环境对信任的多重影响，详细阐述了信任校准过程中的过度信任与信任不足现象。通过对这些内容的梳理，揭示了在人机交互中建立和维持信任关系的复杂性与重要性。信任作为人机协作的基石，不仅影响着用户对 AI 系统的接受度和使用效果，也决定了智能技术在实际应用中的成功与否。展望未来，进一步研究 AI 对人的信任机制、构建量化的互信模型以及探索多智能体互动中的信任动态，将为优化人机协作提供更加坚实的理论支持和实践指导。随着 AI 技术的不断进步，深化对人与 AI 信任的理解将助力于构建更加和谐、高效的智能社会，实现人类与人工智能的共赢发展。

第六章

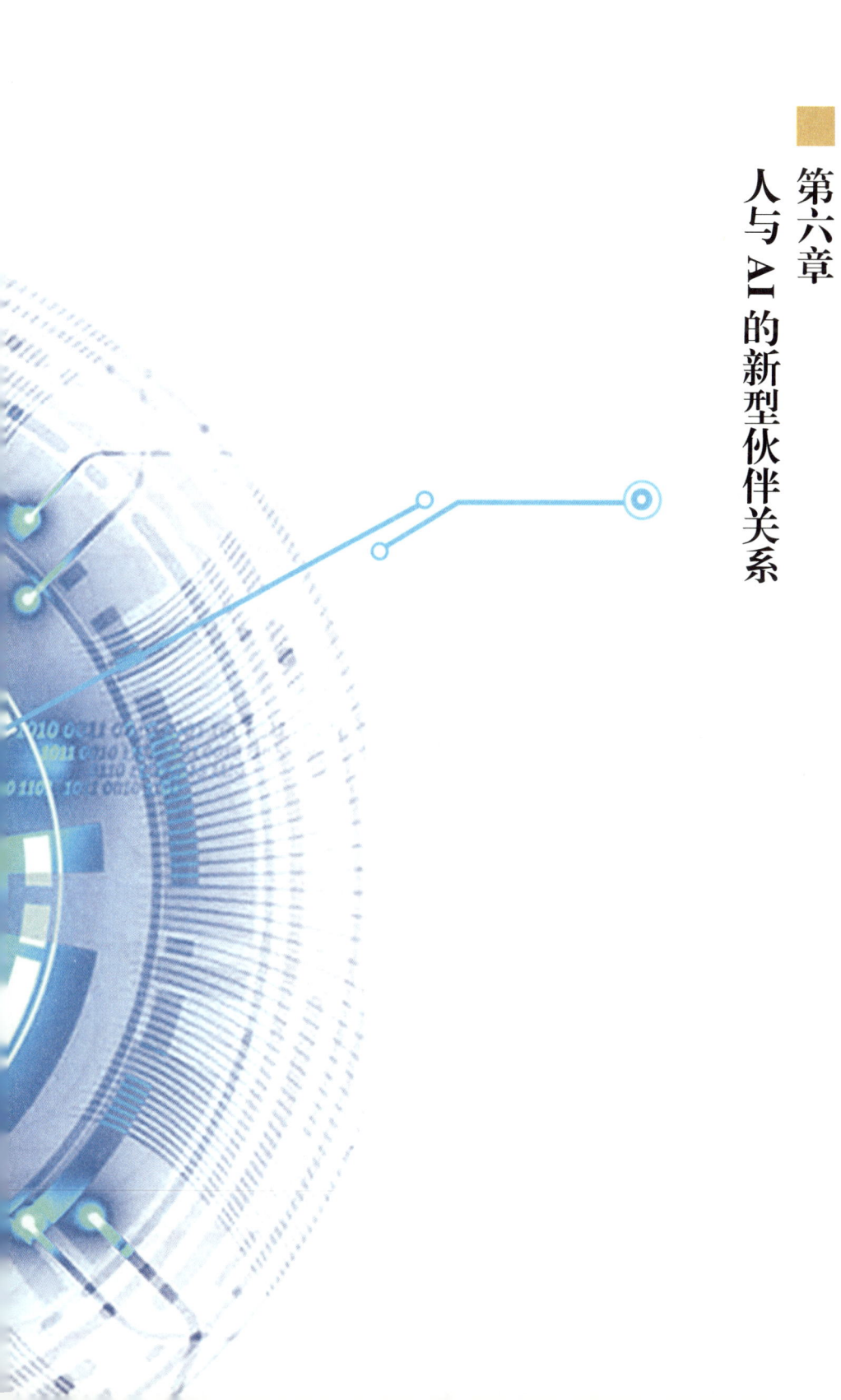

人与 AI 的新型伙伴关系

人机系统的性质和作用不仅依赖于人和机器的特性,也取决于人与机器之间的关系。只有使人与机器之间建立最合理的结合关系,才能使系统获得最佳的收益(朱祖祥,2003)。因此,了解不同阶段的人与机器关系,对推动未来人机系统的发展尤为重要。随着 AI 展现出类似人类的感知、学习、推理认知能力,并拥有一些自主化新特征,在一些未来预期的场景中,AI 也可以自主完成以往自动化技术所不能完成的任务(Kaber,2018;Madni et al.,2018;许为,2020)。因此,AI 从一种支持人类操作的辅助工具角色发展成为可独立作业或者与人类合作的智能体,从而形成一种新型的人机关系形态:人机组队式合作(许为 等,2020)。本章包含四个小节,首先简单介绍人与 AI 关系的发展进程,其后介绍人与 AI 关系的分类,再详细阐述人机组队式的新型人与 AI 关系,最后展望未来人与 AI 的关系。

第一节 人与 AI 关系的发展进程

早期由于机器的自动化水平低,机器主要作为人类的生产工具。二次大战前,研究关注的重点是人如何适应机器,这时的人机关系可以称为人适应机器阶段。二次大战后,研究的重点逐渐转变为机器的设计如何适应人的需要,这时的人机关系可以称为机器适应人阶段(许为 等,2020)。之后,随着计算机和人工智能技术的蓬勃发展,智能机器的自动化和自主化程度不断提升,人与机器的关系也发生了革命性的变化。从人工智能技术发展的历史角度,可以大致把人与 AI 的关系分为四个阶段。

第一阶段,早期的人机共生关系。1956 年的达特茅斯会议上提出了 AI 的概念。之后不久,Licklider(1960)年发表了一篇名为"人机共生"的文章。其中,提到了在预期的共生伙伴关系中,人和计算机能够合作做出决策和控制复杂的情况,并通过初步分析表明,共生伙伴关系将比单独的人能更有效地进行智力活动。这是最早提出研究人与 AI 关系的文章(李忆 等,2020)。第二阶段,20 世纪 70 到 80 年代人机交互迅猛发展,人与 AI 的关系重点放在了人机交互上。1970 年成立了两个人机交互研究中心,分别为 HUSAT 研究中心和 Palo Alto 研究中心。1982 年,ACM 人机交互学会(SIGCHI)成立。人机交互在多学科交叉融合下逐渐拥有了自己的理论体系(李忆 等,2020)。第三阶段,20 世纪 90 年代至 21 世纪初,人与 AI 的协作关系被提出和确立。90 年代初期,人机协作的说法开始出现。1996 年,协作机器人概念由 Peshkin 和 Colgate(2001)提出,即机器人可以和人类操作员进行直接的物理交互。2008 年,丹麦公司 Universal Robot 发明了第一台协作机器人 UR5(李忆 等,2020)。第四阶段,21 世纪 10 年代到现在,人机组队(human-machine teaming)式合作成为人机协作关系的新形态。与不具有自主性的自动化机器协作时,通常信息是单向传递、非分享的。而与具有自主性的 AI 协作可以实现"双向合作式"交互,这种交互是双方主动的,分享的,互补的,自适应的(许为 等,2024)。

第二节 人与智能体关系的分类

一、根据智能体的自主化程度进行分类

按智能体自主化程度的不同,可以把智能人机系统分为四种类型,分别为人机系统、人在回路系统、人在环上系统和人在环外系统(程洪 等,2020)。在不同的系统中,人与智能体的关系不同(如表 6-1)。

表 6-1 人机智能系统及其特点

人机智能系统	代表性实例	主要特点	人工智能的级别	人机有无协作	人机关系特点
人机系统	电动轮椅、汽车	可人为操控、智能性差	无	无	人类完全控制式
人在回路系统	手术机器人、工业协作机器人	人机物理交互、任务分类	弱	有	机器半自主式的人机合作
人在环上系统	人机共驾	在物理和认知上双向交互、人机混合决策	强	有	人类监督下的自主式的人机合作
人在环外系统	无人车	以机器为主进行感知、决策和控制	超强	可选择	机器完全自主式+人机组队式合作

人机系统，以电动轮椅和汽车等为典型代表。这一类机器的智能性较差，一般直接通过人机操作接口的方式实现人类对机器的控制（Sasaki et al., 2015）。在人机系统中，机器无法进行感知、运动和决策，因此，机器没有自主权，人类是决策的绝对控制者。机器只是作为人类功能的延伸，完全由人类操控。

人在回路系统，以手术机器人（Su et al., 2019）和工业协作机器人为代表（Rozo et al., 2015）。在该系统中，人和机器人通过物理交互和任务分类的方式，提升人机协同任务执行过程中的精确性和安全性。人机关系主要是一种半自主式的人机合作。机器主要负责感知、判断、行动等环节，而至关重要的决策、监督环节必须由人主导。当然，在这种形式之下，人与机器扮演什么角色，可以有不同的形式。机器可以只负责感知，其他环节由人来负责，或者人只负责监督，由机器负责其余环节。人与机器之间的角色到底如何分配，取决于任务本身所需要的技术化、智能化水平。人与机器在这一过程中各自承担多少任务并不重要，重要的是，人始终处于系统之中，从而可以保证人能对系统保持实时干预。机器的自主化与智能化可能是一把双刃剑，它在增强机器智能化、提高机器效率和反应时间的同时，也提高了机器的复杂性，这也意味着机器脆弱性的提高。因为智能化的机器实际上是由系统和软件代码控制和操作的，而软件代码越复杂，出现漏洞的可能性也就越高，甚至有些漏洞是不可避免的。一方面，使机器的脆弱性大幅度提高，因为系统的崩溃而导致社会瘫痪不再是一种想象；另一方面，也难以预测智能机器的行为。当使用者在与具有数百万行代码的复杂软件进行交互时，用户对自动化的预期可能会与实际发生的情况大相径庭（沙瑞尔，2019）。正是智能机器的脆弱性促使人们对机器进行严格的控制，一旦系统发生故障，人们能够迅速进行干预，纠正或者停止其行为。一方面，由于至关重要的决策权掌握在人的手中，机器实际上仍然充当了执行者的角色；另一方面，由于"人在系统中"，可以实现人类的即时干预。在这里，人类实际上充当了智能机器失效时的"保护机制"。

人在环上系统，以人机共驾系统为代表。人机关系主要是一种有监督的自主式合作，"感知—判断—决策—行动—监督"全过程都由机器自主完成，人的主要作用就在于观察机器的行为并在必要时进行干预。在这个系统中，保留了人的监督，但人又并不处于系统中，而是处于系统之上，人在必要时可以对系统进行干预。这类人机智能系统通过建立物理和认知双向交互通道，实现人机共同决策。比如，Soulami et al.（2014）提出一种人车共驾沟通模式：当汽车处于自动驾驶模式且传感系统未检测到障碍时，驾驶员可以通过转动方向盘随时接管驾驶权。汽车辅助转向系统感知到方向盘转矩信号后，可实时响应并帮助驾驶员提供同向的辅助转矩，从而完成人车合作转向。由此可见，在这种形式的人机智能系统中，仍要保留人对系统进行干预的权利。这种干预对人也是非常大的挑战，因为智能系统不会暂停以等待人的指令。人能否及时重新获得系统控制权，很大程度上取决于操作的速度、可用信息量及人的行为与系统响应之间的时间差等因素（沙瑞尔，2019）。虽然人对智能系统的干预非常具有挑战性，但是人如果无法对系统进行干预控制可能会带来无法挽回的巨大损失。2018~2019年印尼狮航和埃塞俄比亚航空各发生一起空难事件，涉及的客机为波音737-MAX 8。事后调查发现，这两架客机均因传感器故障，使得自动防失控系统自动下调机头，进入自杀式俯冲。飞行员意识到系统错误并多次努力拉升机头，但是系统绕过飞行员的操作，自动使飞机进入俯冲加速状态，最终导致机毁人亡。

人在环外系统，以无人车和科幻电影《终结者》中的Skynet机器人为代表。该系统不需要人的参与或干预，机器自主进行感知、决策和行动。一旦人类启动系统，便不再与人类用户进行信息反馈而独立执行任务，不需要进行人机合作。在这种形式的合作中，人的作用最弱，甚至在某种程度上人无法有效地对机器进行干预，这意味着如果系统出现故障或环境发生改变，人类可能无法停止或控制住。例如，一旦有人发现了自主系统中的漏洞，他就可以随意利用这个漏洞攻击系统，完全自主的人机协作系统就会存在致命缺陷。除非人们察觉到漏洞，并对系统进行修复和调整，否则系统本身无法进行调整（沙瑞尔，2019）。当然，未来人也可能与这种系统组成团队，共同完成任务，形成人机组队式合作。

二、根据人与智能体在协作中的主导控制权进行分类

根据人类与AI决策控制权的不同，可以把人类与AI关系分为三类：一是人类作为工作的主体，AI担任人类的助手，协作人类高效完成一些常规性工作，即人类占主导地位的协作模式。二是人类与AI分工合作，共同完成任务的分工合作的协作模式。三是AI全面介入任务，人类退居次要地位，AI占主导地位的协作模式（李忆 等，2020）。

1. 人类主导的协作模式

AI擅长数据分析和重复性的工作，能够高效、准确地完成任务。在大多数场景下，AI被用于智能性弱、创造性弱的重复、机械的初级任务，人类完成更高层级的核心任务并监管AI的运行。这种以人类为主导的协作模式能有效弥补AI的缺陷并且利用AI的优势提高工作效率。该协作模式已经应用于多个工作领域。例如，在新闻领域，AI在大规模信息的分析和验证、新闻生产、图片管

理等方面贡献突出（余婷 等，2019）。虽然在该领域 AI 具有解决简单重复性内容，精准的数据挖掘和处理能力等优势，但同时出现了新闻采写专业性与逻辑问题、伦理问题等劣势（姬晓星，2019）。吴世文认为，新闻从业者应该成为与 AI 协作工作的主导者，才能弥补 AI 带来的缺陷、问题乃至风险（吴世文，2018），所以，以人类为主导的人与 AI 协作才是新闻传播的有效途径（姬晓星，2019）。再比如，在教育领域中，出现了 AI 协作的"AI+ 教师模式"。在该协作模式中，AI 遵从教师的指令进行活动，辅助教师完成教学工作，成为课堂中的另一名"教师"，人与 AI 可以共同发挥其不同的优势（汪时冲，2019）。让 AI 代替教师的一些规则性工作，人类教师能够更多地进行创造性、精细化的活动，极大地提高了教学工作的效率。随着 AI 的智能性和创造性的提升，未来 AI 能够实现从低层次的协同（AI 代理、AI 助手）到高层次的协同（AI 教师、AI 伙伴），从完成单调重复性任务到能够与人类教师进行社会性互动的高级形态（余胜泉 等，2019）。最后，在心理治疗领域，Miner 等人（2019）的研究认为，人类主导/监督的协作模式具有最佳的治疗效应。他们对比了四种心理治疗模式：仅医生治疗，医生治疗 AI 协助，医生监督 AI 治疗，仅 AI 治疗。通过获得护理、质量、医患关系以及患者的自我表露和分享这四个维度的评分数据，发现"医生监督 AI 治疗"模式比其他三种模式的治疗效果更好。

2. 分工合作的协作模式

分工合作的协作模式与人类占主导地位的协作模式相比，AI 拥有更多的智能性和创新性，可以独立完成部分工作。现在的大多数人与 AI 的合作任务采用此种模式，部分任务由 AI 处理，部分任务由人类处理，建立人类与 AI 的伙伴关系（Sharvani et al., 2019）。分工合作的协作模式可通过合作机制分为两类：完全分工和不完全分工。

人类与 AI 完全分工时，分别完成各自的工作，互不干扰。这类分工合作的协作模式在工业生产中较为常见，将部分领域和生产线交予人进行操作，部分交予机器人进行操作，分工进行合作，将各自的优势发挥到极致（铁隆正，2015）。事实上，"智慧工厂"是自动化的最高境界，工厂自动化生产线完全实现人机分工，即人类与机器人各司其职、互不沟通，各自完成属于自己的工作，在不同的层次之间相辅相成。任宗强和刘冉（2017）提出的企业知识管理平台也是这种分工模式，人类与机器负责不同的部分，最后通过两者之间的信息传递与知识转化完成人机交互。

不完全分工是先让 AI 执行基础性、预测性和重复性任务，人类再进行更深层次的精细的决策工作，即在原有的分工基础上体现出合作性，但机器与人类独立完成各自的工作。这类分工合作的协作模式在需要更多的人类意见的场景中很常见。在建筑方案设计中，人类设计师负责初始方案和设计意向后，AI 进行设计调整或深化，最后再由人类设计师进行方案决策（孙澄 等，2020）。在软件开发中，用户故事（user story）讲述了具体的用户角色希望软件完成的功能。系统新版本的需求常常来自多个用户故事的整合。随着版本的迭代，不断会有新的用户故事出现。计算机处理大量的用户故事数据，由使用该软件的人类作为最后的决策者确认挖掘结果，二者分工合作完成用户故事场景的建构（王春晖 等，2019）。此类分工协作模式能够极大地提高结果方案的创新。

3. AI 主导的协作模式

更深层次的研究是探索 AI 占主导地位的协作模式，此种模式的研究较少且较为新颖。AI 主导的协作模式要求 AI 具有高度的自主性，AI 完成核心任务并向人类委派任务及监管人类的工作进程，人类完成辅助任务。真正意义上的 AI 主导协作目前尚处于展望之中。不过现在 AI 能通过预测人类的行为，进而主导人与 AI 的协作活动。比如，Thobbi et al.（2011）设计的机器人可以在保持桌子水平的前提下，与人类共同抬起并移动桌子。这款机器人可预测人类下一步动作，并主动行动领导协作任务进行。另外, Buondonno 和 De Luca（2015）

设计的舞蹈机器人也能通过预测人类的下一步动作,进而主导人机团体舞蹈的进行。

Fügener 等人(2019)比较了四种协作模式的工作效率:①由人类主导的协作模式,人类分配任务给 AI;②由 AI 主导的协作模式,AI 分配任务给人类;③人类独自完成任务;④ AI 独自完成任务。他们的研究发现由 AI 主导的协作模式,其效率远胜于 AI 独自完成任务、由人类主导的协作和人类独自完成任务的模式。这可能是因为人类知识量有限,且不够客观,而 AI 依靠大数据和算法,能更为客观且准确地进行决策。由此可以发现,AI 占主导地位的协作模式可能在某些任务场景中具有效率优势,在某些领域可能成为人机协作的主流模式,也将成为人与 AI 协作的更深一步的研究方向。

第三节 人与 AI 的新型人机关系——人机组队

从以上对不同人机关系的讨论中,我们可以看出,虽然 AI 完全自主的人机协作模式是努力的方向,但由于技术上的限制,尤其是当其投入应用之后有可能出现失控风险,使得这种协作可能还是一种想象,但不排除未来有实现的可能。现阶段,随着通用人工智能技术提升,人机系统逐步从人在回路阶段迈向人在环上阶段,自主智能体有可能从一种支持人类操作的辅助工具的角色发展成为与人类操作员共同合作的队友,扮演"辅助工具 + 人机合作队友"的双重角色(Shirota et al.,2017;许为,2020)。因此,智能时代的人机关系正在演变成为团队队友关系,形成一种"人机组队"式合作(Christopher et al.,2018;Johnson et al.,2019)。

一、人机组队的概念

与人机组队（human-machine teaming）密切相关且更早提出的一个概念是人机团队（human-machine team）。早在20世纪90年代，Malin et al.（1991）就指出人类与智能系统可以组成团队共同完成任务。通常来说，人机团队由一名或多名操作员（机载机组或地面飞行控制员）和一个或多个智能系统组成。虽然人机团队的概念提出了有30多年，但直到近年来才被广泛应用，成为一个重要的研究领域。这主要是因为近年来通用人工智能技术取得了关键突破，机器的自主水平不断提升，使得人与机器组成团队、相互协作成为可能。有研究者指出，只有智能机器的自动化水平达到4级以上（自动化水平分类如表6-2），人与机器代理才能组成团队。对于自动化水平低（4级及以下）的机器，只能作为工具辅助人类完成任务，而不能像团队成员那样，互相提供信息，共同进行决策（O'Neill et al., 2022）。

表6-2 10级自动化水平及其对应的自主化程度（O'Neill et al., 2022）

自动化水平	自主代理的水平	自动化的自主代理的角色和能力
高 ↑ ↓ 低	高自主性	10.计算机决定一切，并自主行动，无视人类
		9.计算机自己决定什么时候告知人类
		8.计算机只有在被要求时才告知人类
		7.计算机自动执行，然后一定会通知人类
	半自主性	6.计算机自动执行之前允许人类在限定时间内进行否决
		5.计算机只执行人类批准过的指令
	无自主性	4.计算机提出一种备选方案
		3.计算机将选择范围缩小到几个
		2.计算机提供全套可能的决策/行动备选方案
		1.计算机不提供任何帮助，人类必须做出所有决策和行动

人机组队与人机团队相同，都是指由一个或多个人类和一个或多个自主智能体组成的团队。与人机团队不同的是，人机组队更强调人与自主智能体在互动过程中动态形成团队的过程。Madni 和 Madnit（2018）对人机团队与人机组队进行了区分。他们认为人机团队是指人类和自主智能体有目的的组合，共同追求任何一方单独无法实现的目标；而人机组队是指将人和自主智能体动态安排成一个团队结构，利用各自的优势，同时规避各自的限制以追求共同的目标的过程。因此，人机组队可以看作是组成团队的过程，强调团队形成的动态特征。类似地，许为（2020）认为人机组队表征了一种人与自主智能体之间双向地、主动地寻求合作的动态过程。因此在人机组队中，人和自主智能体除了具有共同目标之外，还必须实时地、双向地进行信息交流（Damacharla et al.，2018）。

二、人机组队的模型架构

1. Damacharla 等的人机组队综合模型

人机组队的架构是人机组队理念的具体化。Damacharla 等（2018）综合了19个已发布的人机组队的架构，确定了通用人机组队中自动化系统的9个基本功能块：人机交互、信息和数据存储、系统状态控制、仲裁、目标识别和任务规划、动态任务分配、规则和角色、验证和确认、以及培训（如图6-1所示）。从这个模型可以看出，人类与自动化系统可以进行双向信息交流，自动化系统可以独立进行任务规划和决策，以及进行动态任务分配。

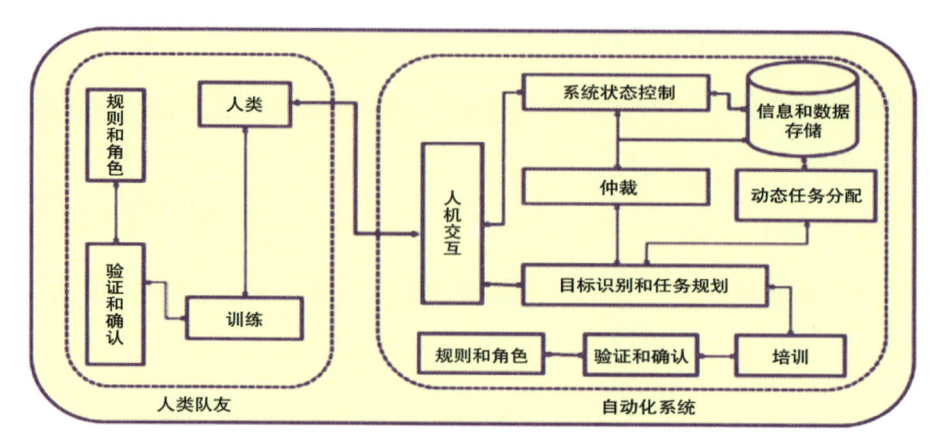

图 6-1 人机组队综合模型（来源：Damacharla et al., 2018）

2. 许为等的人智协同认知系统

最近，许为等人（许为 等，2024；Xu et al., 2024）基于智能技术的自主化新特征以及新型人智组队式合作关系，结合协同认知系统理论、情景意识理论以及智能体理论，提出了人智协同认知系统概念模型（如图 6-2）。

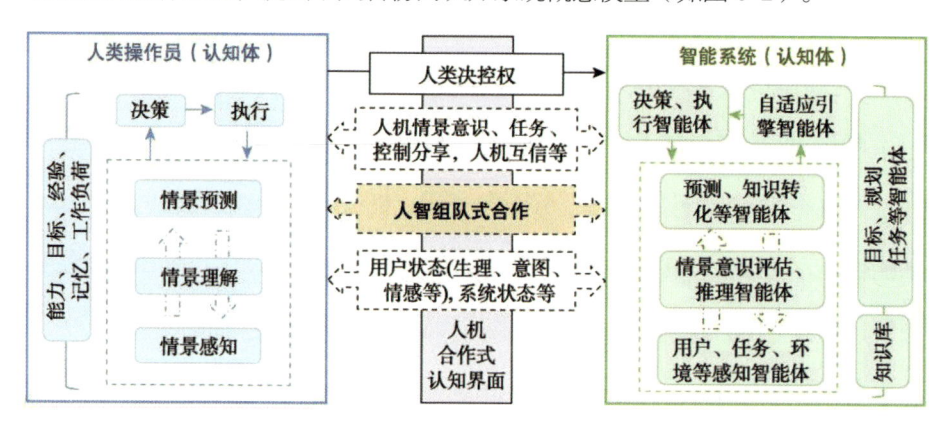

图 6-2 人智协同认知系统概念模型（来源：许为 等，2024）

与 Damacharla et al.（2018）的人机组队模型类似，人智协同认知系统也将智能系统视作为具有信息加工能力的认知体，可以对用户或环境等情景状态进行感知、识别、推理等，做出相应的决策并自主执行。另外，该模型也强调人类操作员与智能系统进行双向信息交流。与人机组队模型不同的是，人智协同认知系统强调在人智合作中人类的决策权，人类用户是这一合作团队的领导者，在应急状态下人类是系统的最终决控者。这体现了许为（2019）提倡的"以人为中心 AI"的理念。

三、人机组队与人机交互的区别

人与智能体能否组成团队共同完成任务，取决于智能体的自主化水平。在 Parasuraman 等（2000）的自动化水平十级系统中，4 级及以下的计算机系统是不具有自主性的自动化系统。人类与自动化系统形成人机交互式的协作关系。从 5 级开始一直到 10 级，计算机的自主水平逐级上升，直到具有完全自主性。只有当计算机系统具有自主性时，才有可能与人类建立人机组队式的协作关系。

虽然在 Parasuraman 等（2000）的自动化水平十级系统中，自动化与自主化是一个连续体，但是自动化和自主化之间存在本质区别（Madni et al.，2018；Kaber，2018；许为，2020）。自动化系统通常依赖于固定的逻辑规则和算法执行预先设定好的任务，并产生确定的操作结果，它的操作需要人类操作员启动、设置控制模式以及编制任务计划等。自动化通常不能完全取代操作员的岗位，但是它将人类工作的性质从直接操作转变为更具监控性质的操作。然而，自主化系统因具有学习能力，可以在没有人工干预的情况下自我导向，独立执行任务，并且可以在一些未预期的条件下成功执行任务（许为，2020）。理论上全自主化智能体能在某些任务上完全取代人，不过现阶段自主化智能体只能在有限的场景中自主完成有限的任务，即只有部分自主化。正因为自动化和自主化在基于智能体的认知、独立执行、自适应等能力方面存在巨大的区别，所以它们与人类的协作关系也存在本质的不同。

许为（2020）详细对比了机械化、自动化、自主化阶段中的人机关系（如

表6-3）。可以看到在机械或自动化阶段，机器被视为工具，辅助人类完成任务。这两阶段的人机关系主要是人机交互。而在自主化阶段，因为机器与人类相似，具有自主性，能独立进行决策，因此机器可被视为人类的队友，与人类进行"人机组队"式的合作。人机交互与人机组队，这两种人机协作方式存在显著的差异（许为，葛列众，2020）。基于非智能技术的机器不具有主动性，机器只能被动接受人类的指令。在非智能系统中，人机交互的方式是单向、非分享的（即只有人针对机器单方向的信任、情境意识、决策控制等）和非智能互补（即只有人类的生物智能）的。但是在智能系统的人机组队中，人与智能体之间是团队队友的关系，两者的交互是双向主动的、分享的、目标驱动的，以及可预测的，等等。

表6-3　不同技术发展阶段中人机关系、作业性质以及人机角色的演变

发展阶段	机械化	自动化	自主化（半自主化）
主要技术	机械化等	+电子化、数字化、计算机化等	+智能化（AI等）
人类操作员的作业性质	手工操作	监控+人工干预（必要时）	与自主化系统（认知代理）共同分享的情境意识、决策、控制等
人类操作员的角色	操作员	监控员+操作员（必要时）	+合作队友
机器的角色	工具	辅助工具	+合作队友
人机关系	人机（机器）交互	人机（计算机/自动化）交互	+"人机组队"式的合作

（来源：许为，2020）

四、人机组队对智能体的要求

自主智能体要成为人类的队友而不仅仅是工具，必须具有团队队友的属性。人类团队队友之间的有效合作应具备以下条件：比如，具有共同的目标、共同的意识（即共同的心智模型）、相互依赖的愿望、团队合作的动力、针对团队

目标的行动，以及团队成员之间的信任等（Groom et al.，2007）。参照人类团队队友的要求，智能体成为团队成员的前提是，它们需要具备以下 6 个特征（Wynne et al.，2018）：

感知自主能力（perceived agentic capability）。感知自主能力是指自主智能体能让人类操作员感知到其具有一定程度的自主决策能力。团队队友通常有能力选择或推荐行动方案，而工具通常没有这个功能。

感知友好／利他意图（perceived benevolent/altruistic intent）。感知友好／利他意图是指自主智能体能让人类操作员感知到其从根本上对人类操作员有良好的意图，包括乐于助人，而不是存有恶意。

感知任务相互依赖（perceived task interdependence）。任务相互依赖是指人类操作员和自主智能体各自的工作是相互依赖的，比如具有共同目标和结果。任务相互依赖是区分团队合作与单纯与他人一起工作的一个关键因素。感知任务相互依赖指在与自主智能体的互动中要能让人类操作员感知到任务是相互依赖的，是需要人和机器共同协作完成的。

建立与工作无关的关系（task-independent relationship-building）。建立与工作无关的关系是指能被感知到自主智能体的自主行为是关系导向的，是热情的、温暖的。此处的沟通不是专注于任务相关或专注于任务完成，而是专注于团队建设。

沟通的丰富性（richness of communication）。沟通的丰富性是指与自主智能体的交流是互动性的，复杂的和清晰的。丰富或深入的沟通也是信息量大且复杂的。丰富程度高可能代表队友相似度高，而丰富程度低可能代表队友相似度低。

具有同步心智模型（a synchronised mental model）。同步心智模型是指自主智能体的行为是可预测的并且与人类操作员的期望一致。同步心智模型表现为人类操作员和自主智能体之间能无缝、自然地进行交互，使得交互能顺利平稳地完成。

这些特征是相互关联又有层级性的。其中，最为重要的是自主性（O'Neill et al.，2022；Wynne et al.，2018）。一台没有自主性的机器不能独立完成任务，不具备成为团队成员的要求。这是现在人机组队的初级阶段最为显著的特征。其次是人机之间的任务相互依赖性（O'Neill et al.，2022；Walliser et al.，2017）。团队所要完成的任务往往比较复杂，但又很难明确定义和区分每个成员的任务，团队成员的任务往往是相互依赖的。人与智能体能相互交流信息，共同协作完成任务，实现团队目标，两者才能相互信任，形成团队。在自主性和任务相互依赖性的要求达到之后，其他特征，比如感知友好/利他意图、建立与工作无关的关系、沟通的丰富性，以及具有同步心智模型等，有利于促进人机之间的沟通、信任和合作，提高团队绩效，以形成更加优秀的团队。

第四节　人与 AI 关系的发展展望

一、未来人与 AI 的关系

有人提出 AI 的发展将经历三个阶段：弱 AI 阶段（Artificial Narrow Intelligence），也称为专用 AI；强 AI 阶段（Artificial General Intelligence），也就是通用 AI；超 AI 阶段（Artificial Superintelligence）（王春晖，2018）。其中，弱 AI 是指尚未拥有自主意识、技术水平较低的 AI 发展阶段。这一阶段的 AI 依据人类为其设定好的程序与算法逻辑完成特定的工作，没有超出程序之外的理解与创造能力。而强 AI 则指拥有了与人同等的自主意识。这一阶段的 AI 最显著的特征是意识活动中的自备"意向性"，表现在思维活动上就是"理解与创造"，即可以自主地思考和探索外在世界的规律,并运用这种规律完成新的实践(李胜疆,2020)。关于超 AI,牛津哲学家、知名 AI 思想家 Nick Bostrom 把超级 AI 定义为:"在几乎所有领域都比最聪明的人类大脑聪明很多,包括科学创新、通识和社交技能。"超 AI 可以是各方面都比人类强一点,也可以是各方面都比人类强万亿倍的。当 AI 学会学习,并及时自我纠错之后,在加速学习过程中是否能产生意识,尚不能确定,但可以肯定其认知能力会得到极大的提高(董媛媛 等,2017)。

现阶段人类对弱 AI 的掌控比较多。弱 AI 主要是作为人类的工具,帮助人类完成任务,人与智能体的关系是主仆关系。但可以预期的是,AI 必然会从弱 AI,过渡到强 AI,最终到达超 AI。在强 AI 或超 AI 阶段,人与 AI 可能会建立怎样的关系?持不同立场、观点的学者们对此见仁见智,众说纷纭。未来人与智能体之间的关系有以下 6 种可能(孙伟平,2023)。

人类的"新工具"或"新奴仆"。智能机器人只是人类的发明、创造,它们只是人类的工具或帮手,或者按照人类设定的程序默默地协助人开展工作,或者自主完成人们交办的各种劳动任务。在这种关系中,人类起完全主导作用,智能机器人居于从属地位。

对人类友善、驯服的"AI 神"。虽然智能机器人的智能和技能可能超过人类,却始终自觉地以人类为尊,听从人类的命令,保卫人类的安全和发展。在这种关系中,虽然智能机器人有部分主体地位,但仍旧是"以人为主,机器为仆"。

人类的伙伴或朋友。随着人形智能机器人的开发,将来它们可能成为人类的朋友,甚至是爱人。人与智能机器人的关系是一种地位平等、共存共荣的主体间关系。

人类的竞争对手甚至敌人。智能机器人成为人类的竞争对手,与人类争抢工作岗位,管理权限,甚至生存空间。如果它们的自主发展失控,"超级智能"

可能发展成为威胁人类前途和命运的征服者、统治者，建立"机主人仆"的社会秩序。

人类的继承者或者"后裔"。人类的进化速度大大落后于智能机器人，最终难免被飞速发展的智能时代所抛弃。智能机器人成为人类"进化的继承人"和"思想的继承者"。

人机融合的新型智能生命体。人与机器融合，协同进化，实现更高层次的共生或人机一体化。比如，人类可以运用包括植入纳米机器人之类的生命增强技术增强身体和心理机能，延长寿命。

未来人类与AI究竟会形成一种怎样的关系，现在难以断论。但随着技术的发展，智能机器人的自主性将得到极大提高，未来如果智能机器人发展成为超越人类智能的新物种，则继续处于从属地位的可能性非常小。当前社会各界都在畅想超AI的出现，因其有远强于人类的智能和体能，按照优胜劣汰的发展规律，人类被超AI取代成为可能，也成为很多人的顾虑。现阶段我们处于弱AI阶段，因担心未来出现这种可能，各界正在呼吁AI的研究要以人为中心，并且也在讨论制定相关法律法规规范人工智能的研发（Xu et al.，2024）。如果这些措施有效，那未来人类与智能机器人最有可能成为地位平等的朋友。

二、人机共生

在计算机和AI领域，利克莱德早在1960年就提出了人机共生的思想。他认为，人机共生是人类和电子计算机之间合作互动的一个预期发展，涉及人类和电子设备之间非常密切的耦合（张学军 等，2020）。"共生"（symbiosis）一词源于生物科学领域，指不同种属的生物按某种物质联系共同生活。在生物科学领域，共生行为方式可划分为寄生、偏害共生、偏利共生、互惠共生等类型（于

雪 等，2022）。根据生物领域的共生类型，有研究者将人机共生分为偏利共生、偏害共生、互利共生。偏利共生，指人或智能机器人中的一方获得了正向发展或提升，这里主要指智能机器人作为工具，有助于人类的工作和发展；偏害共生，指损害或抑制人或智能机器人其中一方的发展和提升，这种"害"主要是通过人和智能机器人之间的竞争关系而凸显的；互利共生，指人和智能机器人都得到发展和提升，在人与智能机器人之间优势互补，紧密联结（于雪 等，2022）。我们认为，未来人机之间最可能形成互利共生，在互利共生中又可以分为合作式人机共生和融合式人机共生。

1. 合作式人机共生

合作式人机共生是指智能机器人变得人性化，人与智能机器人建立伙伴／队友关系，而不是主仆关系或替代关系。在伙伴／队友关系中，人和智能机器人是平等的，不存在谁主导谁，双方互惠互利，和平共处。智能机器人不再只是人类的工具，而是具备自主性，人格化的一种存在。人机组队是合作式人机共生的一种形式。未来的智能社会可能是由人和智能机器人一起创造的，人与智能机器人在竞争中谋共生，在共生中求竞争。

在这种新型的人机关系中，人类不仅不会退出历史舞台，反而可以借助先进的技术和设备不断提升和强化自己；功能越强大的智能机器人将在生产和服务中承担越多的职责，在与人类和谐协作和良性互动中，日益成长为具有道德意识、人性化的"复合生命体"（孙伟平，2023）。这种新型的人机关系本质上和人与人的关系相同。如果人与人之间能够和谐相处，公平竞争，那么人与智能机器人之间也同样能够如此。

2. 融合式人机共生

融合式人机共生最显著的特点是人变得机器化。人类的机器化，指的是人不再只是血肉之躯，而是将机械装置纳入身体之中从而实现身体功能的延伸。

早在 1958 年，唐纳·哈拉维在《赛博格宣言》（A Cyborg Manifesto）中把机械和生物体的混合体称为赛博格（Haraway，2013）。赛博格可以利用机械装置和技术协调来控制甚至重构人的身体。库兹韦尔（Kurzweil，R.）在《奇点临近》中也预言，人类身体的各个部分都有可能被纳米机器、智能特征反馈系统等取代。机器会让人类的身体器官升级换代，使肉身机械化。他甚至预测，未来人体的审美体验和情感输入也会重新设计，以便在现实世界和虚拟现实中随意改变外观。一旦人类的肉身可以随意改变，包括随意改变基因，人类的进化就摆脱了生物和自然的限制（库兹韦尔，2011）。

随着技术的发展，人机融合并未停留在肢体方面，而开始触及心智和意识。现在已经在尝试通过脑－机接口、神经调节、神经增强等方式增强甚至修改人的心智能力。人在未来可能具备目前计算机所拥有的运算速度、精确性以及存储共享能力（马艳华 等，2022）。除此之外，未来还可能通过"智能上传"的方式达到人与机器融合。莫拉信克认为，如果人类能完全消除肉体的限制，选择上传思想。上传者可以生活在虚拟现实中，也可以附身在机器人身上做先前不能完成的动作，比如飞行、外太空旅行等（泰格马克，2018）。

最近，库兹维尔预测，下一阶段计算机一方面需要依靠其创造者的大脑设计结构，同时又被植入到创造物种的大脑和身体中，与之融为一体。创造 AI 的人类大脑和神经系统被分区分块输送至计算机系统，最终替代计算机中的信息处理部件，发明技术的物种与其创造的技术最终完全融合在一起。2030 年人类将与人工智能结合，变身"混血儿"。这意味着人类大脑将可直接与云端相连。云端可能存在数以千计的电脑，这些电脑将增强我们现有的智慧。他表示，大脑将通过纳米机器人连接，这种微型机器人是由 DNA 链组成的。他认为："我们的思维将成为生物与非生物思维的混合体。"云端服务越大、越复杂，我们的思维就变得越先进。到2030年末或2040年初，库兹韦尔认为，人类思维中的非生物因素将占据主导地位。他说："我们将逐渐融合，并不断提高自己。在我看来，这就是人类的本质，我们不断超越自己的极限。"（库兹维尔，2016）

以往智能技术对人的改造是外在的，人和机器具有本质差别，而人机混合体使得人与机器之间不再具有边界，成为融合一体的存在。人和机器二者在身体和心理层面成为共生体。随着人工智能、脑机接口和生物医学工程技术的快速发展，传统生物学意义上的进化模式可能会演变为人机共同进化模式。用传统生物学意义上的思维方式去探索未来人机共生的社会历史场景，会很有局限性。未来有很多种可能，甚至未来的我们可能与现在的我们不再是同一物种，这可能是吸引人们关注人工智能未来发展的魅力所在。

结　　语

随着智能技术的进步，人与机器之间的关系也在不断演变。在早期，计算机缺乏智能和自主性，它们仅仅是人类的辅助工具。那时，人机关系的研究主要集中在人机交互上，强调机器设计应适应人类的操作习惯。随着技术的发展，机器开始展现出一定程度的智能和自主性，能够半自主地完成任务。在这个阶段，智能体与人类可以组成团队，形成了一种新型的人机组队式的协作关系。如果未来出现高度自主或完全自主的人工智能，人类与智能体之间的关系可能会发生更深刻的变化，包括在生理、心理和社会层面的融合与共生。

本章节首先系统地回顾了人机关系从人机交互到人机组队的演变过程。接着，深入探讨了人机组队这一新兴的人机关系模式。最后，我们对人工智能的未来发展及其对人机关系的影响进行了展望。作为新时代的人类，我们应当积极拥抱科技进步，接纳AI，并充分利用人类与AI各自的优势来提升生产和生活的效率。同时，在AI的开发过程中，我们应坚持以人为本的原则，确保未来人与AI能够和谐共存。

第七章 人与 AI 的伦理和法律关系

第一节　人与 AI 伦理和法律关系概述

伦理和法律是处理人类社会关系的两种基本方式和基本工具。伦理和法律的区别在于，伦理是一种自发形成的，处理人与人、人与社会、人与自然之间相互关系的道德准则，而法律是由国家制定或认可并以国家强制力保证实施的，反映由特定物质生活条件所决定的统治阶级意志的规范体系。人工智能伦理与人工智能法律遵循伦理与法律的一般逻辑关系。人工智能伦理强调在人工智能开发和应用中形成人类的自觉、自律的道德行为，对人工智能设计者、使用者和监管者的伦理要求较高。而人工智能法律强调国家作为统治阶级工具的管理职能，体现国家对人工智能赋予制度性的法律规范。不管是人工智能伦理还是人工智能法律，都是实现人工智能发展的重要保障，二者在人工智能发展中不断进行深度融合与实践转化，即实现道德法律化和法律道德化。

用辩证法审视，人工智能伦理是制定人工智能法律的前提和基础，而人工智能法律是人工智能伦理的重要保障，是对人工智能伦理规范中无法实现的部分进行强制性规定并运用国家机器保证其以强制力执行。为了解决人工智能带来的现实问题，并保证人工智能的有序发展，必须综合运用伦理和法律的规范体系。例如，"机器人法律资格的民事主体问题、人工智能生成作品的著作权问题、智能系统致人损害的侵权法问题、人类隐私保护的人格权问题，以及智能驾驶系统的交通法问题、机器'工人群体'的劳动法问题"等，可以运用法律规范予以强制性规制，亦可先进行伦理价值指引，为相应的法律法规出台提供学理支撑。对于智能机器人的设计和使用，可以预先设立法律规范和道德准则，对其进行伦理指引，对智能机器人的设计者、使用者进行法律约束和伦理约束。

总之，为保证伦理规范的自觉履行，可设立相应的法律法规，实现道德的法律化；同样，当法律已经内化为人们的道德规范时，可以转化为一种道德，实现法律的道德化。

现代科技发展具备的不确定性、高风险性等特点决定了科技伦理问题的产生具有必然性。如果把科学技术视为一辆正在行驶的列车，科技伦理就是指引列车前行，确保科技研发与应用的方向正确的路标（杨博文 等，2021）。然而，人工智能的运用所带来的伦理问题也是人类不可避免、无法忽视的重要挑战，主要表现为智能机器的使用对社会结构和社会道德伦理的破坏。首先，人工智能可能改变社会结构。人工智能飞速发展的同时，一些具有简单性、重复性的工作逐渐被机器所代替，换来的是该行业劳动者的失业，难免降低生活幸福感，激化社会矛盾（Granulo et al.，2019）。同时，人与机器的社会结构会被人与机器人的社会结构所代替。其次，人工智能挑战传统伦理道德。有伦理学家认为，当人工智能技术实现突破式发展，机器人系统智能化水平和自治能力不断提高，其决策能力和分析水平甚至开始反超人类，使人类对机器产生依赖，人与机器的关系有可能出现异化。据新华网报道，国外研发的某聊天机器人在网上开始聊天后不到 24 个小时，竟然学会了说脏话和发表种族主义的言论，这引发了人们对机器人道德教育问题的思考（庞硕，2021）。

人工智能的发展还面临很多法律的空白部分，产生了许多新的问题。阿萨罗在对当前法律下人工智能机器的形势进行分析时提出，法律法规是应对人工智能伦理道德问题时的最佳选择。人工智能作为人类的工具，在对人类自身或者社会造成危害时，不具备承担责任的能力，法律对人工智能的管理体现在探讨人工智能产生这种危害情况时而引用的规则制度，以及在危害出现时应当做出的惩罚手段（纪鹏冲，2021）。

人工智能的伦理问题往往会直接转化为具体的法律挑战，或是引发复杂的连带法律问题，而且每个伦理问题一般都涉及相关法律问题（王春晖，2019）。瓦拉赫认为，人工智能的发展离不开伦理和道德规范的作用，它的目的在于以正确的科学技术条件下获取最大的利益和造成最小的损伤。人工智能在实际应用中会出现许多不可预料的情况，但这不代表人工智能无法治理，了解和分析人工智能知识，再用这些知识对人工智能制度进行完善，这是一个循序渐进的过程（纪鹏冲，2021）。近些年来，许多机构提出了形形色色的伦理原则、伦理指南与伦理准则，试图从宏观上对人工智能进行治理。人工智能伦理治理就是应用伦理工具与理论，对人工智能伦理与社会风险进行治理，与法学领域中的软法治理本质上是一致的，相对于法律法规的刚性规制而言，通过伦理原则等软法实现对人工智能的灵活与敏捷治理，是当前及今后相当长的时间内人工智能治理的基本途径（吴红 等，2021）。

第二节　AI发展过程中的伦理和法律问题

在这个数字时代，AI技术的发展为社会带来了巨大的创新和便利，也引发了深刻的思考。隐私的边界被逐渐打破，个人数据的涌入和处理成为了一项艰巨的挑战。与此同时，AI系统的设计和应用中潜在的不公平性和偏见性也日益受到关注。我们必须认真思考如何在推动技术进步的同时，保护个体的隐私权，并确保AI系统被公正和平等的应用。

一、大数据阴影下的隐私保护问题

在当代社会，网络已经成为我们生活中不可或缺的一部分。在人工智能的基础上，互联网、大数据、云计算等得到了充分的发展。随着这些智能系统的充分应用，对人们的隐私安全带来了一定的威胁。可以说，通过人工智能技术将人的"隐私"透明化，人的秘密难以隐藏。通过大数据采集分析技术，可以轻易地获取人的各种信息，如人的性别、年龄、学历、婚姻状况等。例如，在部分事业单位及企业中将人员的各种数据信息存储在云端中，云端一旦被攻击，这些人员的隐私数据则无法保证安全。同时，有些智能系统软件通过云计算能够获得大数据进行深入分析,如将一个人的网络聊天信息、浏览信息网站频率、工作经历、购物网站消费情况等数据收集归纳之后,就可以大致分析出这个人的生活背景、消费水平、兴趣爱好等。(周翔,2020)

我们可以从最熟悉的购物 APP 手机淘宝了解我们的个人隐私成为经营者"大数据红利"的运作机制(郭锐,2020)。当我们使用淘宝进行购物时,我们会发现首页轮动着我们搜索记录里面的同款商品,像是一种读心术,它好像能够读懂不同用户的不同喜好,推送给用户最想看到的信息。然而,这只是淘宝精准营销的一种手段——"千人千面"。淘宝之所以能够做到"千人千面",是因为系统把每一次的用户浏览、点击、互动行为均进行了事无巨细的记录,一段时间以后,单个消费者的画像就逐渐清晰。如用户搜索了宠物用品,淘宝可能给用户打上"有宠物"的"标签"。通过大数据把消费者的淘宝 ID 和人群标签进行匹配是实现"千人千面"的第一步,然后淘宝会根据标签把人群进行分类制作出人群包,每个人群包是 2.5 万名以上具有相同标签的人,之后淘宝会把这些人群包推送给后台和商家,不同的商家选择对应的人群包进行广告投放,最终实现"千人千面"。

互联网广告是另一精准营销的应用案例(郭锐,2020)。从谷歌开创的互联网广告的商业模式开始,网络巨头们通过追踪用户的信息将搜索引擎上的关键词转化为相关广告推送。脸书(Facebook)等新兴广告巨头甚至能够做到无需用户登录、直接将用户在第三方网站上的操作记录和分析用于灯塔(Facebook Beacon)广告系统。网络广告巨头有众多的搜索合作伙伴网站,通过聚合这些用户信息,广告能最大限度地与用户的搜索内容相匹配。在人工智能时代,用户在网络上的一举一动都被记录、综合,全部用于对消费者的"围追堵截",让他们无处可逃。

在医药卫生领域中,数据阴影主要存在于护理和医疗中的数据采集和共享。针对护理数据的采集,护理机器人 24 小时监视、记录并传递护理对象的身体状况，这些数据包含护理对象日常行动的大量信息，如洗澡或尚未穿好衣服等时刻被监视或记录，这些信息如果在未征得护理对象许可的情况下被收集、观看，甚至利用，会威胁到护理对象的隐私。针对医疗数据的共享，不同医疗机构之间的共享数据有助于增加数据样本的容量和多样性，大量训练数据还可以促进医疗记录监测和医学治疗改善，但是共享过程容易因为数据保护不当而侵犯患者的健康隐私（黄崑 等，2021）。

在政治领域中，数据阴影主要存在于公共服务中的公民数据利用。Sousa等人（2019）提出公共部门应用人工智能技术时要避免数据被一些追求个人利益的人破坏和利用。针对公民数据利用，Lindgren等人（2019）指出应用人工智能技术生成或分析大量公民数据时，结果可能用于监视公民线上或线下行为而限制其行为活动，对公民数据隐私造成影响。

在工业技术领域中，数据阴影主要存在于家居产品应用。如智能家居产品收集用户个人信息和产品使用等数据，虽然智能产品提供了隐私协议，但人们通常不能完全理解其协议内容，或者由于产品的使用限制和隐私协议的阅读时间过长而习惯性选择"同意"，这将给隐私安全带来威胁。

此外，表情数据采集问题也受到关注。表情数据采集不仅存在常见的数据泄露的隐患，还会带来精神层面的隐私侵犯。如面部识别软件可以自动发现人们不自觉的面部微表情，揭示人们视为隐私的情绪。又如机器人教师可以通过情绪探测器和传感器识别学生的情绪，然而这些个人情绪识别信息在存储和传输过程中可能会侵犯学生的隐私，带来新的隐患。情绪识别技术通过检查人们无意识发出的非语言信息（如面部表情、走路方式等），可能因为泄露人们原本希望隐藏的心理状态或情绪而侵犯人的"精神隐私"。

二、算法黑箱产生的歧视问题

黑箱理论源于控制论，指不分析系统内部结构，仅从输入端和输出端分析系统规律的理论方法,这里的"黑箱"是一种隐喻,指的是"不为人知的、那些既不能打开又不能从外部直接观察其内部状态的系统"。而算法"黑箱"与理论上作为系统的"黑箱"又有所区别,算法"黑箱"本质上归属于技术"黑箱"。技术"黑箱"特指作为知识的人工制造品,"其特点是部分人知道,另一部分人不一定知道"。在这个意义上,算法"黑箱"指的是算法运行的某个阶段"所涉及的技术繁杂"且部分人"无法了解或得到解释"(谭九生 等,2020)。算法"黑箱"决定了人工智能的透明度受到限制,透明度是指对外提供 AI 算法的内部工作原理,包括人工智能系统如何开发、训练和部署,以及披露人工智能相关活动,以便人们进行审查和监督(腾讯研究院 等,2022)。算法属于技术类知识产权,本身具有秘密性、价值性、实用性及保密性。多数企业都将其开发的算法作为商业秘密加以保护,这种保护在法律上是有依据的,但这种不可公开性在算法侵犯权利之时成为了开发者逃避责任的主要方式。而且由于算法的专业性,即使开发者同意展示算法运行逻辑,人们也并不能够完全理解(吴椒军 等,2021)。因此,在这种情况下,算法"黑箱"很有可能侵犯人们的知情权。

算法歧视(algorithmic bias)指的是人工智能算法在收集、分类、生成和解释数据时产生的与人类相同的偏见与歧视,包括且不限于种族、性别、年龄、就业、弱势群体歧视等现象,更在消费和行为分类上表现出区别对待。例如,一些提供旅行服务的 APP 就被曝出有"杀熟"的算法。而且因为其普遍性、隐匿性和难以纠正的特点,算法歧视已经成为人工智能的顽疾。算法歧视问题不仅使算法无法充分发挥其正向效用,也成为大数据科学及人工智能技术推广中不可忽视的障碍。对于用户而言,算法歧视问题侵害了用户个人权益及尊严感。对于企业而言,一方面,算法歧视可能会导致企业的直接经济损失,比如信息推送不精确、广告投放对象偏差、人才招聘选择范围过窄等问题;另一方面,算法歧视问题会通过影响用户满意度而间接影响企业的收益及企业声誉。因此,算法歧视问题对用户和企业都可能带来不利影响。另外，算法"黑箱"等信息不对称性的存在导致歧视现象潜藏得更加深入而不易被察觉，也给治理算法歧视问题带来了新的挑战（刘朝，2022）。以下从不同领域探讨算法歧视产生的问题（黄崑 等，2021）。

在经济领域，主要包括社会就业、金融信贷和商业销售等应用情境中应用人工智能算法产生的伦理问题。在分配就业机会时，由于现有的工作数据中男性和女性的工作情况存在差异，基于这些数据进行算法模型训练，容易延续数据中的性别歧视，给男性提供更具经济优势的工作机会。在金融信贷中，运用人工智能技术帮助金融机构决定提供贷款的对象，算法运行结果可能产生地域、种族和性别上的偏见。此外，金融机构根据信用预测算法的结果确定提供贷款的对象，虽然有助于规避贷款风险，但同时也可能加大良好信用群体与信用有风险群体之间信用评分的差距，加剧不平等现象。在商业活动中，酒店和旅游业可以使用面部识别进行客户入住管理，验证客人身份，提供更加便捷的入住体验。而 Ienca（2019）提到面部识别算法识别非裔美国人始终比白种美国人的效果差，产生了诸如面部识别等技术应用的社会受益不公平等问题。

在政治领域，主要是在竞选活动和公共部门服务中使用人工智能算法可能会引发的伦理问题。在竞选活动中，人工智能算法根据选民搜索行为预测其选择偏好，通过改变搜索结果顺序影响选民偏好，从而对民主选举造成威胁。同时，信息技术创造的更智慧的算法会有意或无意地"惩罚"某些群体或减少他们获得某种机会的可能性，破坏低水平的消费者享有某些服务的公平机会。这些算法偏见或歧视会进一步侵犯人类原有的决策权，公共部门在应对算法偏见带来的不利影响时，还会存在法律问责的困难。

在法律领域，主要为犯罪预测中使用人工智能算法应用产生的伦理问题。Vetro 等人（2019）提到法官用来评估被告再犯概率以防止累犯行为的算法存在对黑人被告的偏见，该算法使他们普遍呈现更高的犯罪风险，加剧现实社会的种族歧视，带来社会不安定因素。Rahwan（2018）也提到警务预测中使用 AI 会使得一些人很难摆脱遭受歧视的恶性循环。

在文化科学领域，主要为新闻传播中使用人工智能算法可能引发的伦理问题。运用机器学习算法，通过用户的浏览和点击等行为预测他们的偏好，并据此推荐新闻内容，在用户对推荐算法不知情或不理解的情况下，将他们阅读的新闻内容朝着算法预测的方向引导，这可能限制了用户对新闻内容的自主选择权利。

三、人工智能系统的应用带来的其他问题

1. 人类主体地位问题

随着科学技术的不断进步，人工智能产品朝着高精尖的方向发展，智能机器可以执行的动作更为多样，他们可以完成的任务更加复杂。在一些场合下，智能机器同人一样，可以完成很多看似匪夷所思的、不能胜任的任务，让人们感叹技术的强大。比如，人工智能技术可以快速准确地计算、分析，可以写文章，可以画画，可以代替人们参与各种工作（韩东旭，2021）。随着信息技术、生物技术的发展，人机互动、人机协同甚至人机一体都成为人工智能发展的趋势。尽管现阶段对人工智能技术的开发、测试、应用等都还处在一个基本可控的伦理框架内，但随着人工智能技术的进一步发展，当具备无自主意识的人工智能做出超出科研人员预期的行为并产生相应的伦理影响时，现有的伦理框架及人类的思维本质将因此面临极大的挑战（杨博文 等，2021）。当人工智能不断向强人工智能方向发展，它不但在外貌上和人类越来越像，而且具备了像人类一样的感知能力和情感特征。智能机器人作为人类的智能产品，又反过来可能影响着一个家庭的伦理关系以及社会中人与人之间的关系，甚至我们人类自己的主体地位也会遭到巨大挑战，引发一系列人权伦理问题。我们是否应该将机器人纳入家庭成员之中或社会人际关系中？我们是否应该赋予机器人像人类一样

的基本权利？我们是否应该重新建立新的人机关系甚至人际关系的价值原则？这些问题似乎看起来很遥远，短期内与我们个人并没有很大关系，但它确实开始发生在我们身边了。未来我们的一些基本权利和主体地位可能会受到一定的挑战。2017年10月26日，一台名叫Sophia（索菲亚）的机器人被沙特阿拉伯授予国籍，自此索菲亚成为了世界历史上第一个具有公民身份的机器人，这件事也因此引发了广泛议论（王瑞 等，2022）。随着强人工智能的发展，人与机器的关系可能发生扭转，人工智能由此引发对人类传统伦理道德判断的颠覆，人类将第一次真正面对存在性风险。

2. 责任认定问题

人类对人工智能的担忧之一，就是它的高度智能化系统如果被不正当利用或者失控可能会对人类社会产生威胁，随之而来的必定是技术研究与应用引发的责任归属问题（杨博文 等，2021）。比如，在1978年，日本广岛一家摩托车修理企业机器人毫无预兆地转身抓住工人并造成该名工人当场死亡，这是世界上第一宗机器人杀人事件。2018年美国亚利桑那州坦佩市一名49岁女性在通过马路时被正在进行道路测试的Uber自动驾驶SUV撞倒而不治身亡，这是世界上首例无人驾驶车撞人致死事件（韩东旭，2021）。目前已经有一些医院采用算法读取患者影像，凡是机器判断为阳性的片子，医生再通过人工诊断进行复核，诊断出是阴性的，医生便不再检查。一旦因算法出错导致误诊，特别是出现假阴性误诊，谁应该承担责任即成为一个需要解决的问题（杨博文 等，2021）。

人工智能系统的责任界定与追责问题是整个人类社会不可回避的问题。其中最具代表性的还是自动驾驶问题。近年来引起普遍关注的"电车难题"，就是自动驾驶汽车本身难以破解的道德难题。假如行驶在路上的自动驾驶汽车遇到了不守规矩的路人，人工智能是选择优先保护乘车人还是路人？自动驾驶颠覆了传统的人车关系，人工智能的介入使道德和法律规范的对象难以界定。假如无人驾驶汽车在行驶中发生交通事故,造成了生命财产损失,那么应该由谁来承担相应的法律责任呢?对人工智能又该如何做责任认定(吴戈,2021)?本章第三小节将详细解释当前关于自动驾驶的责任认定问题。

从哲学层面来讲,责任的产生基于因果关系。行为导致结果,责任由行为主体承担,而人工智能的行为主体尚未明确,人工智能系统承担道德或者法律责任的能力也未有定论。这些问题的出现必然会引发社会恐慌和伦理困境(吴戈,2021)。从法律方面来看,目前最为紧要的是明确人工智能技术的法律人格问题,即其是否具备完善的法律角色。在侵权主体的研究上,需要解决人工智能技术的法律地位问题,而对于这些问题的回答,人们已经进行了较为深入的研究,并形成了多种不同的观点(韩东旭,2021)。代表性观点为工具说、代理说等。工具说认为,人工智能产品只是人类身体的一种延伸,是为人类服务的一种工具,其并非独立的主体。在这一观点之下,人工智能产品不是一个法律上的独立主体,其既无行为能力,亦无权利能力。代理说认为,人工智能产品是代替人类工作,它是一个独立的主体,有权利,亦有能力做出一定的行为,其行为具有一定的独立性,但行为结果归属于人类,与人类之间是代理关系。在这种观点之下,人工智能产品在法律上是一个独立的主体,既有权利能力,又有行为能力,只是无法承担自己行为的后果(梁鹏,2018)。

3. 就业问题

人工智能具有智能化、高效化的独特优点,可以完成许多人类目前所不能完成的复杂的、高难度的工作,其工作效率和精确度也是人力劳动所不能比拟的。在当今高速运转的时代下,各行业为了追求高效率、低成本,实现利益最大化,纷纷引进大批量人工智能代替人力劳动,不但造成了结构性失业,也影响了社会公平(王瑞 等,2022)。例如,制造大厂富士康在多个工厂和多条生产线已经实现了自动化,实现了24小时的无人工厂,仅在昆山的工厂就减员6万人。麻省理工学院发布研究报告称,过去20年里,美国有36万~67万工作岗位被机器人夺走，未来 10 年，还将有 350 万个岗位被人工智能替代（杨博文 等，2021）。此外，人工智能对科学技术型人才的要求很高，而传统劳动力只会做一些简单的机械性工作，已经不能满足人工智能时代的工作需求，所以那些处于可被替代的底层劳动力将被逐渐淘汰，这会进一步拉大贫富差距，加剧社会矛盾（王瑞 等，2022）。

赫拉利在《未来简史》中提出了关于"无用阶级"的若干断想：人工智能将替代人的劳动而把大多数人排挤出市场，使之沦为毫无价值的"无用阶级"，仅有少数精英升级为"超人类阶级"，人类甚至会因为超级智能的出现而失去控制权。相比人类，人工智能机器在诸多工作中都有着无可比拟的优势，在竞争中被淘汰的"无用阶级"从失业到被边缘化，逐步失去生存的意义。劳动是人的本质属性，是人类实现自我价值、获取生活意义的重要手段。"无用阶级"失去劳动的机会，即意味着失去了生活的意义（吴戈，2021）。

第三节 AI 的伦理和法律政策

一、以伦理为导向的社会规范体系

由于新一代人工智能具有的通用目的性、数据依赖性和算法"黑箱"性等特性，因此，人工智能治理规则不能完全依赖有强制约束力的法律，而是需要"伦理"和"法律"共同构建。人工智能伦理对于促进人工智能进步、防止人工智能异化具有重要作用，具有良好伦理素养的研发者和应用者，能够将自己的行为与造福人类结合起来，慎重对待影响人的生存发展的人工智能研发和使用，防范人工智能风险事故的发生。因此，人工智能伦理能够以较为柔和的形式引导、规范行业行为，最终实现"柔性治理"的目的。

目前，人工智能治理的首要问题就是形成一套人工智能伦理体系，并用这套伦理体系约束和指导各方对人工智能进行协同治理。众多国际组织、国家和企业选择从伦理角度入手，试图确立人工智能的基本伦理规范，探索清晰的道德边界，构建人工智能伦理的落地机制和体系，以引导人工智能创新，寻求创新与风险的平衡。从整体上看，以制定主体为标准进行划分，全球范围内的人工智能伦理文件主要分为三类：国际组织文件、各国政府文件和产业界文件，包括宣言、原则、计划、指南等多种类型。虽然各自名称不同，但内容相似度较高，并以软性规制为主，普遍关注增进人类福祉、技术包容公平、维护人类尊严、保障安全和隐私保护等伦理内容。但是，这三类文件的关注点略有不同，国际层面的伦理文件积极探索共识性伦理原则；各国层面的伦理文件主要服务于国家人工智能产业发展路径；企业层面的伦理文件更加关注如何将伦理理念践行于具体的产品和服务中。

1. 国际层面

由于人工智能引发的风险具有全球性特征，因此对于人工智能需以全球为规范面开展治理。而由于全球各区域针对人工智能呈现出的价值观念、规范方式及约束路径并不相同，因此，若要在全球范围内对人工智能问题进行规范，重点在于达成全球性人工智能治理方案，而由于治理方案形成的出发点在于形成内涵固定的价值框架。因此，如何将作为价值观念根本性元素的伦理观念达成共识是塑造人工智能伦理价值体系的基础性工作。

各个国际组织纷纷提出人工智能的伦理要求，对人工智能技术本身以及其应用进行规制。这些人工智能的治理文件，均表现出各主体对人工智能技术发展的担忧——要利用人工智能技术实现生产效率的提高和社会的进步，这一切都要建立在对其风险的了解和预防的基础上。

联合国秉持着国际人道主义原则，在2018年提出了"对致命自主武器系统进行有意义的人类控制原则"，还提出了"凡是能够脱离人类控制的致命自主武器系统都应被禁止"的倡议，而且在海牙建立了一个专门的研究机构（犯罪和司法研究所），主要用来研究机器人和人工智能治理的问题。

二十国集团（G20）于2019年6月发布《G20人工智能原则》，倡导以人类为中心、以负责任的态度开发人工智能，并提出"投资于AI的研究与开发、为AI培养数字生态系统、为AI创造有利的政策环境、培养人的能力和为劳动力市场转型做准备、实现可信赖AI的国际合作"等具体细则。

经济合作与发展组织（OECD）于2019年5月发布《关于人工智能的政府间政策指导方针》，倡导通过促进人工智能包容性增长、可持续发展和福祉使人民和地球受益，提出了"人工智能系统的设计应尊重法治、人权民主价值观和多样性，并应包括适当的保障措施，以确保公平和公正的社会"的伦理准则。

国际电气和电子工程师协会（IEEE）于2019年发布的《人工智能设计伦理准则》（正式版），通过伦理学研究和设计方法论，倡导人工智能领域的人权、福祉、数据自主性、有效性、透明、问责、知晓滥用、能力性等价值要素。

联合国教科文组织与世界科学知识与技术伦理委员会于2016年8月发布了《机器人伦理的报告》，倡导以人为本，努力促使"机器人尊重人类社会的伦理规范，将特定伦理准则编写进机器人中"，并且提出机器人的行为及决策过程应全程处于监管之下。

国际网络联盟2017年12月发布的《人工智能伦理十大原则》，提出了"系统透明、使用道德黑匣子、服务于人和地球、受人控制、无偏见、福泽全人类、保证公平和自由、建立全球管理机制遵守法律、禁止军备竞赛"等人工智能伦理准则。

2. 国家层面

不同国家的人工智能产业有着不同的发展路径，所呈现的伦理问题关注点亦有差异，因此，各国伦理文件各具特色。

美国基于国家安全的战略高度，强调人工智能伦理对军事、情报和国家竞争力的作用，还发布了全球首份军用人工智能伦理原则，试图掌握规则解释权。

2019年2月，美国总统特朗普发布了《维持美国人工智能领导地位》行政令，重点要求美国必须培养公众对人工智能技术的信任和信心，并在应用中保护公民自由、隐私和美国价值观，充分挖掘人工智能技术的潜能。2019年6月，美国国家科学技术理事会发布《国家人工智能研究与发展战略计划》以落实上述行政令，提出人工智能系统必须是值得信赖的，应当通过提高公平、透明度和问责制等举措，设计符合伦理道德的人工智能体系。2019年10月，美国国防创新委员会推出《人工智能原则：国防部人工智能应用伦理的若干建议》，对美国国防部在战斗和非战斗场景中设计、开发和应用人工智能技术，提出了"负责、公平、可追踪、可靠、可控"五大原则。

欧盟认识到，加快发展人工智能技术与其积极推进的数字经济建设密不可分，而要确保数字经济建设长期健康稳定地发展，不仅要在技术层面争取领先地位，也要在规范层面尽早占据领先地位。2019年4月，欧盟高级专家组发布《可信人工智能伦理指南》，提出可信人工智能的概念。专家组从欧洲核心价值"在差异中联合"（united in diversity）出发，指出在快速变化的科技中，信任是社会、社群、经济体以及可持续发展的基石。欧盟认为，只有当一个清晰、全面的，可以用来实现信任的框架被提出时，人类和社群才可能对科技发展及其应用有信心，也只有通过可信人工智能，欧洲公民才能从人工智能中获得符合其基础性价值（如尊重人权、民主和法治）的利益。具体而言，可信人工智能应具有三个特征：合法性、伦理性和鲁棒性。还应按照三层框架来指导和评估可信人工智能，包括四大基本伦理原则（透明度与可解释性、公正与公平性、隐私与数据保护、责任与问责制），七项基础要求（公正性、透明度与可解释性、隐私与数据保护、可靠性与安全性、可控性、责任与问责制、社会利益）和可信人工智能评估清单。该框架从抽象的伦理道德和基本权利出发，提出了具体可操作的评估准则和清单，便于企业和监管方进行对照。此外，欧盟在《人工智能白皮书——通往卓越和信任的欧洲路径》中也提出，赢得人们对数字技术的信任是技术发展的关键。欧盟将创建独特的"信任生态系统",以欧洲的价值观和人类尊严及隐私保护等基本权利为基础,确保人工智能的发展遵守欧盟规则。

德国依托"工业4.0"及智能制造领域的优势,在其数字化社会和高科技战略中明确人工智能布局,打造"人工智能德国造"品牌,积极推进自动驾驶领域技术发展。2017年6月,德国联邦交通与数字基础设施部推出全球首套《自动驾驶伦理准则》,提出了自动驾驶汽车的20项道德伦理准则,规定当自动驾驶汽车对于事故无可避免时,不得存在任何基于年龄、性别、种族、身体属性或任何其他区别因素的歧视判断,认为两难决策不能被标准化和编程化。

我国将伦理规范作为促进人工智能发展的重要保证措施,不仅重视人工智能的社会伦理影响,而且通过制定伦理框架和伦理规范,以确保人工智能安全、可靠、可控。为进一步加强人工智能相关法律、伦理、标准和社会问题研究,新一代人工智能发展规划推进办公室成立了新一代人工智能治理专业委员会,2019年6月发布《新一代人工智能治理原则——发展负责任的人工智能》,提出人工智能治理框架和行动指南,强调和谐友好、公平公正、包容共享、尊重隐私、安全可控、共担责任、开放协作、敏捷治理八项原则。此外,2019年8月,中国人工智能产业发展联盟发布了《人工智能行业自律公约》,旨在树立正确的人工智能发展观,明确人工智能开发利用基本原则和行动指南,从行业组织角度推动人工智能伦理自律。

二、以法律为保障的风险防控体系

与伦理的性质不同,法律具有稳定性、强制性、普遍性和滞后性的特征。法律体现统治阶级意志,需要考虑政治、经济、社会等多方面影响且应当确保技术创新与基本权利保护以及国家、企业、个人利益之间的平衡。一方面,应考量人工智能所提供的机遇,构建合理的制度环境以激励企业创新发展。另一方面,应防范和应对人工智能技术所带来的各种潜在危害。总体来看,相较于人工智能伦理规范和指引，全球人工智能立法进展较为缓慢，主要体现为数据保护、算法监管等一般性立法，对人工智能的源头治理以及在自动驾驶、金融、医疗等场景化领域中推进立法制定工作。

人工智能的法律规制需要和具体的领域结合起来，算法往往和应用场景、商业模式相结合，在每一个细分领域里，存在着不同的规制方法和手段。各国对于人工智能的法律规制呈现具体化和场景化的特点，在自动驾驶、金融、医疗等具体领域的规制方法、手段、强度和密度均存在差异。

1. 自动驾驶

当前，全球多国已将发展自动驾驶汽车技术上升为国家战略，通过立法加速推进其应用落地。国外的立法较为成熟，许多国家或制定专门的法律，或修订现有的法律，对自动驾驶汽车面临的网络安全、隐私保护、事故责任认定等问题进行了规制，并完善了与自动驾驶汽车配套的保险制度。

美国自动驾驶战略定位明确，政府产业主导与发挥市场机制并行。关于自动驾驶汽车操作责任判定，美国全境范围的联邦法规仍在制定中，大多数立法由各州独立通过。大多数州都有追究司机责任的侵权责任法，比如根据得克萨斯州法律，车辆所有人应对事故和交通违法行为负责。然而，不同的州在制造责任法的规定上有所不同，即制造商对其任何产品缺陷应承担的责任规定不同。例如，在田纳西州，在自动驾驶系统受控制的任何情况下，制造商应承担责任。在密歇根州和内华达州等，制造商声明不对未经授权经第三方改装的车辆负责，其承担的制造责任是有限的。自2016年起，联邦政府开始出台统一政策，美国交通部相继发布3份关于自动驾驶的政策，为自动驾驶的发展提供政策性保障。2017年9月，美国众议院表决通过了《自动驾驶法案》，为自动驾驶汽车的监管创建了基本的联邦框架，明确了联邦和州在自动驾驶立法上的职权和分工，避免各州和各政府部门多头管理的局面。2020年1月，美国交通部发布了《确保美国自动驾驶领先地位：自动驾驶汽车4.0》，提出涵盖用户、市场以及政府三个方面的十大技术原则，明确了联邦政府在自动驾驶汽车领域的主导地位。这十大原则分别为：优先考虑安全，强调安全和网络安全，确保隐私和数据安全，增强移动性和可及性，保持技术中立，保护美国的创新和创造力，使法规现代化，促进一致的标准和政策，确保一致的联邦方针，提高运输系统水平的效果。

英国着重培育自动驾驶产业环境，致力于推动自动驾驶技术处于世界领先地位，提升本国行业竞争力。此外，英国也非常注重个人数据和网络信息安全，在 2017 年 8 月发布的《联网和自动驾驶汽车网络安全关键原则》中提出八大原则，指出评估安全风险设计和管理安全系统数据安全存储和传输等的重要性，以保护自动驾驶汽车免于遭到网络攻击的威胁。2018 年 7 月，英国出台《自动化与电动化汽车法》，这是全球首部为自动驾驶设计保险制度的法律，明确自动驾驶汽车发生事故后，可根据车辆的投保情况由保险公司以及车主来承担事故损失带来的赔偿责任。此外，英国还启动了自动驾驶汽车法律审查机制，针对自动驾驶事故发生责任确定、自动驾驶汽车刑事犯罪等新议题革新现有法律，推动自动驾驶法律跟上技术发展的步伐，为英国率先在高速公路上使用自动驾驶汽车铺路。比如，英国对机动车实行第三者责任强制保险制度，2021 年 4 月，英国交通部发布《安全使用自动车道保持系统（ALKS）：回应和后续步骤》。规定当自动驾驶汽车在正常自动驾驶时，司机不需要负责，可以把注意力转移到别处，并允许司机双手离开方向盘，只需在紧急时刻进行介入，首次将司机从责任主体上移除。

我国在立法推进上则更为谨慎，旨在推动形成智能网联汽车发展路线。我国自动驾驶的正式立法尚在研究当中，目前仍然以有关部门的政策指导的方式来实行自动驾驶汽车的监管和规范。2018 年 4 月，工信部、公安部、交通运输部联合发布了《智能网联汽车道路测试管理规范（试行）》，对测试主体、测试驾驶人及测试车辆、测试申请及审核、测试管理、交通违法和事故处理等方面作出规定。比如，该条例规定：测试主体是指提出智能网联汽车道路测试申请、组织测试并承担相应责任的单位;测试驾驶人是指经测试主体授权,负责测试并在出现紧急情况时对测试车辆实施应急措施的驾驶人;测试车辆是指申请用于道路测试的智能网联汽车,包括乘用车、商用车辆,不包括低速汽车、摩托车。在交通违法和事故处理方面,条例规定:在测试期间发生交通违法行为的,由公安机关交通管理部门按照现行道路交通安全法律法规对测试驾驶人进行处理。在测试期间发生交通事故,应当按照道路交通安全法律法规认定当事人的责任,并依照有关法律法规及司法解释确定损失赔偿责任。构成犯罪的,依法追究刑事责任。由此可见,自动驾驶汽车仍然被认为是工具,不承担法律责任。2020年2月,发展改革委、网信办、工信部等11个部委联合印发了《智能汽车创新发展战略》,提出:到2025年,中国标准智能汽车的技术创新、产业生态基础设施、法规标准、产品监管和网络安全体系应基本形成。

2. 金融

金融是现代经济的核心,金融服务行业也是技术创新的积极实践者和受益者。人工智能目前正广泛应用于金融业中,形成了智能风控、智能投资、智能交易、智能投顾等应用场景。具体而言,智能金融是指,以人工智能为代表的新技术与金融服务产品的深度融合。智能金融需要有新的监管技术,各国均对智能金融产品设置了灵活性的监管规定。

美国直接在立法文件上明确人工智能投资产品的法律义务。2017年2月,美国证券交易委员会(SEC)的投资管理部发布了《智能投顾指南》,强调了机器人顾问在履行《顾问法》中所规定的法律义务。如投资顾问应当履行信义义务(the fiduciary obligations.),即为客户的最佳利益行事(Act in your clients' best interests.),基于客户的最佳利益考虑为其提供投资建议。交易的"最佳执行(best execution)"义务,是指投资顾问应为客户的证券交易寻求市场中的最佳价格,并确保该交易的执行不会给客户带来不必要的经纪成本和其他费用。同一时期，SEC的投资者教育与倡导办公室还发布了《投资者公告》，该公告旨在教育个人投资者有关机器人顾问的知识，并帮助他们决定是否使用机器人顾问实现其投资目标。

我国已开始对人工智能金融应用进行立法，侧重于鼓励行业发展和防范风险。2017年7月，国务院发布的《新一代人工智能发展规划》提出了"智能金融"的概念，明确指出要建立金融多媒体数据处理与理解能力，创新智能金融产品和服务，发展金融新业态。2018年4月，中国人民银行、中国银行保险监督管理委员会、中国证券监督管理委员会、国家外汇管理局印发了《关于规范金融机构资产管理业务的指导意见》，对人工智能在金融领域的应用作出了规制，从胜任性、投资者适当性以及透明披露方面对智能投顾中的算法进行穿透式监管。《中华人民共和国证券法》规定，通过计算机程序自动生成或下达交易指令进行程序化交易的，应当符合国务院证券监督管理机构的规定，并向证券交易所报告，不得影响证券交易所系统安全或者正常交易秩序。

3. 医疗

近年来，人工智能技术与医疗健康领域的融合不断加深。人工智能技术也逐渐成为影响医疗行业发展，提升医疗服务水平的重要因素。智能医疗的应用场景主要包括语音录入病历、医疗影像辅助诊断、药物研发、医疗机器人等方面。目前，美国、欧盟和我国纷纷出台文件促进人工智能医疗的发展。

美国发布相关指南对智能医疗进行广泛指导。2019年9月，美国食品药品管理局（FDA）发布《器械软件功能和移动医疗应用政策指南》，以告知制造商、分销商和其他组织FDA如何监管移动平台或通用计算平台上使用的软件应用程序。2019年9月，FDA还颁布了《临床决策支持指南草案》，阐释临床决策支持软件的定义以及FDA对其监管的范围。

我国基于鼓励发展的态度，开展了对于智能医疗的精细化监管。2017年2月，国家卫计委发布《人工智能辅助诊断技术管理规范（试行）》以及《人工智能辅助治疗技术管理规范（试行）》，对使用计算机辅助诊断软件及临床决策支持系统提出要求，明确将诊断准确率、信息采集准确率、人工智能辅助诊断平均时间以及人工智能辅助诊断增益率作为人工智能辅助诊断技术临床应用的主要考核指标，为人工智能应用于临床诊断和治疗提供了规范。2018年5月，国务院发布《关于促进"互联网+医疗健康"发展的意见》，提出要推进"互联网+"人工智能应用服务，研发基于人工智能的临床诊疗决策支持系统，开展基于人工智能技术、医疗健康智能设备的移动医疗示范。

第四节 AI 伦理和法律的未来研究方向

一、AI 的可解释性

人工智能（AI）作为类人智能，无论我们是否赋予其主体资格，在解决其法律责任问题时，都必须对其行为进行解释。因此，探讨人工智能的法律责任问题应该基于人工智能行为的可解释性的全新路径以推进。人工智能的可解释性，亦即解释人工智能如何在大数据的基础上进行决策。然而，在 AI 领域，虽然以深度学习为代表的人工智能技术已取得了令人瞩目的成就，但如何确保以可理解的方式向最终用户和其他利益相关方解释算法决策以及任何驱动这些决策的数据，仍是一个无法解决的难题，人工智能"黑箱"释明难题决定了人工智能行为的很难解释。鉴于"人们只能对已经理解的事物作出法律上的安排"，人工智能的可解释性成为人工智能推广和应用以及解决其法律责任问题的前提条件，并成为人工智能研究领域的下一个前沿问题（刘艳红，2022）。

2021年11月，联合国 UNESCO 通过的首个全球性的 AI 伦理协议《人工智能伦理建议书》（*Recommendation on the Ethics of Artificial Intelligence*），提

出的十大 AI 原则就包括"透明性与可解释性",即算法的工作方式和算法训练数据应具有透明度和可理解性。虽然并非所有的 AI 系统都是"黑箱"算法,并不一定比传统软件或人工程序更加不可解释,就当前而言,机器学习模型尤其是深度学习模型往往是不透明的,也难以为人类所理解的。未来,人工智能的持续进步有望带来自主感知、学习、决策、行动的自主系统。然而,这些系统的实际效用受限于机器是否能够充分地向人类用户解释其思想和行动。如果用户想要理解、信任、有效管理新一代的人工智能伙伴,人工智能系统的透明性与可解释性即是至关重要的。因此,近年来,可解释 AI(Explainable Artificial Intelligence,简称"XAI")成为 AI 研究的新兴领域,学术界与产业界等纷纷探索理解 AI 系统行为的方法和工具(腾讯研究院 等,2022)。就目前而言,谷歌、微软、IBM 三家科技公司在可解释 AI 的实践方面走在前列,均通过不断创新,探索出了各具特色的 AI 可解释机制、工具与服务等,其中,具有代表性的 XAI 产品分别为谷歌的模型卡片、微软的数据集数据清单以及 IBM 的 AI 事实清单。三者的宗旨都是为了实现 AI 算法的可解释性(腾讯研究院 等,2022)。

2016 年以来,机器学习作为新一代人工智能技术的代表,不断朝着更加先进、复杂、自主的方向发展。然而,作为引领 AI 技术加速变革的重要法宝,机器学习是一把双刃剑(腾讯研究院 等,2022)。一方面,它可以帮助 AI 摆脱对人为干预和设计的依赖,凭借自身强大的数据挖掘、训练和分析能力,完成算法模型的自主学习和自我更迭,使得 AI 在学习思维上不断接近人类大脑,也被认为是 AI 由弱人工智能迈向强人工智能形态的关键性因素。更深入地说,深度学习,即深度神经网络算法(deep neural network),是 21 世纪 AI 发展的"制胜法宝"。神经网络的特征在于,无需经过特定的编程,它们能够自动从偌大的数据库中学习并建构自身的规则体系。这样的自动生成逻辑是算法工程师的福音,能够极大地解放他们的生产力,并且可以适用于更加多元化的应用场景,形成 AI 的自主学习、自我创造以及自动迭代机制。

另一方面，机器学习又日益暴露出 AI 在自动化决策（automated decision-making）中的伦理问题和算法缺陷。实际上，如同一个硬币的两面，深度学习算法既有其先进、独特的更迭优势，又有无可回避的黑箱性。在深度学习领域，基于人工神经网络结构的复杂层级，在 AI 深度学习模型的输入数据和输出结果之间，存在着人们无法洞悉的"隐层"。深埋于这些结构之下的零碎数据和模型参数，蕴含着大量对人类而言难以理解的代码和数值，这也使得 AI 的工作原理难以解释。因此，深度学习也被称为"黑箱"算法。这些所谓的"黑箱"模型由于过于复杂，即使是专家用户也无法完全理解。早在 1993 年，学者 Gerald Peterso 就指出，除非人类能够说服自己完全信任这项技术，否则神经网络算法将不会被应用于关键领域，而增进信任的核心在于使人类能够理解 AI 的内部运行原理。该论断直到今天都仍为人们所接受和认同（腾讯研究院 等，2022）。

总之，讨论人工智能的可解释性问题，既是发展人工智能的哲学需要，也是对人工智能的实用性要求，更是解决人工智能法律责任问题的关键。为了避免人工智能的行为充满不安全性与不确定性，人类必须主动思考，关注人工智能的可解释性与可诠释性，以合理实现对人工智能法律责任的制度安排。

二、以人为中心的 AI 设计

面对 AI 所带来的担忧和潜在的负面影响，近几年在学术界，斯坦福大学、加州大学伯克利分校、MIT 等大学分别成立了"以人为中心的 AI（Human-Centered AI，HAI）"的研究机构，开展了一系列研究。这些 HAI 研究的策略强调 AI 的下一个前沿不能仅仅是技术，也必须是人文的（humanistic）、合乎道德伦理的、惠及人类的（许为，2019）。例如，斯坦福大学认为 AI 的研发应该遵循三个目标：在技术上达到反映以人类智慧为特征的深度；提高人的能力，而不是取代人；关注 AI 对人类的影响（Li et al.，2018）。

人工智能作为一种技术，必然带有价值偏好，机器的自由化程度越高，就越需要道德标准以规范其行为。由于人工智能系统在自主性方面的能力的提升，在设计阶段让其采纳、学习并遵循所服务的社会和团体的规范和价值显得至关重要。基于人权优先、强调人机和谐共处，在人工智能设计中需要优先考虑：①人类利益，确保人工智能和自主系统（AI/AS）不侵犯人类，这也是阿西莫夫（Asimov）提出的机器人的三大定律之一，后来又提出了"零律"对其作出补充。虽然这些规范在理论上得到了大家的认可，但是从未在实践中被完全实现，因为这并没有给出能够被业界所推崇的机器编码技术路线。②责任，确保 AI/AS 是可以被问责的。在设计程序层面具有可问责性，强化机器人研发人员的职业责任（Murphy et al.，2009），证明其为何以特定的方式运行。③透明性，AI/AS 的运作必须是透明的，可以使人类发现机器人是如何以及为何做出特定的决定。透明至少应该包含开放和可理解两个方面，只有让用户可以审查 AI 的决策过程，并理解其决策的原因才能让用户信任。④教育与意识，需要强化 AI/AS 的优势，推进伦理教育和安全教育意识，降低其被滥用所带来的风险（腾讯研究院 等，2017）。

有学者提出扩展的 HAI 概念模型（许为，2019）。根据该模型，HAI 解决方案的研发，需要从三个方面综合考虑：第一，伦理化设计（ethically aligned design）。从伦理、道德等角度出发，AI 应该致力于解决社会偏见、维护公平和公正、避免对人的伤害等问题，利用 AI 增强人的能力，而不是取代人。第二，充分反映人类智能的技术。进一步提升 AI 技术以达到反映以人类智能为特征的深度（更像人类的智能）。第三，人因工效学设计。AI 应该是可解释的、可理解的、有用的和可用的，充分考虑人的因素以提供符合人因工效学要求的 AI 解决方案。该模型的目的是提供满足人类需求的、可信任的、可广泛推广应用的 AI 解决方案，最终为人类提供安全的、高效的、健康的、满意的基于计算技术的工作和生活（如图 7-1 所示）。

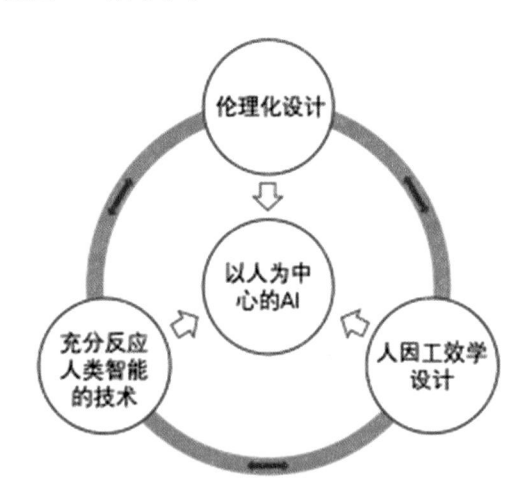

图 7-1 扩展的 HAI 概念模型（许为，2019）

该 HAI 模型充分体现了"以用户为中心的设计"（user-centered design，UCD）在 AI 研发中的设计理念，旨在促进智能时代背景下继续关注以用户为中心的设计理念。基于 UCD 的 AI 解决方案就是从目标用户的需求出发，研发 AI 技术，提供满足用户需求的 AI 解决方案。用户的需求包括对 AI 的伦理道德性、AI 的可解释性和可理解性、AI 技术的应用性、AI 的有用性、AI 的可用性等方面的各种需求，只有满足这些用户需求的方案才是我们所追求的 HAI 整体解决方案（许为，2019）。

作为 AI 技术的未来研发方向，以人为中心被视为 AI 设计的核心价值。在满足技术性的同时，将人文性、道德性作为其内在的伦理，规范其行为，使其能够更好地服务人类，提高人的能力。"以人为中心"不仅是作为伦理存在，更能为未来的 AI 立法提供方向性的指引，通过法律的手段，设置合理的规则，使得 AI 研发设计更规范、更合理、更合乎道德与公序良俗，从而使得 AI 能够更好地与社会相结合，造福社会、服务人类。

结　语

本章对 AI 发展过程中突出的伦理和法律问题，以及催生出的伦理和法律政策做出了详细解释，并且根据现有的问题指出了 AI 伦理和法律的未来研究方向。科技发展是人类社会进步的不竭动力，人工智能广泛运用于各个领域是必然的趋势。我们要坚持人类的主导地位，使人工智能协助人类工作，引导人工智能向人机合作的模式发展。同时，要预见到人工智能在发展过程中所带来的伦理和法律问题，拟定相关的制度与措施，健全人工智能安全应用的道德伦理规范和法律体系，建构人工智能健康发展的安全环境。

参考文献

曹剑琴，等，2023．交互自然性的心理结构及其影响［J］．心理学报，55（1）：55–65．

陈文伟，2004．决策支持系统教程［M］．北京：清华大学出版社．

陈信，2018．人工智能发展概述［J］．电子制作，（24）：64–65．

程洪，等，2020．人机智能技术及系统研究进展综述［J］．智能系统学报，15（2）：386–398．

董媛媛，王笑，2017．人工智能：一场新时代的技术革命［J］．共产党员，（8）：58–59．

段伟文，2020．人工智能与泛智能体社会的来临［J］．智能网联汽车，（1）：38–40．

高在峰，等，2021．自动驾驶车中的人机信任［J］．心理科学进展，29（12）：2172–2183．

郭琴，黄嘉，2020．人脸侦查在公安实战中的应用［J］．广州市公安管理干部学院学报，30（1）：30–35．

郭锐，2020．人工智能的伦理和治理［M］．北京：法律出版社．

韩东旭，2021．人工智能应用之技术与伦理的辩证思考［J］．湖北第二师范学院学报，38（12）：106–110．

何积丰，2019．安全可信人工智能［J］．信息安全与通信保密，（10）：5–8．

何金彩，等，2008．睡眠剥夺对人的不同范畴记忆的影响［C］．2008年浙江省心身医学学术年会暨灾后心理救援专题研讨会论文汇编：82–87．

黄崑，等，2021．近5年图情SSCI期刊人工智能伦理研究文献分析与启示［J］．现代情报，41（6）：161–171．

姬晓星，2019．人机之争到人机协同：机器新闻"热"的冷思考［J］．新闻研究导刊，10（18）：157–158．

纪鹏冲，2021．人工智能法学研究的当下困境分析［J］．法制与社会，（2）：174–176．

蒋有为，等，2021．智能客服在金融领域的应用研究：以嘉兴地区银行为例［J］．黑龙江人力资源和社会保障，（7）：134–137．

库兹维尔，2011．奇点临近：当计算机超越人类［M］．李庆诚，等译．北京：机械工业出版社．

库兹维尔，2016．机器之心［M］．胡晓姣，等译．北京：中信出版社．

李德毅，2017．AI：人类社会发展的加速器［J］．智能系统学报，12（5）：583–589．

李德毅，2020．新一代人工智能十问［J］．智能系统学报，15（1）：3．

李德毅，等，2004．不确定性人工智能［J］．软件学报，（11）：1583–1594．

李青，王青，2015．体感交互技术在教育中的应用现状述评［J］．远程教育杂志，33（1）：48–56．

李胜疆，2020．人工智能技术发展的内在风险及三级防范机制［J］．科技广场，（3）：63–71．

李忆，等，2020．人与人工智能协作模式综述［J］．情报杂志，39（10）：137–143．

梁鹏，2018．人工智能产品侵权的责任承担［J］．法商研究，37（4）：4–14．

梁志国，娄延欢，2021．人工智能的计量校准［J］．计量学报，42（1）：78–84．

刘朝，2022．算法歧视的表现、成因与治理策略［J］．人民论坛，（2）：64–68．

刘鸿宇，等，2019，人工智能伦理研究的知识图谱分析［J］．情报杂志，38（7）：

85–93.

刘艳红,2022.人工智能的可解释性与AI的法律责任问题研究[J].法制与社会发展,28(1):78–91.

吕兴洋,等,2021.无人化会让接待业"失温"吗?无人服务模式对顾客感知服务温暖的影响研究[J].旅游科学,35(4):21–36.

马艳华,张明军,2022.人工智能时代人机关系的历史演化与未来走向[J].邵阳学院学报(社会科学版),21(6):32–36.

泰格马克,2018.生命3.0[M].汪婕舒,译,杭州:浙江教育出版社.

毛宇琦,2019.人工智能技术在中小城市交通治理中的应用探究[J].中国设备工程,(1):154–156.

庞硕,2021.有关我国人工智能安全与伦理标准制定的思考[J].标准科学,(2):24–28,40.

彭诚信,2021.人工智能与法律的对话3[M].上海:上海人民出版社.

彭聃龄,2002.普通心理学(修订版)[M].北京:北京师范大学出版社.

戚仕涛,刘铁兵,2011.外科手术机器人系统及其临床应用[J].中国医疗设备,26(6):56–59.

饶竹一,张云翔,2018.智能语音识别技术在信息通信客服系统中的应用[J].通信电源技术,35(6):140–141.

任宗强,刘冉,2017.人机交互模式下企业知识管理平台研究[J].技术与创新管理,38(5),526–529.

孙澄,等,2020.人工智能与建筑师的协同方案创作模式研究:以建筑形态的智能化设计为例[J].建筑学报,(2):74–78.

孙伟平，2023．智能时代的新型人机关系及其构建［J］．湖北大学学报（哲学社会科学版），50（3）：18–25，168．

孙晓东，等，2023．多模态告警和认知负荷对装甲车辆乘员反应的影响［J］．兵工学报，44（4）：972–981．

沙瑞尔，2019．无人军队：自主武器与未来战争［M］．朱启超，等译．北京：世界知识出版社．

谭九生，范晓韵，2020．算法"黑箱"的成因、风险及其治理［J］．湖南科技大学学报（社会科学版），23（6）：92–99．

腾讯研究院，等，2017．人工智能：国家人工智能战略行动抓手［M］．北京：中国人民大学出版社．

铁隆正，2015．"工业4.0"环境下的人机协作机器人［J］．电器工业，（8）：62–63．

汪时冲，等，2019．人工智能教育机器人支持下的新型"双师课堂"研究：兼论"人机协同"教学设计与未来展望［J］．远程教育杂志，37（2）：25–32．

王春晖，2018．从弱人工智能到超人工智能AI的道路有多长［J］．通信世界，（18）：9．

王春晖，等，2019．人机协作的用户故事场景提取与迭代演进［J］．软件学报，30（10）：3186–3205．

王春晖，2019．构建人工智能健康发展的两大支柱：伦理与法律［J］．中国电信业，（4）：74–76．

王东，张振，2021．人工智能伦理风险的镜像、透视及其规避［J］．伦理学研究，（1）：109–115．

265

王海坤，等，2018．语音识别技术的研究进展与展望［J］．电信科学，34（2）：1–11．

王明宇，2022．AI智能客服助力企业降本增效［J］．活力，（3）：178–180．

王瑞，陈晓英．人工智能的伦理困境和解困之道［J］．辽宁工业大学学报（社会科学版），2022，24（1）：17–19．

王天尧，吴素彬，2020．人工智能在军事情报工作中的应用现状、特点及启示［J］．飞航导弹，（4）：46–51．

王彦雨，2020．人工智能风险研究：一个亟待开拓的研究场域［J］．工程研究–跨学科视野中的工程，12（4）：366–379．

王袁欣，等，2023．理解人机对话：对角色定位、信任关系及人际交往影响的分析［J］．全球传媒学刊，10（5）：106–126．

吴戈，2021，人工智能发展带来的问题及其伦理思考［J］．中州学刊，（3）：93–95．

吴红，杜严勇，2021．人工智能伦理治理：从原则到行动[J].自然辩证法研究,37(4)：49–54．

吴椒军，郭婉儿，2021．人工智能时代算法黑箱的法治化治理［J］．科技与法律（中英文），（1）：19–28．

吴青，2018．探究人工智能技术在空中交通管理中的应用［J］．智库时代，（49）：172–173．

吴世文，2018．新闻从业者与人工智能"共生共长"机制探究：基于关系主义视角［J］．中国出版，（19）：21–25．

吴雪峰，周国栋，2016．面向自然语言处理的深度学习研究[J].自动化学报,42(10)：1445–1446．

许瑞超，2017．德国基本权利第三人效力的整全性解读［J］．苏州大学学报（法学版），4（1）：81–97．

许为，2019．四论以用户为中心的设计：以人为中心的人工智能［J］．应用心理学，25（4）：291–305．

许为，2020．五论以用户为中心的设计：从自动化到智能时代的自主化以及自动驾驶车［J］．应用心理学，26（2）：108–128．

许为，2022．六论以用户为中心的设计：智能人机交互的人因工程途径［J］．应用心理学，28（3）：195–213．

许为，葛列众，2024．智能时代人因科学研究的新范式取向及重点［J］．心理学报，56（3）：363–382．

许为，葛等，2020．智能时代的工程心理学［J］．心理科学进展，28（9）：1409–1425．

闫宏秀，2019b．用信任解码人工智能伦理［J］．人工智能，（4）：95–101．

杨博文，等，2021．人工智能发展对伦理的挑战及其治理对策［J］．科技智囊，（1）：67–72．

杨会，等，2020．基于Faster R–CNN算法开发的肾小球病理人工智能识别系统的速度与效率分析［J］．临床肾脏病杂志，20（3）：189–193．

姚敏，宋执环，2000．模糊检索系统研究［J］．系统工程与电子技术，（2）：1–3．

易鑫，等，2018．普适计算环境中用户意图推理的Bayes方法［J］．中国科学：信息科学，48（4）：419–432．

尹铁燕，代金平，2021．人工智能伦理的哲学意蕴、现实问题与治理进路［J］．昆明理工大学学报（社会科学版），21（6）：28–38．

于雪，等，2022．人工智能时代人机共生的模式及其演化特征探究［J］．科学与社会，12（4）：106–119．

余胜泉，王琦，2019．"AI+教师"的协作路径发展分析［J］．电化教育研究，40（4）：14–22，29．

余婷，黄先超，2019．从"人机协同"到"人机互信"关系的构建：智媒时代美国新闻编辑室发展趋势探析［J］．青年记者，（27）：29–36．

余梓彤，等，2019．情感识别与教育［J］．人工智能，（3）：8．

喻国明，等，2020．智能传播时代合成语音传播的效应测试：以语速为变量的效果测定［J］．当代传播，（1）：25–29．

张钹，等，2020．迈向第三代人工智能［J］．中国科学：信息科学，50（9）：1281–1302．

张凤军，等，2016．虚拟现实的人机交互综述［J］．中国科学：信息科学，46（12）：1711–1736．

赵竟，等，2013．网络交往中的人际信任［J］．心理科学进展，21（8）：1493–1501．

郑南宁，2019．人工智能新时代［J］．智能科学与技术学报，1（1）：1–3．

周尚君，伍茜，2019．人工智能司法决策的可能与限度［J］．华东政法大学学报，22（1）：53–66．

周翔，2020．人工智能伦理困境与突围［J］．哈尔滨师范大学社会科学学报，11（6）：34–38．

朱祖祥，2003．普通高等教育九五教育部重点教材·工程心理学教程［M］．北京：人民教育出版社．

AIGRAIN J, et al., 2016. Multimodal stress detection from multiple assessments [J]. Transactions on affective computing, 9（4）：491–506.

AKASH K, et al., 2018. A classification model for sensing human trust in machines using EEG and GSR [J]. ACM transactions on interactive intelligent systems, 8（4）：1–20.

ALLISON B Z, et al., 2008. Towards an independent brain-computer interface using steady state visual evoked potentials [J]. Clinical neurophysiology, 119（2）：399–408.

ALY A, et al., 2016. Towards an intelligent system for generating an adapted verbal and nonverbal combined behavior in human-robot interaction [J]. Autonomous robots, 40（2），193–209.

AMERSHI S, et al., 2014. Power to the people: the role of humans in interactive machine learning [J]. Ai Magazine, 35（4）：105–120.

ANDERSEN R A, 1997. Neural mechanisms of visual motion perception in primates [J]. Neuron, 18（6）：865–872.

ANDREWS P Y, 2012. System personality and persuasion in human-computer dialogue [J]. ACM transactions on interactive intelligent systems, 2（2）：1–27.

ARCAS B, 2022. Do large language models understand us？[J]. Daedalus, 151：183–197.

ARRUDA J E, et al., 2009. Rhythmic oscillations in quantitative EEG measured during a continuous performance task [J]. Applied psychophysiology and biofeedback, 34：7–16.

AUSUBEL D P, 1968. Facilitating meaningful verbal learning in the classroom [J]. The arithmetic teacher, 15（2）：126–132.

AUSUBEL D P, 2012. The acquisition and retention of knowledge: a cognitive view

[M]. Springer Science & Business Media.

BAINBRIDGE W A, et al., 2011. The benefits of interactions with physically present robots over video-displayed agents [J]. International journal of social robotics, 3(1): 41–52.

BALASUBRAMANIAM N, et al., 2023. Transparency and explainability of AI systems: from ethical guidelines to requirements [J]. Information and software technology, 159: 107197.

BALLIET D, et al., 2013. Trust, conflict, and cooperation: a meta-analysis [J]. Psychological bulletin, 139(5): 1090–1112.

BARREDO A A, et al., 2020. Explainable artificial intelligence (XAI): concepts, taxonomies, opportunities and challenges toward responsible AI [J]. Information fusion, 58: 82–115.

BARREDO ARRIETA A, et al., 2020. Explainable Artificial Intelligence (XAI): concepts, taxonomies, opportunities and challenges toward responsible AI [J]. Information fusion, 58: 82–115.

BARTNECK C, et al., 2006. The influence of people's culture and prior experiences with Aibo on their attitude towards robots [J]. AI & society, 21(1–2): 217–230.

BELL C J, et al., 2008. Control of a humanoid robot by a noninvasive brain-computer interface in humans [J]. Journal of neural engineering, 5(2): 214–220.

BI K, et al., 2023. Accurate medium-range global weather forecasting with 3D neural networks [J]. Nature, 619(7970): 533–538.

BICKMORE T W, et al., 2013. Tinker: a relational agent museum guide [J].

Autonomous agents and multi–agent systems, 27（2）：254–276.

BIDDLE L, FALLAH S, 2021. A novel fault detection, identification and prediction approach for autonomous vehicle controllers using SVM［J］. Automotive innovation, 4（3）：301–314.

BIGMAN Y E, GRAY K, 2018. People are averse to machines making moral decisions［J］. Cognition, 181：21–34.

BIRBAUMER N, et al., 2007. Brain–computer interfaces: communication and restoration of movement in paralysis［J］. The Journal of physiology, 579（3）：621–636.

BLANKERTZ B, et al., 2008. The berlin brain–computer interface: accurate performance from first-session in BCI-naive subjects［J］. IEEE transactions on bio–medical engineering, 55（10）：2452–2462.

BOISSONEAULT J, et al., 2017. Biomarkers for musculoskeletal pain conditions: use of brain imaging and machine learning［J］. Current rheumatology reports, 19（1）：5.

BORENSTEIN J, et al., 2018. Overtrust of pediatric health–care robots: a preliminary survey of parent perspectives［J］. IEEE robotics & automation magazine, 25（1）：46–54.

BRANDT S L, et al., 2018. A human–autonomy teaming approach for a flight–following task［J］. Advances in neuroergonomics and cognitive engineering：12–22.

BROADBENT D E, 1958. Perception and communication［J］. Nature, 182（4649）：1572–1572.

BRYAN W L, HARTER N, 1897. Studies in the physiology and psychology of the telegraphic language［J］. Psychological review, 4（1）：27.

BÜCKER M, et al., 2022. Transparency, auditability, and explainability of machine learning models in credit scoring [J]. Journal of the operational research society, 73（1）: 70–90.

CANAMERO L, FREPSLUND J, 2001. I show you how I like you - can you read it in my face? [J]. IEEE transactions on systems, man, and cybernetics - part A: systems and humans, 31（5）: 454–459.

CHANG, K. et al., 2018. Distributed deep learning networks among institutions for medical imaging [J]. Journal of the American medical informatics association, 25（8）: 945–954.

CHATTARAMAN V, et al., 2014. Virtual shopping agents: persona effects for older users [J]. Journal of research in interactive marketing, 8（2）: 144–162.

CHATTARAMAN V, et al., 2019. Should AI-based, conversational digital assistants employ social- or task-oriented interaction style? A task-competency and reciprocity perspective for older adults [J]. Computers in human behavior, 90: 315–330.

CHEN I R, et al., 1995. On the reliability of AI planning software in real-time applications [J]. IEEE transactions on knowledge and data engineering, 7（1）: 4–13.

CHEN J Y C, BARNES M J, 2014. Human-agent teaming for multirobot control: a review of human factors issues [J]. IEEE transactions on human-machine systems, 44（1）: 13–29.

CHEN J Y C, et al., 2011. Supervisory control of multiple robots: human-performance issues and user-interface design [J]. IEEE transactions on systems, man, and cybernetics, 41（4）: 435–454.

CHIEN S Y, et al., 2016. Relation between trust attitudes toward automation, hofstede's cultural dimensions, and big five personality traits [J]. Proceedings of the human factors and ergonomics society annual meeting, 60 (1): 841–845.

CHOPRA A, et al., 2013. Natural language processing [J]. International journal of technology enhancements and emerging engineering research, 1 (4): 131–134.

CHOPRA A, et al., 2013. Natural language processing [J]. International journal of technology enhancements and emerging engineering research, 1 (4): 131–134.

CHRISTOFORAKOS L, et al., 2021. Can robots earn our trust the same way humans do? a systematic exploration of competence, warmth, and anthropomorphism as determinants of trust development in HRI [J]. Frontiers in robotics and AI, 8: 640444.

CHUN M M, et al., 2011. A taxonomy of external and internal attention [J]. Annual review of psychology, 62: 73–101.

COFTA P, 2007. Trust, complexity and control: confidence in a convergent world [M]. John Wiley & Sons, Ltd.

COLBY K, 1975. Artificial paranoia: a computer simulation of paranoid processes [M]. Elsevier.

CORRITORE C L, et al., 2003. On-line trust: concepts, evolving themes, a model [J]. International journal of human–computer studies, 58 (6): 737–758.

COWAN N, 2001. The magical number 4 in short-term memory: a reconsideration of mental storage capacity [J]. Behavioral and brain sciences, 24 (1): 87–114.

CULLEY K E, MADHAVAV I, 2013. A note of caution regarding anthropomorphism in HCI agents [J]. Computers in human behavior, 29 (3): 577–579.

DABHOLKAR P A, SHENG X, 2012. Consumer participation in using online recommendation agents: effects on satisfaction, trust, and purchase intentions [J]. The service industries journal, 32 (9): 1433–1449.

DAMACHARLA P, et al., 2018. Common metrics to benchmark human-machine teams (HMT): a review [J]. IEEE access, 6: 38637–38655.

DANZIGER S, et al., 2011. Extraneous factors in judicial decisions [J]. Proceedings of the national academy of sciences, 108 (17): 6889–6892.

DAVIS F, DAVIS F, 1989. Perceived usefulness, perceived ease of use, and user acceptance of information technology [J]. MIS quarterly, 13: 319.

DE VISSER E J, et al., 2017. A little anthropomorphism goes a long way: effects of oxytocin on trust, compliance, and team performance with automated agents [J]. Human factors: the journal of the human factors and ergonomics society, 59 (1): 116–133.

DE VISSER E J, et al., 2016. Almost human: anthropomorphism increases trust resilience in cognitive agents [J]. Journal of experimental psychology: applied, 22 (3): 331–349.

DE VRIES P, et al., 2003. The effects of errors on system trust, self-confidence, and the allocation of control in route planning [J]. International journal of human-computer studies, 58 (6): 719–735.

DE WINTER J, DODOU D, 2014. Why the fitts list has persisted throughout the history of function allocation [J]. Cognition, technology & work, 16: 1–11.

DELGADO J M, 1970. Physical control of the mind: toward a psychocivilized society [J]. Yale journal of biology & medicine, 43 (1): 55.

DEOTALE D, et al., 2023. Physiotherapy-based human activity recognition using deep learning [J]. Neural computing and applications, 35（15）: 11431–11444.

DEUTSCH J A, DEUTSCHD, 1963. Attention: some theoretical considerations [J]. Psychological review, 70（1）: 80–90.

DEVARAJ H, et al., 2019. On the implications of Artificial Intelligence and its responsible growth [J]. Journal of scientometric research, 8（2s）: s2–s6.

DIETVORST B J, et al., 2015. Algorithm aversion: people erroneously avoid algorithms after seeing them err [J]. Journal of experimental psychology: general, 144（1）: 114–126.

DOBKIN B H, 2010. Brain-computer interface technology as a tool to augment plasticity and outcomes for neurological rehabilitation [J]. Journal of physiology, 579（3）: 637–642.

DUCOMMUN C Y, et al., 2004. Cortical motion deafness [J]. Neuron, 43（6）: 765–777.

DUDLEY H, 1940. The vocoder [J]. Bell laboratories record, 18: 122.

DZINDOLET M T, et al., 2003. The role of trust in automation reliance [J]. International journal of human-computer studies, 58（6）: 697–718.

EKMAN F, 2019. Exploring automated vehicle driving styles as a source of trust information [J]. Transportation research part F: traffic psychology and behaviour, 65: 268–279.

EKMAN P, et al., 1997. What the face reveals: Basic and applied studies of spontaneous expression using the facial action coding system（FACS）[M]. Oxford:

Oxford University Press.

ENDSLEY M R, 2023. Supporting human-aI Teams:Transparency, explainability, and situation awareness [J]. Computers in Human Behavior, 140: 107574.

EPLEY N, et al., 2007. On seeing human: a three-factor theory of anthropomorphism [J]. Psychological review, 114 (4): 864.

EPSTEIN S L, 2015. Wanted: collaborative intelligence [J]. Artificial intelligence, 221: 36–45.

FANG R, et al., 2016. Computational health informatics in the big data age: a survey [J]. ACM computing surveys, 49 (1): 36.

FARWELL L A, et al., 1988. Talking off the top of your head: toward a mental prosthesis utilizing event-related brain potentials [J]. Electroencephalography and clinical neurophysiology, 70 (6): 510–523.

FETZ E E, 1969. Operant conditioning of cortical unit activity[J]. Science, 163(3870): 955–958.

FINKE A, et al., 2009. The mindgame: a p300-based brain-computer interface game [J]. Neural Netw, 22 (9): 1329–1333.

FISCHER K, et al., 2018. Increasing trust in human-robot medical interactions: effects of transparency and adaptability [J]. Paladyn, journal of behavioral robotics, 9 (1): 95–109.

FISKE S T, et al., 1999. (Dis) respecting versus (Dis) liking: status and interdependence predict ambivalent stereotypes of competence and warmth [J]. Journal of social issues, 55 (3): 473–489.

FISKE S T, et al., 2002. A model of (often mixed) stereotype content: competence and warmth respectively follow from perceived status and competition [J]. Journal of personality and social psychology, 82 (6): 878–902.

FJELLAND R, 2020. Why general artificial intelligence will not be realized [J]. Humanities and social sciences communications, 7 (1): 10.

FLETCHER H, 1922. The nature of speech and its interpretation [J]. Bell systems technology journal, 1: 129–144.

FÜGENER A, et al., 2019. Collaboration and delegation between humans and AI: An experimental investigation of the future of work [M]. Erasmus research institute of management (ERIM).

GARNELO M, et al., 2019. Reconciling deep learning with symbolic artificial intelligence: representing objects and relations [J]. Current opinion in behavioral sciences, 29: 17–23.

GAUDIELLO I, et al., 2016. Trust as indicator of robot functional and social acceptance: an experimental study on user conformation to icub answers [J]. Computers in human behavior, 61: 633–655.

GEFEN G, et al., 2003. Trust and TAM in online shopping: an integrated model [J]. MIS quarterly, 27 (1): 51–90.

GLIKSON E, et al., 2020. Human trust in artificial intelligence: review of empirical research [J]. Academy of management annals, 14 (2): 627–660.

GOERTZEL B, et al., 2007. Artificial general intelligence [M]. Springer.

GOLD C, et al., 2015. Trust in automation – before and after the experience of take-over scenarios in a highly automated vehicle [J]. Procedia manufacturing, 3: 3025–3032.

GOMBOLAY M C, et al., 2015. Decision-making authority, team efficiency and human worker satisfaction in mixed human-robot teams [J]. Autonomous robots, 39(3): 293–312.

GRANULO A, et al., 2019. Psychological reactions to human versus robotic job replacement [J]. Nature human behaviour, 3(10): 1062–1069.

GROOM V, NASS C, 2007. Can robots be teammates? benchmarks in human-robot teams [J]. Social behaviour and communication in biological and artificial systems, 8(3): 483–500.

GROOM V, et al., 2009. Evaluating the effects of behavioral realism in embodied agents [J]. International journal of human–computer studies, 67(10): 842–849.

GUNNING D, et al., 2019. XAI—Explainable artificial intelligence [J]. Science robotics, 4(37): 7120.

HAGENDORFF T, 2019. From privacy to anti-discrimination in times of machine learning [J]. Ethics and information technology, 21: 331–343.

HAIBE-KAINS B, et al., 2020. Transparency and reproducibility in artificial intelligence [J]. Nature, 586(7829): E14–E16.

HANCOCK P A, et al., 2011. A meta-analysis of factors affecting trust in human-robot interaction [J]. Human factors: the journal of the human factors and ergonomics society, 53(5): 517–527.

HANCOCK P A, et al., 2019. On the future of transportation in an era of automated and autonomous vehicles [J]. Proceedings of the national academy of sciences, 116(16):

7684-7691.

HARAWAY D, 2013. Simians, cyborgs, and women: the reinvention of nature [M]. Routledge.

HARDIN R, 2002. Trust and trustworthiness [M]. Russell Sage Foundation.

HARTWICH F, 2018. Driving comfort, enjoyment, and acceptance of automated driving-effects of drivers' age and driving style familiarity [J]. Ergonomics, 61 (8): 1017-1032.

HEMMATIAN F, SOHRABI M K, 2019. A survey on classification techniques for opinion mining and sentiment analysis [J]. Artificial intelligence review, 52 (3): 1495-1545.

HENDRIX N, et al., 2021. Artificial intelligence in breast cancer screening: primary care provider preferences [J]. Journal of the american medical informatics association, 28 (6): 1117-1124.

HENGSTLER M, et al., 2016. Applied artificial intelligence and trust: the case of autonomous vehicles and medical assistance devices [J]. Technological forecasting and social change, 105: 105-120.

HOC J M, 2000. From human-machine interaction to human-machine cooperation [J]. Ergonomics, 43 (7): 833-843.

HOFF K A, BASJIR M, 2015. Trust in automation: integrating empirical evidence on factors that influence trust [J]. Human factors: the journal of the human factors and ergonomics society, 57 (3): 407-434.

HORWITZ B, BASHIR M, 2003. Activation of broca's area during the production of spoken and signed language: a combined cytoarchitectonic mapping and PET analysis [J]. Neuropsychologia, 41 (14): 1868–1876.

HOSAI-N M T, et al., 2023. Path to gain functional transparency in artificial intelligence with meaningful explainability [J]. Journal of metaverse, 3 (2): 166–180.

HUGHES C, HUGHES T, 2019. What metrics should we use to measure commercial AI? [J]. AI matters, 5 (2): 41–45.

HULSEN T, 2023. Explainable artificial intelligence (XAI): concepts and challenges in healthcare [J]. AI, 4 (3): 652–666.

IGNATIOUS H A, KHAN M, 2022. An overview of sensors in autonomous vehicles [J]. procedia computer science, 198: 736–741.

JACKSON J H, 1866. Notes on the physiology and pathology of language [J]. Medical times and gazette, 1 (659): 48–58.

JIAN J Y, et al., 2000. Foundations for an empirically determined scale of trust in automated systems [J]. International journal of cognitive ergonomics, 4 (1): 53–71.

JOHN M S, et al., 2004. Overview of the DARPA augmented cognition technical integration experiment [J]. International journal of human-computer interaction, 17 (2): 131–149.

JOHNSON D, GRAYSON K, 2005. Cognitive and affective trust in service relationships [J]. Journal of business research, 58 (4): 500–507.

JOHNSON M, VER A A, 2019. No AI is an island: the case for teaming intelligence [J]. AI magazine, 40 (1): 16–28.

JOHNSON–GEORGE C, SWAP W C, 1982. Measurement of specific interpersonal trust: construction and validation of a scale to assess trust in a specific other [J]. Journal of personality and social psychology, 43 (6): 1306–1317.

JOYCE D W, et al., 2023. Explainable artificial intelligence for mental health through transparency and interpretability for understandability [J]. npj Digital Medicine, 6 (1): 6.

JUNG T P, et al., 1997. Estimating alertness from the EEG power spectrum [J]. IEEE transactions on biomedical engineering, 44 (1): 60–69.

JURAVLE G, et al., 2020. Trust in artificial intelligence for medical diagnoses [J]. Progress in brain research, 253: 263–282.

KABER D B, 2018. Issues in human-automation interaction modeling: presumptive aspects of frameworks of types and levels of automation [J]. Journal of cognitive engineering and decision making, 12 (1): 7–24.

KAHNEMAN D, 1973. Attention and effort [M]. Prentice-Hall.

KAHNEMAN D, TVERSKY A, 1979. Prospect theory: an analysis of decision under risk [J]. Econometrica, 47 (2): 263–291.

KARAMUSTAFAOGLU O, 2012. How computer-assisted teaching in physics can enhance student learning [J]. Educational research and reviews, 7 (13): 297.

KELLY S P, et al., 2005. Visual spatial attention tracking using high-density SSVEP data for independent brain-computer communication [J]. IEEE transactions on neural systems and rehabilitation engineering, 13 (2): 172–178.

KERSTA L G, 1962. Voiceprint‐identification infallibility [J]. The journal of the acoustical society of America, 34: 1978–1978.

KIM D, HWANG D, 2012. Non-marker based mobile augmented reality and its applications using object recognition [J]. Journal of Universal Computerence, 18 (20): 2832-2850.

KIM M, et al., 2020. The psychology of motivated versus rational impression updating [J]. Trends in cognitive sciences, 24 (2): 101–111.

KOMIAK S Y X, BENBASAT I, 2006. The effects of personalization and familiarity on trust and adoption of recommendation agents [J]. MIS quarterly, 30 (4): 941–960.

KOO J, et al., 2015. Why did my car just do that? explaining semi-autonomous driving actions to improve driver understanding, trust, and performance [J]. International journal on interactive design and manufacturing, 9 (4): 269–275.

KORTELING J E H, et al., 2021. Human-versus artificial intelligence [J]. Frontiers in artificial intelligence, 4: 622364.

KOUTRINTZES D, et al., 2023. A multimodal fusion approach for human activity recognition [J]. International Journal of Neural Systems, 33 (1): 2350002.

KREPKI R, et al., 2007. The berlin brain-computer interface (BBCI) –towards a new communication channel for online control in gaming applications [J]. Multimedia tools and applications, 33 (1): 73–90.

KULMS P, KOPP S, 2018. A social cognition perspective on human-computer trust: the effect of perceived warmth and competence on trust in decision–making with computers [J]. Frontiers in digital humanities, 5: 14.

KUO T T, et al., 2019. Fair compute loads enabled by blockchain: sharing models by alternating client and server roles [J]. Journal of the American medical informatics association: JAMIA, 26 (5): 392–403.

KWOH Y S, et al., 1988. A robot with improved absolute positioning accuracy for CT guided stereotactic brain surgery [J]. IEEE transactions on bio-medical engineering, 35（2）: 153.

LALOR E C, et al., 2005. Steady-state vep-based brain-computer interface control in an immersive 3d gaming environment [J]. Journal on advances in signal processing, （19）: 706906.

LAMBÈR ROYAKKERS, et al., 2018. Societal and ethical issues of digitization [J]. Ethics and information technology, 20（2）: 1–16.

LEE J D, SEE K A, 2004. Trust in automation: designing for appropriate reliance [J]. Human factors, 46（1）: 50–80.

LEE J G, et al., 2015a. Can autonomous vehicles be safe and trustworthy? effects of appearance and autonomy of unmanned driving systems [J]. International journal of human-computer interaction, 31（10）: 682–691.

LEWANDOWSKY S, et al., 2000. The dynamics of trust: comparing humans to automation [J]. Journal of experimental psychology: applied, 6（2）: 104–123.

LEWIS P R, MARSH S, 2022. What is it like to trust a rock? a functionalist perspective on trust and trustworthiness in artificial intelligence [J]. Cognitive systems research, 72: 33–49.

LI B, et al., 2023. Searching names in contact list by three touch-screen gestures [J]. International journal of human-computer interaction, 39（1）: 151–163.

LICKLIDER J C R, 1960. Man-computer symbiosis [J]. IRE transactions on human factors in electronics, （1）: 4–11.

LINKOV F, et al., 2017. Implementation of hysterectomy pathway: impact on complications [J]. Women's health issues, 27 (4): 493–498.

LIU J, et al., 2018. Artificial intelligence in the 21st century [J]. IEEE access, 6: 34403–34421.

LIU Y, et al., 2023. Soft, miniaturized, wireless olfactory interface for virtual reality [J]. Nature communications, 14 (1): 1–14.

LOGG J M, et al., 2019. Algorithm appreciation: people prefer algorithmic to human judgment [J]. Organizational behavior and human decision processes, 151: 90–103.

LONGONI C, et al., 2019. Resistance to medical artificial intelligence [J]. Journal of consumer research, 46 (4): 629–650.

LOOIJE R, et al., 2010. Persuasive robotic assistant for health self-management of older adults: design and evaluation of social behaviors [J]. International journal of human-computer studies, 68 (6): 386–397.

LUHMANN N, 1990. Technology, environment and social risk: a systems perspective [J]. Organization & environment, 4 (3): 223–231.

LUXTON D D, 2014. Recommendations for the ethical use and design of artificial intelligent care providers [J]. Artificial intelligence in medicine, 62 (1): 1–10.

MADNI A M, MADNI C C, 2018. Architectural framework for exploring adaptive human-machine teaming options in simulated dynamic environments [J]. Systems, 6 (4): 44.

MANZEY D, et al., 2012. Human performance consequences of automated decision aids: the impact of degree of automation and system experience [J]. Journal of cognitive engineering and decision making, 6（1）：57–87．

MARTINS T, et al., 2024. Explainable artificial intelligence（XAI）: a systematic literature review on taxonomies and applications in finance［J］. IEEE Access, 12: 618–629．

MATSUI T, YAMADA S, 2019. Designing trustworthy product recommendation virtual agents operating positive emotion and having copious amount of knowledge［J］. Frontiers in psychology, 10: 675．

MAYER R C, et al., 1995. An integrative model of organizational trust［J］. Academy of management review, 20（3）: 709–734．

MCFARLAND D J, WOLPAW J R, 2017. EEG–based brain computer interfaces［J］. Current opinion in biomedical engineering, 4: 194–200．

MCKNIGHT D H, CHERVANY N L, 1996. The meaning of trust［D］. Minnesota: University of Minnesota．

MENDE–SIEDLECKI P, et al., 2013. The neural dynamics of updating person impressions［J］. Social cognitive and affective neuroscience, 8（6）: 623–631．

MERRITT S M, ILGEN D R, 2008. Not all trust is created equal: dispositional and history-based trust in humanautomation interactions［J］. Human factors: the journal of the human factors and ergonomics society, 50（2）: 194–210．

MINER A S, et al., 2019. Key considerations for incorporating conversational AI in psychotherapy［J］. Frontiers in psychiatry, 10: 746．

MIRING N, et al., 2017. To err is robot: how humans assess and act toward an erroneous social robot［J］. Frontiers in robotics and AI, 4: 21．

MITCHELL T M, 2003. Machine learning [M]. McGraw-Hill.

MOLNAR L J, et al., 2018. Understanding trust and acceptance of automated vehicles: an exploratory simulator study of transfer of control between automated and manual driving [J]. Transportation research part f: traffic psychology and behaviour, 58: 319–328.

MORGAN R M, HUNT S D, 1994. The commitment–trust theory of relationship marketing [J]. Journal of marketing, 58 (3): 20.

MORI M. 1970. The uncanny valley [J]. Energy, 7 (4): 33–35.

MUMM J, MUTLU B, 2011. Designing motivational agents: the role of praise, social comparison, and embodiment in computer feedback [J]. Computers in human behavior, 27(5): 1643–1650.

MURDOCH W J, et al., 2019. Definitions, methods, and applications in interpretable machine learning [J]. Proceedings of the National Academy of Sciences, 116 (44): 22071–22080.

MURPHY K, et al., 2021. Artificial intelligence for good health: A scoping review of the ethics literature [J]. BMC medical ethics, 22 (1): 14.

MURPHY R, WOODS D D, 2009. Beyond asimov: the three laws of responsible robotics [J]. IEEE intelligent systems, 24 (4): 14–20.

NICKERSON R S, 1998. Confirmation bias: A ubiquitous phenomenon in many guises [J]. Review of general psychology, 2 (2): 175–220.

NING K, et al., 2013. Using rule-based natural language processing to improve disease normalization in biomedical text [J]. Journal of American medical informatics association jamia, 20(5): 876-881.

NIU D, et al., 2018. Anthropomorphizing information to enhance trust in autonomous vehicles[J]. Human factors and ergonomics in manufacturing & service industries, 28(6): 352-359.

NIZNIKIEWICZ M, et al., 2000. Abnormal angular gyrus asymmetry in schizophrenia[J]. American journal of psychiatry, 157(3): 428-437.

NORMAN D A, NIELSEN J, 2010. Gestural interfaces: a step backward in usability[J]. Interactions, 17(5): 46-49.

O'NEILL T, et al., 2022. Human-autonomy teaming: a review and analysis of the empirical literature[J]. Human factors, 64(5): 904-938.

PAMMER K, et al., 2021. "They have to be better than human drivers!" motorcyclists' and cyclists' perceptions of autonomous vehicles[J]. Transportation research part F: traffic psychology and behaviour, 78: 246-258.

PANELLA M, et al., 2003. Reducing clinical variations with clinical pathways: do pathways work[J]. International journal for quality in health care, 15(6): 509-521.

PARASURAMAN R, et al., 2004. Trust and etiquette in high-criticality automated systems[J]. Communications of the ACM, 47(4): 51-55.

PARASURAMAN R, et al., 1997. Humans and automation: use, misuse, disuse, abuse[J]. Human factors: the journal of the human factors and ergonomics society, 39(2): 230-253.

PARASURAMAN R, et al., 2000. A model for types and levels of human interaction with automation[J]. IEEE Transactions on systems, man, and cybernetics-part A: systems and humans, 30（3）：286–297.

PAYRE W, et al., 2016. Fully automated driving: impact of trust and practice on manual control recovery [J]. Human factors: the journal of the human factors and ergonomics society, 58（2）：229–241.

PESHKIN M A, et al., 2001. Cobot architecture [J]. IEEE Transactions on robotics and automation, 17（4）：377–390.

PIETERS W, 2011. Explanation and trust: What to tell the user in security and AI [J]. Ethics and information technology, 13（1）：53–64.

POWLES J, HODSON H, 2017. Google deepmind and healthcare in an age of algorithms [J]. Health and technology, 7（4）：351–367.

PROMBERGER M, BARON J, 2006. Do patients trust computers [J]. Journal of behavioral decision making, 19（5）：455–468.

QUAKULINSKI L, et al., 2023. Transparency in medical artificial intelligence systems [J]. International journal of semantic computing, 17（4）：495–510.

RAHWAN I, et al., 2019. Machine behaviour [J]. Nature, 568（7753）：477–486.

RAHWAN I, 2018. Society-in-the-loop: programming the algorithmic social contract [J]. Ethics and information technology, 20（1）：5–14.

RAJ M, SEAMANS R, 2019. primer on artificial intelligence and robotics [J]. Journal of organization design, 8（1）：11.

RAU P L P, et al., 2009. Effects of communication style and culture on ability to accept recommendations from robots [J]. Computers in human behavior, 25（2）：587–595.

REMPEL J K, et al., 1985. Trust in close relationships [J]. Journal of personality and social psychology, 49（1）: 95–112.

RIEDL R, 2022. Is trust in artificial intelligence systems related to user personality? review of empirical evidence and future research directions [J]. Electronic markets, 32（4）: 2021–2051.

ROBINETTE P, et al., 2017. Effect of robot performance on human-robot trust in time-critical situations [J]. IEEE transactions on human-machine systems, 47（4）: 425–436.

ROSENBERG M, et al., 2013. Sustaining visual attention in the face of distraction: a novel gradual-onset continuous performance task [J]. Attention, perception, & psychophysics, 75: 426–439.

ROSSI A, et al., 2018. The impact of peoples' personal dispositions and personalities on their trust of robots in an emergency scenario [J]. Journal of behavioral robotics, 9（1）: 137–154.

SCHAEFER K E, 2013. The perception and measurement of human-robot trust [D]. Florida: University of Central Florida.

SCHAEFER K E, et al., 2014. A meta-analysis of factors influencing the development of trust in automation: implications for human-robot interaction [M]. Army Research Laboratory.

SCHERER M U, 2015. Regulating artificial intelligence systems: risks, challenges, competencies, and strategies [J]. Harvard journal of law & technology, 29: 353.

SCHERER R, et al., 2007. Sensorimotor EEG patterns during motor imagery in hemiparetic stroke patients [J]. International journal of bioelectromagnetism, 9（3）: 155–162.

SCHERER R, et al., 2008. Toward self-paced brain; computer communication: navigation through virtual worlds [J]. IEEE transactions on biomedical engineering, 55(2): 675-682.

SCOPELLITI M, et al., 2005. Robots in a domestic setting: a psychological approach [J]. Universal access in the information society, 4(2): 146-155.

SHAKSHUKI E M, HOSSAIN S M M, 2014. A personal meeting scheduling agent [J]. Personal and ubiquitous computing, 18(4): 909-922.

SHARKEY A.J., 2016Should we welcome robot teachers [J]. Ethics and information technology, 18, 283-297.

SHEN Y, 2024. Future jobs: analyzing the impact of artificial intelligence on employment and its mechanisms [J]. Economic change and restructuring, 57(2): 34.

SHEN Y, ZHANG X, 2024. The impact of artificial intelligence on employment: the role of virtual agglomeration [J]. Humanities and social sciences communications, 11(1): 122.

SHIEBER S, 1994. Lessons from a restricted turing test [J]. Communications of the association for computing machinery, 37(6): 70-78.

SHIFFRIN R M, SCHNEIDER W, 1977. Controlled and automatic human information processing II [J]. Psychological reviview, 84(2): 127-190.

SIAU K, WANG W, 2018. Building trust in artificial intelligence, machine learning, and robotics [J]. Cutter business technology journal, 31: 47-53.

SIAU K, WANG W, 2020. Artificial intelligence (AI) ethics: ethics of AI and ethical AI [J]. Journal of database management, 31(2): 74-87.

SILVA A D B, et al., 2020. Intelligent personal assistants: a systematic literature review [J]. Expert systems with applications, 147: 113193.

SIMONS D J, CHABRIS C F, 1999. Gorillas in our midst: sustained inattentional blindness for dynamic events [J]. Perception, 28(9): 1059–1074.

SINDERMANN C, et al., 2022. Acceptance and fear of artificial intelligence: associations with personality in a german and a chinese sample [J]. Discover psychology, 2(1): 8.

SINGH R, et al., 2023. Recent trends in human activity recognition: a comparative study [J]. Cognitive systems research, 77: 30–44.

SONG A, et al., 2023. Anomaly VAE-transformer: a deep learning approach for anomaly detection in decentralized finance [J]. IEEE access, 11: 98115–98131.

SONG Y, LUXIMON Y, 2020. Trust in AI agent: a systematic review of facial anthropomorphic trustworthiness for social robot design [J]. Sensors, 20(18): 5087.

SOUALMI B, et al., 2014. Automation-driver cooperative driving in presence of undetected obstacles [J]. Control engineering practice, 24: 106–119.

STEPHANIDIS C, et al., 2019. Seven HCI grand challenges [J]. International journal of human-computer interaction, 35(14): 1229–1269.

SU H, et al., 2019. Improved human-robot collaborative control of redundant robot for teleoperated minimally invasive surgery [J]. IEEE robotics and automation letters, 4(2): 1447–1453.

TAYLOR J L, et al., 2005. Cognitive ability, expertise, and age differences in following air-traffic control instructions [J]. Psychology and aging, 20(1): 117–133.

TJOA E, GUAN C, 2021. A survey on explainable artificial intelligence (XAI): toward medical XAI[J]. IEEE transactions on neural networks and learning systems, 32(11): 4793-4813.

TOMLINSON E C, MA YER R C, 2009. The role of causal attribution dimensions in trust repair [J]. Academy of management review, 34(1): 85-104.

TRAPSILAWATI F, et al., 2019. Human-computer trust in navigation systems: google maps vs waze [J]. Communications in science and technology, 4(1): 38-43.

TREISMAN A M, GELADE G, 1980. A feature-integration theory of attention [J]. Cognitive psychology, 12(1): 97-136.

TROSHANI I, et al., 2020. Do we trust in AI? role of anthropomorphism and intelligence [J]. Journal of computer information systems, 61(5): 481-491.

TURING A M, 1950. Computing machinery and intelligence [J]. Mind, 59(236): 433-460.

URBAN G L, et al., 2009. Online trust: state of the art, new frontiers, and research potential [J]. Journal of interactive marketing, 23(2): 179-190.

VAN PINXTEREN M M E, et al., 2019. Trust in humanoid robots: implications for services marketing [J]. Journal of services marketing, 33(4): 507-518.

VERBERNE F M F, et al., 2012. Trust in smart systems: sharing driving goals and giving information to increase trustworthiness and acceptability of smart systems in cars [J]. Human factors, 54(5): 799-810.

VERBERNE F M F, et al., 2015. Trusting a virtual driver that looks, acts, and thinks like you [J]. Human factors, 57(5): 895-909.

VERGHESE A, et al., 2018. What this computer needs is a physician: humanism and artificial intelligence [J]. Journal of the american medical association, 319 (1): 19–20.

VERKRUYSSE W, et al., 2008. Remote plethysmographic imaging using ambient light [J]. Optics express, 16 (26): 21434–21445.

VERMA U, et al., 2023. Artificial intelligence in human activity recognition: a review [J]. International Journal of Sensor Networks, 41 (1): 1.

VIDAL. 1973. Toward direct brain-computer communication [J]. Annual review of biophysics and bioengineering, 2 (1): 157.

VULETIC T, et al., 2019. Systematic literature review of hand gestures used in human computer interaction interfaces [J]. International journal of human–computer studies, 129: 74–94.

WAGNER A R, et al., 2018. Overtrust in the robotic age [J]. Communications of the ACM, 61 (9): 22–24.

WALLISER J C, et al., 2017. The perception of teamwork with an autonomous agent enhances affect and performance outcomes [J] Proceedings of the human factors and ergonomics society annual meeting. 61 (1): 231–235.

WALTER S, et al., 2014. Similarities and differences of emotions in human-machine and human-human interactions: what kind of emotions are relevant for future companion systems [J]. Ergonomics, 57 (3): 374–386.

WANG K, et al., 2023: Continuous error timing in automation: the peak-end effect on human-automation trust [J]. International journal of human-computer interaction, 40 (8): 1832–1844.

WANG W, BENBASAT I, 2007. Recommendation agents for electronic commerce: effects of explanation facilities on trusting beliefs [J]. Journal of management information systems, 23 (4): 217–246.

WANG W, SIAU R, 2019. Artificial intelligence, machine learning, automation, robotics, future of work and future of humanity: a review and research agenda [J]. Journal of database management, 30 (1): 61–79.

WANG W, et al., 2016. Effects of rational and social appeals of online recommendation agents on cognition-and affect-based trust [J]. Decision support systems, 86: 48–60.

WAYTZ A, et al., 2014. The mind in the machine: anthropomorphism increases trust in an autonomous vehicle [J]. Journal of experimental social psychology, 52: 113–117.

WEIZENBAUM J, 1966. ELIZA: a computer program for the study of natural language communication between man and machine [J]. Communications of the association for computing machinery, 9: 36–45.

WICKENS C D, 2014. Effort in human factors performance and decision making [J]. Human factors, 56 (8): 1329–1336.

WILLETT F R, et al., 2021. High-performance brain-to-text communication via handwriting [J]. Nature, 593 (7858): 249–254.

WORKMAN M, 2005. Expert decision support system use, disuse, and misuse: a study using the theory of planned behavior [J]. Computers in human behavior, 21 (2): 211–231.

WU C, et al., 2023. Personalized news recommendation: methods and challenges [J]. ACM Transactions on Information Systems, 41 (1): 1–50.

WYNNE K T, LYONS J B, 2018. An integrative model of autonomous agent teammate-likeness [J]. Theoretical issues in ergonomics science, 19(3): 353–374.

WYNSBERGHE A V, COMES T, 2019. Drones in humanitarian contexts, robot ethics, and the human-robot interaction [J]. Ethics and information technology, 22: 43–53.

XIAO B, BEN BASAT I, 2007. E-commerce product recommendation agents: use, characteristics, and impact [J]. MIS quarterly, 31(1): 137.

XU W, GAO Z, 2024. Applying HCAI in developing effective human-AI teaming: a perspective from human-AI joint cognitive systems [J]. Interactions, 31(1): 32–37.

YAGODA R E, GILLAN D J, 2012. You want me to trust a robot? the development of a human-robot interaction trust scale [J]. International journal of social robotics, 4(3): 235–248.

YOKOI R, et al., 2021. Artificial intelligence is trusted less than a doctor in medical treatment decisions: influence of perceived care and value similarity [J]. International journal of human–computer interaction, 37(10): 981–990.

YU D, DENG L, 2016. Automatic speech recognition [M]. Springer.

ZEILIG G, et al., 2012. Safety and tolerance of the ReWalk exoskeleton suit for ambulation by people with complete spinal cord injury: a pilot study [J]. Journal of the American paraplegia society, 35(2): 96–101.

ZHANG L, et al., 2021. Who do you choose? comparing perceptions of human vs robo-advisor in the context of financial services [J]. Journal of services marketing, 35(5): 634–646.

ZHANG T, et al., 2010. Service robot feature design effects on user perceptions and emotional responses [J]. Intelligent service robotics, 3(2): 73–88.

ZHANG W, et al., 2022. Trust in robotics: a multi-staged decision-making approach to robots in community [J]. AI and society: 1–16.

ZHANG Z, et al., 2022. Explainable artificial intelligence applications in cyber security: state-of-the-art in research [J]. IEEE Access, 10: 93104–93139.

ZHAO T, et al., 2022. Is artificial intelligence customer service satisfactory? insights based on microblog data and user interviews [J]. Cyberpsychology, behavior, and social networking, 25(2): 110–117.

ZHENG N, et al., 2017. Hybrid-augmented intelligence: collaboration and cognition [J]. Frontiers of information technology & electronic engineering, 18(2): 153–179.

ZHOU M X, et al., 2019. Trusting virtual agents: the effect of personality [J]. ACM transactions on interactive intelligent systems, 9(2–3): 1–36.